알기 쉬운 유체기계

다카하시 도루 지음 | 황규대 옮김

동양북스

알기 쉬운
유체기계

초판 인쇄 | 2021년 5월 4일
초판 발행 | 2021년 5월 10일

지은이 | 다카하시 도루
옮긴이 | 황규대
발행인 | 김태웅
책임편집 | 이중민
교정교열 | 이주영
디자인 | 남은혜, 신효선
마케팅 | 나재승
제 작 | 현대순

발행처 | (주)동양북스
등 록 | 제 2014-000055호
주 소 | 서울시 마포구 동교로22길 14 (04030)
구입 문의 | 전화 (02)337-1737 팩스 (02)334-6624
내용 문의 | 전화 (02)337-1762 dybooks2@gmail.com

ISBN 979-11-5768-702-2 93550

Original Japanese Language edition
RYUTAI NO ENERGY TO RYUTAI KIKAI
by Toru Takahashi

머리말

자연계에 존재하는 물이나 공기는 일정한 형태가 없으며, 용기의 형상에 따라 자유롭게 변형한다. 이러한 물질을 유체라고 한다. 유체가 가지고 있는 에너지를 기계적 에너지로 바꾸거나(예를 들면 수차) 기계적 에너지에 의해 유체에 에너지를 주는(예를 들면 펌프, 송풍기, 압축기) 등 유체를 매체로 하여 에너지를 전달하는 기계를 유체기계라고 한다. 유압 브레이크, 토크 컨버터, 터보차저 등의 자동차 부품 이외에도 모든 산업기계의 동력 전달에는 유체의 에너지를 변환하는 것이 많다.

또한, 자동화나 에너지 절감의 역할을 하는 유압 및 공기압 구동의 액튜에이터(예를 들어 유압 · 공기압 모터, 유압 · 공기압 실린더)도 유체기계의 한 분야이다. 이러한 유체기계의 작동 원리를 배우려면 유체의 대표적인 물질인 물이나 공기의 역학적 성질을 이해하는 것이 중요하다고 할 수 있다.

최근의 공업 교육에서는 기초와 기본이 경시되고 컴퓨터를 활용한 학습 방법이 중시되는 경향이 강한 것 같다. 본래 실험 · 실습은 따로 생각할 수 없는 하나인 것이다. 예를 들어, 본서 내용의 일부인 유체실험(위어에 의한 유량 측정 등)의 경우, 귀찮은 계산 처리를 생략하고 실험 데이터를 입력해두면, 버튼을 누르는 것만으로도 결과를 얻는 실험방법으로 바뀌었다. 간단히 말하면, 내용을 충분히 이해하지 못해도 결과를 얻을 수 있게 되었다. 단적인 예로 선반작업이라면 수동선반을 간단하게 학습한 후, NC선반을 중점적으로 학습하는 것이 적절하다는 생각이다. 또한, 제도 학습에서도 제도용구, 제도기계, 연필을 사용한 작도가 기본인데 컴퓨터를 사용한 제도(CAD)가 선행 학습되고 있어서 기계 부품의 가공법, 제도 기호의 의미를 잘 이해하지 못한 상태에서도 CAD로 도면을 완성시킬 수 있다.

공업교육의 토대를 이루는 기초 · 기본만은 제대로 학습시키고, 새로운 기술을 바로 적용할 수 있는 컴퓨터 활용 학습법은 그 다음 단계에서 사용하는 것이 좋지 않을까라고 저자는 생각한다. 따라서 본서에서는 주로 다음과 같은 사항에 유의하여 설명하였다.

① 기초 · 기본을 확실히 이해할 수 있도록 알기 쉬운 문장표현을 사용하면서 가능한 많은 그림과 표를 사용하였다.

② 사용하는 단위는 국제단위계(SI)를 이용하였다. 단, 제품의 카탈로그나 계기들은 모두 SI로 표시되어 있으나 일부에서는 기존 단위가 사용되고 있는 것이 현실이다. 또한, SI에 대해서는 1장 1 · 1절의 'SI 기본'을 참조하기 바란다.

③ 본문은 유체 에너지, 펌프, 송풍기 · 압축기, 수차 등 4장으로 나누고 2장에서는 수압절단장치, 유체전동장치를 기술하였고 3장에서는 에어해머, 터보차저 등도 함께 설명하였다. 또한, 각 항에는 관련된 예제와 연습문제를 제시하여 문제를 풀면서 이해가 깊어지도록 배려하였다. 또한, 연습문제의 풀이은 책의 마지막 부분에 기술하였으니 참조하기 바란다.

④ 전문학교, 전문대학, 대학의 학생과 기업의 초급 기술자를 학습 대상으로 하였지만, 공업고교생의 원동기 또는 유체실습 · 실험의 참고서로도 도움이 되는 내용을 수록하였다.

또한, 저자의 부족함으로 인해 설명이 불충분한 부분도 있다고 생각하고 독자 여러분의 지적을 받아 향후에 보완하였으면 하는 바람이다.

마지막으로, 이 책을 집필하면서 많은 저서나 각 메이커의 참고문헌, 카탈로그 등을 인용하였으며 이와 관련된 공학 관계자 분들의 이해와 협조에 감사드린다.

1998년 5월 저자

역자의 말

유체기계는 물과 공기와 같은 액체나 기체를 작동유체로 하여 에너지를 변환시키거나 수송하는 기계로 펌프, 수차, 송풍기, 압축기, 가스터빈 등이 있으며 발전, 화학, 공조냉동, 환경, 플랜트 등 전통적인 설비 산업 분야에 적용된다. 최근에는 풍력, 소수력, 해양 에너지, 수소 에너지 등 신재생 에너지 분야로 유체기계의 응용이 점차 확대되고 있는 추세이다.

이 책에서는 유체기계의 작동 원리를 이해하기 위해 1장에서 유체의 물리적 성질, 정지 유체와 유동 유체에서의 역학, 분류, 에너지 변환 등 유체역학의 핵심 내용을 다루었다. 2장에서는 펌프의 종류와 가장 일반적으로 사용되는 원심 펌프의 양수 원리에 대해 설명하였고 특성 곡선을 통한 펌프 선정법과 펌프 운전 시 발생할 수 있는 이상 현상인 캐비테이션에 대한 방지책에 대해서도 서술하였다. 또한, 3장에서는 압축성 유체인 공기나 다른 기체를 활용하는 송풍기와 압축기, 진공 펌프 등에 대해 설명하였고 4장에서는 수력 발전의 종류와 구조에 대한 설명과 유체의 위치에너지를 운동에너지로 변환시키는 수차 종류와 작동 원리에 대해 언급하였다.

이 책의 원서인 『유체 에너지와 유체기계(流体のエネルギーと流体機械)』는 1998년에 초판이 발행된 이래 유체기계 분야의 스테디셀러로서 판매되고 있으며 세계적인 수준의 제조기술을 보유하고 있는 에바라제작소, 이와타니덴키제작소, 덴교샤기계제작소 등 일본 메이커의 실제 유체기계를 인용하여 설명함으로써 산업현장에서 바로 활용할 수 있는 특징을 가지고 있다.

원서를 우리말로 번역하면서 가타카나와 한자 용어는 국내에서 출판되는 유체기계 관련 서적을 참고하였고 일본식 표현 문장은 우리말 정서에 맞게 순화하여 의역하였다. 또한, 일본공업규격(JIS)을 인용한 부분에 대해서는 국제표준규격(ISO)에 상응하는 한국공업규격(KS)을 찾아 해당 내용을 인용하였다. 유체기계에 대한 원저자의 교육 철학과 집필 의도를 충분히 반영하고자 노력하였으나 부족한 점은 향후 개정판을 통해 보완해 나갈 생각이다. 아무쪼록 이 책을 통해 유체기계에 흥미를 가지고 학습하고 산업현장에서 응용하는데 도움이 되었으면 하는 바람이다.

끝으로 수요가 많지 않은 전문 교재임에도 불구하고 흔쾌히 출판을 허락해 주신 동양북스의 김태웅 대표님과 나재승 상무님, 이중민 차장님 그리고 편집부 여러분께 깊은 감사의 말씀을 전한다.

황규대 드림

목 차

제 2 장

펌프

제 3 장 송풍기 · 압축기

제 4 장 수차

부 록

제 1 장

유체기계

유체기계는 유체가 보유한 역학적 에너지를 기계적 에너지로 변환하거나 기계적 에너지에 의해 유체에 에너지를 전달하는 기계를 통틀어 말하고 유체, 즉 액체나 기체를 작동유체로 하는 기계이다. 유체기계를 적절히 설계하고 이것을 사용하려면, 유체의 성질 또는 유체기계 내에서의 에너지 변환 등 유체 운동의 기초를 이루는 역학을 충분히 이해해 둘 필요가 있다. 우선, 유체역학에서 다루는 단위에 대하여 설명한다.

1-1 SI의 기본

우리나라에서는 갑오개혁(1894년)에 따라 미터법이 도입되었다. 공업 관련 역학에서는 국제 킬로그램 원기라고 불리는 백금–이리듐 합금체에 작용하는 중력을 힘의 단위로 하여 이것을 1킬로그램중이라고 하는 중력단위계를 사용하였다. 1875년 국제통일단위계로 시행된 미터법단위계는 그 후 10개 이상의 단위계로 나뉘어져 전체적으로 일관성을 잃어가고 있었다.

1 SI 제정의 목적과 경위

그로 인해, 1948년의 미터조약국 제9차 총회(CGPM)에서 '모든 영역을 하나의 단위제도로 통일한다'라고 결의하고, 이것을 미터조약기구의 국제도량형위원회(CPMI)가 제정 작업에 착수하여 1960년에 SI의 주요 골자가 결정되었다. 1973년, 최종적으로 국제표준화기구(ISO)에 의해 SI 사용법을 세부적으로 결정한 ISO 1000이 제정되어 세계 각국에서 도입하는 계기가 되었다.

아울러 SI란, 프랑스어로 Le Système Integration d'Unités(국제단위계)의 머리글자를 따서 만든 것으로 국제적으로 통용되는 공식 약칭이다. 영어로는 Integration System of Units로 표시한다.

2 SI의 구성

SI는 SI 기본단위, SI 보조단위, SI 조립단위를 요소로 하는 일관성 있는 단위의 집합과 이들 단위에 SI 접두어를 붙여 구성되는 SI 단위 10의 정수 제곱으로 운용된다. 그림 1-1에 SI의 구성을 나타냈다.

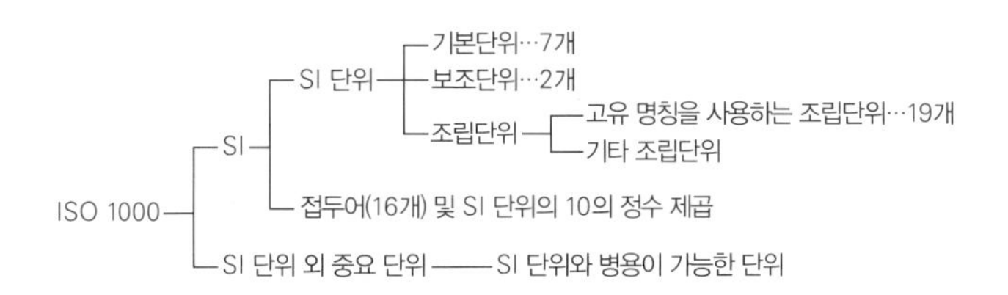

|그림 1-1| SI 단위의 구성

또한, SI 기본단위(표 1-1) SI 보조단위(표 1-2), 고유한 명칭을 가진 SI 조립단위(표 1-3), 이 밖에 기본단위를 사용하여 표현되는 SI 조립단위의 예(표 1-4), 보조단위를 사용하여 표현되는 조립단위의 예(표 1-5), 고유한 명칭을 사용하여 표현되는 조립단위의 예(표 1-6), SI 접두어(표 1-7) 등을 각 표에 나타내었다.

|표 1-1| SI 기본단위

물리량	기본단위	
	명칭	기호
길이	미터	m
질량	킬로그램	kg
시간	초(세컨드)	s
전류	암페어	A
열역학적 온도	캘빈	K
물질량	몰	mol
광도	칸델라	cd

|표 1-2| SI 보조단위

물리량	보조단위	
	명칭	기호
평면각	라디안	rad
입체각	스테라디안	sr

|표 1-3| 고유 명칭을 갖는 SI 조립단위

물리량	조립단위	
	명칭	기호
주파수	헤르츠	Hz
힘	뉴턴	N
압력, 응력	파스칼	Pa
에너지, 일, 열량	줄	J
일률(공률), 동력, 전력	와트	W
전하, 전기량	쿨롬	C
전위, 전위차, 전압, 기전력	볼트	V
정전용량	패럿	F
전기저항	옴	Ω
컨덕턴스	지멘스	S
자속	웨버	Wb
자속밀도, 자기유도	테라스	T
인덕턴스	헨리	H
섭씨온도	섭씨 또는 도	℃
광속	루멘	lm
조도	럭스	lx
방사능	베크렐	Bq
흡수선량	그레이	Gy
등가선량	시버트	Sv

|표 1-4| 기본단위를 사용하여 표현되는 SI 조립단위의 예

물리량	조립단위의 예	
	명칭	기호
면적	square meter(평방미터)	m^2
체적	cubic meter(입방미터)	m^3
속도	meter per second	m/s
가속도	meter per square second	m/s^2
비체적	cubic meter per kilogram	m^3/kg
밀도	kilogram per cubic meter	kg/m^3

|표 1-5| 보조단위를 사용하여 표현되는 조립단위의 예

물리량	조립단위의 예	
	명칭	기호
각속도	radian per second	rad/s
각가속도	radian per square second	rad/s^2

|표 1-6| 고유 명칭을 사용하여 표현되는 조립단위의 예

물리량	조립단위	
	명칭	기호
밀도	kilogram per cubic meter	kg/m^3
모멘트	Newton meter	N·m
압력	Pascal	Pa
응력	Pascal, Newton per square meter	Pa, N/m^2
점성계수	Pascal second	Pa·s
동점성계수	square meter per second	m^2/s
유량	cubic meter per second	m^3/s
열용량, 엔트로피	Joule per Kelvin	J/K
비열, 비엔트로피	Joule per kilogram Kelvin	J/kg·K
열전도율	Watt per meter Kelvin	W/m·K

|표 1-7| SI 접두어

단위에 붙이는 배수	접두어	
	명칭	기호
10^{18}	엑사	E
10^{15}	페타	P
10^{12}	테라	T
10^{9}	기가	G
10^{6}	메가	M
10^{3}	킬로	k
10^{2}	헥토	h
10	데카	da
10^{-1}	데시	d
10^{-2}	센티	c
10^{-3}	밀리	m
10^{-6}	마이크로	μ
10^{-9}	나노	n
10^{-12}	피코	p
10^{-15}	펨토	f
10^{-18}	아토	a

1-2 유체의 물리적 성질

1 유체의 분류

액체와 기체를 합하여 유체라고 한다. 그림 1-2에 유체의 역학적 분류를 나타내었다.

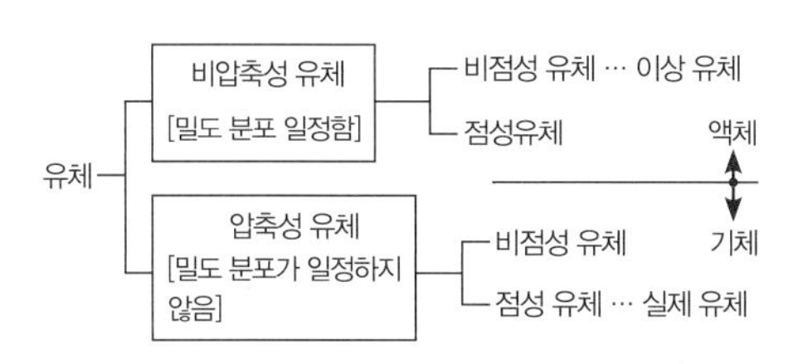

|그림 1–2| 유체의 분류

2 밀도와 비중

단위체적 [m³]당 질량 [kg]을 밀도라고 하며, ρ[kg/m³]로 나타낸다.

밀도는 유체의 압력과 온도에 따라 변화한다. 액체의 밀도는 기체만큼 변화하지 않기 때문에 거의 일정하다고 생각해도 된다. 물의 경우, $\rho=1[g/cm^3]=1[kg/l]=1000[kg/m^3]$로 한다.

기체는 압축성을 가지고 있으므로, p를 압력[*1] [Pa], T를 절대온도[*2] [K], R를 기체상수 [J/kg·K], v를 비체적[*3] [m³/kg]으로 하면, 다음의 관계가 있다.

$$pv = RT \tag{1-1}$$

식(1–1)을 이상기체의 상태방정식[*4]이라고 한다. 또한 $v = \dfrac{1}{\rho}$의 관계가 있으며, 식(1–1)은

$$\rho = \frac{p}{RT} \tag{1-2}$$

건조공기[*5]의 경우 R=287.03[J/kg·K]이다. 표준상태 T=273[K], p=101325[Pa]= 760mmHg에서의 밀도는 1.293kg/m³이다.

*1 여기서, 다루는 압력 p는 모두 절대 압력이다. 또한 압력에 대해서는 1장 1–3절의 1, 2항 참조.

*2 절대온도(열역학적 온도) T[K] = 섭씨온도 t[°C]+273으로 된다.

*3 유체의 질량 1kg이 차지하는 체적 [m³]을 말한다.

*4 기체는 여러 가지 상태변화(정적변화, 정압변화, 등온변화, 단열변화, 폴리트로픽변화)를 하고 외부에 일을 한다. 이러한 상태변화가 보일 샤를의 법칙(일정량 기체의 비체적과 압력의 곱은 절대온도에 비례한다)에 따른다고 가정한 기체.

*5 수분 함량이 없는 공기를 말함. 표준 상태(0°C, 760mmHg)에서 건조공기의 표준 조성비는 다음과 같다.

기체 분자	N_2	O_2	Ar	CO_2
부피 조성	78.09	20.95	0.93	0.03
질량 조성	75.53	23.14	1.28	0.05

비중은 1기압 4°C에서 물의 밀도를 기준으로 하여 다른 물질의 밀도를 나타낸다. 물질의 중량(무게)과 같은 부피에서 4°C 물의 중량과의 비를 나타낸 것으로 단위가 없다(무차원). 4°C 물의 비중은 1.0이다. 10°C 물의 비중은 0.9997이고 수은(Hg)은 13.595, 바닷물은 물속에 다량의 염분을 포함하고 있으므로 1.025이다. 또한, 일반적으로 하천의 물은 불순물을 포함하고 있어서 맑은 물보다 약간 무겁다.

[예제 1-1]

절대 압력 460kPa, 온도 20°C인 탄산가스의 밀도를 구하여라. 탄산가스의 기체상수는 189.0 J/kg·K로 한다.

[풀이]

$p = 460[\text{kPa}]=460\times10^3[\text{Pa}]$, $T=t+273=20+273=293[\text{K}]$, $R=189.0[\text{J/kg·K}]$를 식(1-2)에 대입하면 다음과 같다.

$$\rho=\frac{p}{RT}=\frac{460\times10^3}{189\times293}=8.31[\text{kg}/\text{m}^3]$$

3 점성

예를 들어 운동하고 있는 액체에서 서로 접하고 있는 유체 층 사이에 엇갈림이 발생하면, 약간의 마찰이 발생하는데 이를 유체 마찰이라고 한다. 이런 유체의 성질을 점성이라고 한다.

그림 1-3과 같이 x축을 고정벽으로 하고, 여기에 평행하게 유체가 속도 u로 흐르고 있다고 하자. 점성 때문에 고정벽에 가까울수록 속도 u는 감소하고 고정벽면 $y=0$에서는 $u=0$이 된다. 이 유체 사이에 고정벽에 평행한 면적 $A[\text{m}^2]$, 두께 $\Delta y[\text{m}]$의 평판(층)을 생각하면 아래층(하면부)의 속도 $u[\text{m/s}]$에 대하여 위층(상면부)의 속도는 $(u+\Delta u)[\text{m/s}]$이 된다.

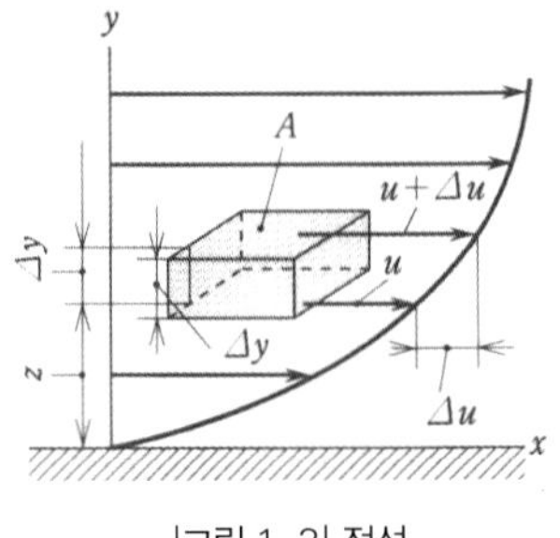

|그림 1-3| 점성

따라서 위층은 아래층을 x축 방향으로 당기게 된다. 이때 당기는 힘을 F[N]이라고 하면, 다음과 같은 관계가 실험을 통해 성립된다.

$$\frac{F}{A} = \propto \frac{\Delta u}{\Delta y}$$

여기서, $F/A=\tau$, ∝(비례상수)를 μ로 나타내면 다음 식이 성립된다.

$$\tau = \mu \frac{\Delta u}{\Delta y} \qquad (1-3)$$

τ는 단위면적당 작용하는 마찰력으로 전단응력이라고 하고 단위는 [N/m^2]=[Pa]이다. $\Delta u/\Delta y$를 속도구배(속도 기울기) [1/s], μ를 점성계수 [Pa·s]라고 한다.

또한, 점성계수를 밀도로 나눈 것을 동점성계수 ν[m^2/s]라고 한다. 즉

$$\frac{\mu}{\rho} = \nu \qquad (1-4)$$

또한, 점성계수 μ와 동점성계수 ν의 관계는 다음과 같다.

점성계수 1[Pa·s]=1,000[mPa·s]=10[P]=1000[cP]
=0.10197[kgf·s/m^2]

동점성계수 1[m^2/s]=1000000[mm^2/s]=10000[cm^2/s]
=10000[St]=1000000[cSt]

따라서

1[Pa·s]=10[P], 1[Pa·s]=1000[cP], 1[mPa·s]=1[cP]
1[St]=1[cm^2/s], 1[St]=100[cSt]

기름은 물에 비해 끈적끈적해서 흐르기 어렵다. 이것은 기름이 형태를 바꿀 때 큰 저항(마찰력)이 작용하기 때문이다. 물도 아주 작지만 점성이 있다. 이로 인해 물이 관이나 홈 내부를 흐를 때는 매우 복잡한 운동을 한다.

기체의 점성은 온도만으로 좌우된다. t[°C]에서의 기체 점성계수 μ는 서덜랜드의 방정식(Sutherland's equation)에 따라 주어진다.

$$\mu = \mu_0 \left(\frac{273 + C}{T + C} \right) \cdot \left(\frac{T}{273} \right)^{\frac{3}{2}} [\mu \text{Pa} \cdot \text{s}] \quad (1-5)$$

여기에 C는 상수이며 공기의 경우, C=123.6, μ_0: 0°C일 때의 점성계수 [μPa·s]에서 μ_0=17.23[μPa·s]=17.23×10^{-6}[Pa·s], T : 절대온도 [K] (T=t+273).

[예제 1-2]

점성계수 1.4cP를 [mPa·s]단위로, 동점성계수 1.15cSt를 [m^2/s]의 단위로 나타내시오.

[풀이]

1[Pa·s]=1000[mPa·s]=10[P]=1000[cP]이므로

$$1.4[\text{cP}] = \frac{1.4}{1000} = 0.0014[\text{Pa} \cdot \text{s}] = 1.4[\text{mPa} \cdot \text{s}]$$

다음으로, 1[m^2/s] = 1000000[cSt]이므로

$$1.15[\text{cSt}] = \frac{1.15}{1000000} = 1.15 \times 10^{-6} [\text{m}^2 / \text{s}]$$

[예제 1-3]

20°C일 때 공기의 점성계수를 서덜랜드의 방정식으로 구하여라. 또한, 밀도가 1.204kg/m^3일 때의 동점성계수를 구하여라.

[풀이]

식(1-5)에 μ_0=17.23[μPa·s], C=123.6, T=273+t=273+20=293[K]를 대입해서

$$\mu = \mu_0 \left(\frac{273 + C}{T + C} \right) \cdot \left(\frac{T}{273} \right)^{\frac{3}{2}} = 17.23 \times \left(\frac{273 + 123.6}{293 + 123.6} \right) \times \left(\frac{293}{273} \right)^{\frac{3}{2}}$$

$$= 18.24[\mu \text{Pa} \cdot \text{s}] = 1.824 \times 10^{-5} [\text{Pa} \cdot \text{s}]$$

또한, 식(1-4)에서

$$\nu = \frac{\mu}{\rho} = \frac{1.824 \times 10^{-5}}{1.204} = 1.515 \times 10^{-5} [\text{m} / \text{s}^2]$$

표 1-8에 물과 공기의 밀도 및 점성계수 · 동점성계수 값을 나타내었다.

|표 1-8| 물과 공기의 밀도 · 점성계수 · 동점성계수(0.1013MPa)

온도 [°C]	물		
	밀도 ρ[kg/m^3]	점성계수 μ[Pa·s]	동점성계수 ν[m^2/s]
0	999.8	1.792×10^{-3}	1.792×10^{-6}
5	1000.0	1.519×10^{-3}	1.519×10^{-6}
10	999.7	1.307×10^{-3}	1.307×10^{-6}
15	999.1	1.138×10^{-3}	1.139×10^{-6}
20	998.2	1.002×10^{-3}	1.004×10^{-6}
25	997.0	0.890×10^{-3}	0.8928×10^{-6}
30	996.5	0.7973×10^{-3}	0.8008×10^{-6}
40	992.2	0.6529×10^{-3}	0.6581×10^{-6}
50	988.0	0.5470×10^{-3}	0.5536×10^{-6}
60	983.2	0.4667×10^{-3}	0.4747×10^{-6}
70	977.8	0.4044×10^{-3}	0.4136×10^{-6}
80	971.8	0.3550×10^{-3}	0.3653×10^{-6}
90	965.3	0.3150×10^{-3}	0.3263×10^{-6}
100	958.4	0.2822×10^{-3}	0.2945×10^{-6}

온도 [°C]	공기		
	밀도 ρ[kg/m^3]	점성계수 μ[Pa·s]	동점성계수 ν[m^2/s]
0	1.293	1.710×10^{-5}	1.322×10^{-5}
5	1.270	1.734×10^{-5}	1.365×10^{-5}
10	1.247	1.759×10^{-5}	1.411×10^{-5}
15	1.226	1.784×10^{-5}	1.455×10^{-5}
20	1.204	1.808×10^{-5}	1.502×10^{-5}
25	1.185	1.832×10^{-5}	1.546×10^{-5}
30	1.165	1.856×10^{-5}	1.592×10^{-5}
40	1.128	1.904×10^{-5}	1.688×10^{-5}
50	1.092	1.951×10^{-5}	1.785×10^{-5}
60	1.062	1.997×10^{-5}	1.883×10^{-5}
70	1.029	2.043×10^{-5}	1.985×10^{-5}
80	0.999	2.088×10^{-5}	2.090×10^{-5}
90	0.972	2.132×10^{-5}	2.193×10^{-5}
100	0.946	2.175×10^{-5}	2.298×10^{-5}

4 압축성

모든 물체는 외력을 가하면, 그 물체의 성질과 상태에 따라 반드시 부피가 축소된다. 이 외력에 의해 축소되기 쉬운 성질(압축성)은 기체가 가장 크고 액체, 고체의 순으로 축소되기 어렵다.

물의 경우, 압력을 1기압 증가시켜도 부피는 약 2만분의 1정도 밖에 줄어들지 않는다. 즉, 200기압의 압력을 가해도, 부피는 1%밖에 줄어들지 않는다. 따라서 일반적으로 물은 압축할 수 없는 것(비압축성)으로 다룬다. 그러나 고압 · 고속의 수압장치, 유압장치에서는 압력에 의한 밀도 변화를 무시할 수 없다. 또한, 온도가 상승하면 밀도는 감소한다. 유압 작동유 안에 혼재하는 공기는 작동유의 밀도와 비중에 크게 영향을 미친다. 따라서 압력에 의한 유체의 체적(부피)변화를 나타내기 위해 압축률 또는 체적탄성계수를 사용한다.

압력 p에서 유체의 체적을 V라고 하고 압력이 Δp만큼 증가했을 때 체적이 ΔV만큼 감소했다면, 단위체적당 압축 비율은 $\left(-\dfrac{\Delta V}{V}\right)$가 된다.

따라서

$$\Delta p = \propto \left(-\frac{\Delta V}{V}\right)$$

비례상수를 K라고 하면,

$$\Delta p = -K\frac{\Delta V}{V}$$

$$\therefore\ K = -\frac{\Delta p}{\frac{\Delta V}{V}} = -V\cdot\frac{\Delta p}{\Delta V} \qquad (1-6)$$

$\dfrac{1}{K} = \beta$ 라고 하면,

$$\beta = \frac{1}{K} = -\frac{1}{V}\cdot\frac{\Delta V}{\Delta p} \qquad (1-7)$$

여기서, K를 체적탄성계수 [N/m^2]=[Pa], β를 압축률 [m^2/N]이라고 한다. 또한, 식(1–6)과 식(1–7)에서 (–) 부호는 부피 감소를 나타낸다.

[예제 1-4]

어떤 액체에 1.5[MPa]의 압력을 가했더니 부피가 0.055% 감소했다. 이때의 압축률과 체적탄성계수를 구하여라.

[풀이]

문제에서

$$-\frac{\Delta V}{V}=\frac{0.055}{100}=5.5\times10^{-4},\ \Delta p=1.5[\text{MPa}]=1.5\times10^{6}[\text{Pa}]$$

따라서 식(1-7)에서 다음과 같이 된다.

$$\beta=-\frac{1}{V}\cdot\frac{\Delta V}{\Delta p}=\frac{5\cdot5\times10^{-4}}{1.5\times10^{6}}=3.67\times10^{-10}[\text{m}^2/\text{N}]$$

또한, 식(1-6)에서 다음과 같이 된다.

$$K=\frac{1}{\beta}=\frac{1}{3.67\times10^{-10}}=2.72\times10^{9}[\text{N}/\text{m}^2]=2.72\times10^{9}[\text{Pa}]$$

$$=2720[\text{MPa}]$$

문제 1-1 비중이 1.025인 바닷물의 밀도를 SI 단위로 나타내시오.

문제 1-2 압력 100kPa, 온도 15°C인 공기의 비체적과 밀도를 구하여라. 공기의 기체상수는 287.03J/kg·K로 한다.

문제 1-3 어떤 기름의 동점성계수가 12St(스토크스)일 때, 이것을 m^2/s와 mm^2/s 단위로 나타내시오. 또한 비중을 0.94라고 하면 밀도, 점성계수는 얼마인가?

문제 1-4 20°C, 1기압 하에서 물의 부피를 1% 압축하는데 필요한 압력을 구하여라. 이 상태에서 물의 압축률은 $4.56\times10^{-10}m^2/N$으로 한다.

1-3 정지 유체에서의 역학

1 압력의 세기

그림 1−4와 같이 정수조 안의 유체를 직육면체의 형상으로 가정할 때 질량이 m[kg]인 직육면체 물기둥의 바닥면에는 아랫방향으로 하중 W[N]이 작용한다. 물이 정지 상태를 유지하기 위해서는(직육면체가 움직이지 않기 위해서는) 바닥면에 작용하는 하중과 균형을 이루는 힘(전압력) P가 발생해야 한다. 물의 밀도를 ρ[kg/m^3], 중력가속도를 g[m/s^3](이 책에서는 g=9.8[m/s^2]으로 한다), 물기둥의 바닥면적을 A[m^2], 물기둥의 높이를 h[m]라고 하면, 다음 식이 성립한다.

$$W = mg = \rho Ahg = P \tag{1-8}$$

이것을 단위면적당(=1[m^2]) 힘(압력의 세기)로 나타내면 다음과 같다.

$$p = \frac{P}{A} = \frac{\rho Ahg}{A} = \rho gh \tag{1-9}$$

여기서, 압력의 세기를 간단하게 압력이라고 하며, 식(1−9)에서 압력은 액체의 밀도와 깊이에 비례하는 것을 알 수 있다.

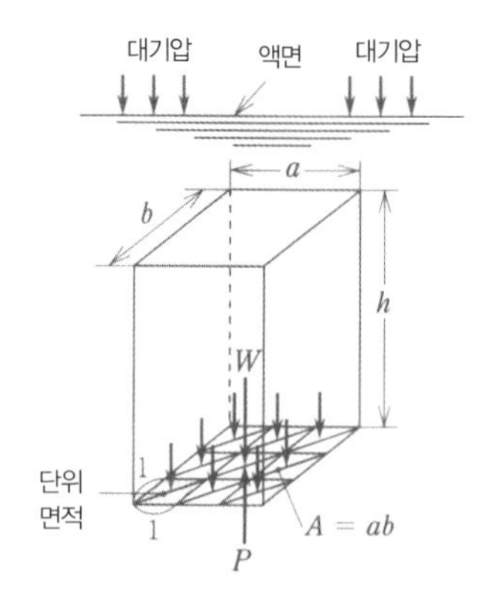

|그림 1−4| 액체의 깊이와 압력

2 압력의 단위와 표현법

압력의 단위는 [N/m^2]=[Pa]나 [kPa], [MPa]를 사용하지만, 기압을 사용하기도 한다. 전압력에는 [N]을 사용한다.

우리가 생활하고 있는 지상은 지구의 표면을 덮고 있는 대기의 바닥에 해당한다. 지상의 물질은 항상 대기(공기)의 무게로 눌려 있다. 이 대기의 무게가 기압이며 해수면에서의 대기압을 1기압(표준대기압)으로 나타낸다. 기압은 대기의 압력이므로 지상에서는 고도차에 따라 다소 다르게 된다. 고도차 1000m당 약 0.01MPa의 차이가 발생한다.

그림 1–5와 같이 1기압 하에서 수은이 들어있는 큰 용기에 1m 길이의 유리관을 넣어 수은을 채운 후 막힌 쪽을 수직으로 세우면 수은은 유리관 안쪽으로 수은이 담긴 표면에서 760mm 올라간다. 이것은 수은의 표면을 대기가 누르고 있기 때문이다.

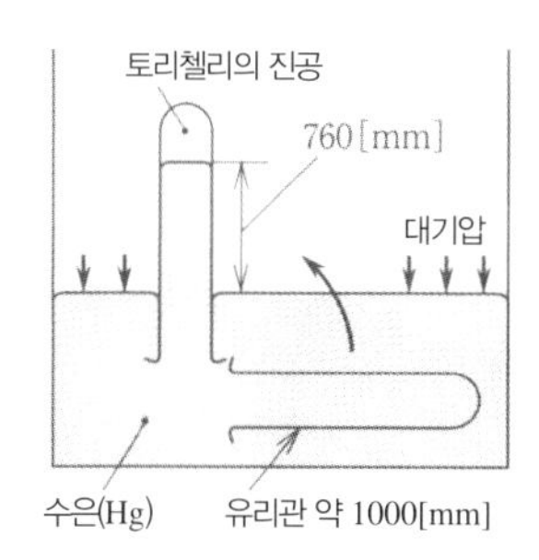

|그림 1–5| 토리첼리의 수은주

수은의 무게를 물의 13.595배라고 할 때, 물기둥에서는 13.595×760=10332[mm]=10.332[m]가 된다. 여기서, 유리관의 상부는 진공 상태가 된다. 즉, 유리관을 세워 공기를 뺄 경우, 진공 760mmHg 상태이기 때문에 물이라면 10.332m까지 상승하게 된다.

여기서, 기압을 나타내는 방법에는 표준기압과 공학기압이 있다.

1 표준기압(1atm)=760[mmHg]=10.332[mH_2O][*6]
=101.32[kPa]=0.10132[MPa]

1 공학기압(1at)=735.56[mmHg]=10[mH_2O]=98.07[kPa]
=0.09807[MPa]

*6 mH_2O를 mAq로 나타내는 경우도 있다.

또한, 압력의 측정에는 대기압을 기준으로 해서 이것을 제로로 나타내는 경우와 전혀 압력이 없는 진공 상태(완전 진공)를 제로로 해서 나타내는 경우의 두 가지가 있다. 공학에서 압력을 측정할 때는 대기압을 기준으로 하는 것이 일반적이다.

이와 같이 대기압을 제로 상태로 간주하여 측정한 압력을 게이지 압력(gauge pressure)이라고 한다. 반면, 물리학이나 공학상의 이론식에 사용되는 압력은 완전한 진공을 제로로 하여 측정한 압력으로 나타내는 것이 원칙이다. 이 압력을 절대 압력(absolute pressure)이라고 한다. 게이지 압력과 절대 압력의 사이에는 다음의 관계가 있다.

$$\text{절대 압력} = \text{대기압} + \text{게이지 압력}$$

대기압보다 높은 압력을 정압, 낮은 압력을 부압 또는 진공 압력이라고 한다. 이 부압을 공학에서는 진공도로 나타내어, 수은주 mmHg 또는 %를 사용한다.

대기압이 760mmHg일 때, 다음 관계가 성립된다.

$$\begin{aligned}\text{진공 } 0[\text{mmHg}] &= \text{진공 } 0\% = \text{절대 압력 } 760[\text{mmHg}] \\ &= \text{절대 압력 } 101.32[\text{kPa}]\end{aligned}$$

$$\text{진공 } 760[\text{mmHg}] = \text{진공 } 100\% = \text{절대 압력 } 0[\text{mmHg}] = \text{절대 압력 } 0[\text{kPa}]$$

이러한 관계는 그림 1-6에 나타낸 것과 같다. 게이지 압력과 절대 압력을 특별히 구별하고 싶은 경우는 절대 압력을 p[abs], 게이지 압력을 p[gau]과 같이 나타낸다.

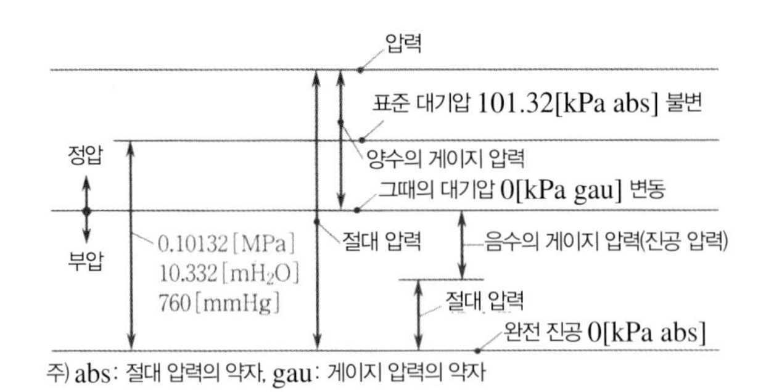

|그림 1-6| 게이지 압력과 절대 압력

[예제 1-5]

수심 650m인 곳의 수압을 구하여라.

[풀이]

물의 밀도 $\rho=1000[kg/m^3]$, 중력가속도 $g=9.8[m/s^2]$, 수심 $h=650[m]$를 식(1–9)에 대입한다.

$$p=\rho gh=1000\times9.8\times650=6370000[Pa]=6.37[MPa]$$

[예제 1–6]

밑면 지름이 12cm인 원통을 수직 상태로 해서 질량 5kg의 물을 넣었을 때 밑면에서 받는 압력은 얼마인가?

[풀이]

$m=5[kg]$, 지름 $d=12[cm]$라고 하면,

$$A=\frac{\pi}{4}d^2=\frac{\pi}{4}\times(12\times10^{-2})^2=0.0113[m^2]$$

$$W=mg=5\times9.8=49[N]$$

따라서, 식(1–9)에서

$$p=\frac{W}{A}=\frac{49}{0.0113}=4336.3[Pa]=4.34[kPa]$$

3 압력의 전달과 확대

밀폐된 용기 안에 액체를 넣고 그 일부에 압력을 가하면 용기 내의 모든 부분에 같은 크기로 전달되어 용기 벽면에 수직으로 작용한다. 이것을 파스칼의 원리(Pascal's principle)라고 한다.

그림 1–7에서 피스톤 ①, ②의 단면적을 각각 A_1, $A_2[m^2]$라고 한다. 피스톤 ①에 $F[N]$의 힘(하중)를 가하면 ①의 밑면에는 $p=F/A_1[N/m^2]=[Pa]$의 압력이 발생하여 용기 내 액체의 각 부로 전달되어 피스톤 ②의 밑면에는 $P=pA_2[N]$의 힘이 작용한다.

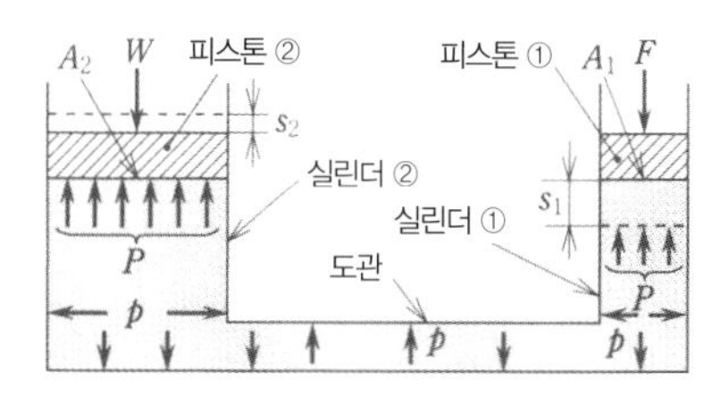

|그림 1–7| 파스칼의 원리

이 힘 P는 위로부터의 하중 W[N]과 평형을 이룬다. 따라서 다음과 같은 식이 성립한다.

$$P = pA_2 = \frac{F}{A_1}A_2 = W \tag{1-10}$$

$$\left.\begin{aligned} \frac{W}{F} &= \frac{A_2}{A_1} \\ W &= \frac{A_2}{A_1}F \end{aligned}\right\} \tag{1-11}$$

이러한 식으로부터 A_1과 F가 같아도 A_2를 크게 함으로써 F에 비해 큰 힘인 W를 얻을 수 있다. 즉, 힘은 A_2/A_1배로 증폭되게 된다.

다음으로 피스톤 ①을 행정(스트로크) s_1[m]만큼 내려갔다고 할 때, 피스톤 ②가 s_2[m]만큼 올라갔다고 하자. 그때, 액체는 비압축성으로 부피는 줄지 않는다(액체의 누출은 없다)고 하면, 실린더 ①의 액체는 A_1s_1만큼 연결된 관을 따라 실린더 ②로 이동한다. 즉,

$$\left.\begin{aligned} & A_1s_1 = A_2s_2 \\ & \frac{s_1}{s_2} = \frac{A_2}{A_1}, \quad s_2 = \frac{A_1}{A_2}s_1 \end{aligned}\right\} \tag{1-12}$$

또한, 피스톤 ①이 한 일은 Fs_1[N·m]=[J]이며, 피스톤 ②가 한 일은 Ws_2[N·m]=[J]이다. 따라서, 다음과 같다.

$$Ws_2 = pA_2 \cdot \frac{A_1}{A_2}s_1 = pA_1s_1 = Fs_1$$

즉, 피스톤 ①이 한 일과 같게 된다. 이 원리를 응용한 것이 수압기이다.

[예제 1–7]

그림 1–7에서 A_1=100[cm^2], A_2=500[cm^2], F=200[N]일 때 W는 얼마인가? 또한, 피스톤 ②를 1cm 움직이려면 피스톤 ①을 얼마나 움직여야 하는가?

[풀이]

주어진 값을 식(1–11)에 대입하면

$$W = \frac{A_2}{A_1}F = \frac{500}{100} \times 200 = 1000[\mathrm{N}] = 1[\mathrm{kN}]$$

또한, 식(1–12)에서

$$s_1 = \frac{A_2}{A_1} s_2 = \frac{500}{100} \times 1 = 5[\mathrm{cm}]$$

4 압력의 측정

(1) 마노미터

식(1−9)에 나타낸 것과 같이 액체의 밀도를 알고 있을 때, 두 점 사이의 압력차는 액체의 높이에 비례한다. 이 관계에서 두 점 높이의 차이를 측정하여 압력차를 구할 수 있다. 이러한 압력계를 액주계 또는 마노미터라고 하며, 비교적 낮은 압력을 정밀하게 측정할 수 있다. 액주계에 의한 압력 측정 방법은 다음과 같다.

① 피에조미터

압력이 그다지 높지 않을 때, 그림 1−8에 나타낸 것처럼 관벽에서 직접 투명한 유리관을 설치하여 압력을 측정할 수 있다. 유리관 내부에서 상승하는 액주의 높이를 h, 액체의 밀도를 ρ, 용기 내 A의 압력을 p_A, 유리관의 자유표면 B의 압력을 p_0라고 할 때, 이것들은 다음과 같은 관계가 성립한다. 동일 수평면상 XX′의 압력을 같게 하면

$$p_A = p_0 + \rho g h \tag{1-13}$$

따라서,

$$\Delta p = p_A - p_0 = \rho g h \tag{1-14}$$

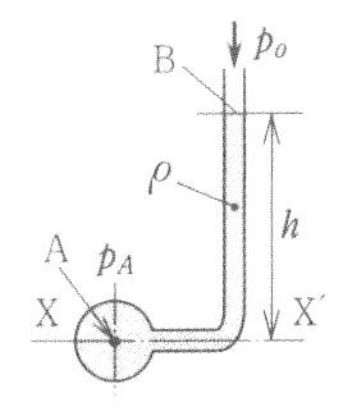

|그림 1−8| 피에조미터

피에조미터는 액주의 자유표면에 대기압 p_0가 작용하고 있으므로 식(1−13)의 p_A는 절대 압력을 나타내며, 식(1−14)의 Δp는 게이지 압력을 나타낸다.

② U자관 마노미터

두 용기 내의 유체 압력차를 구하는 액주계를 시차압력계라고 한다. 이 중 U자형으로 구부러진 유리관을 사용한 것을 U자관 마노미터라고 한다. 그림 1-9의 경우, U자관 내 동일 수평면상 두 점 X, X′(기준면)의 압력은 같을 것이다.

$$즉,\ p_A+\rho gh=p_0$$

$$\therefore \Delta p=p_A-p_0=-\rho gh \qquad (1-15)$$

식(1-15)에서 알 수 있듯이 이 방식은 부압의 측정에 적합하다.

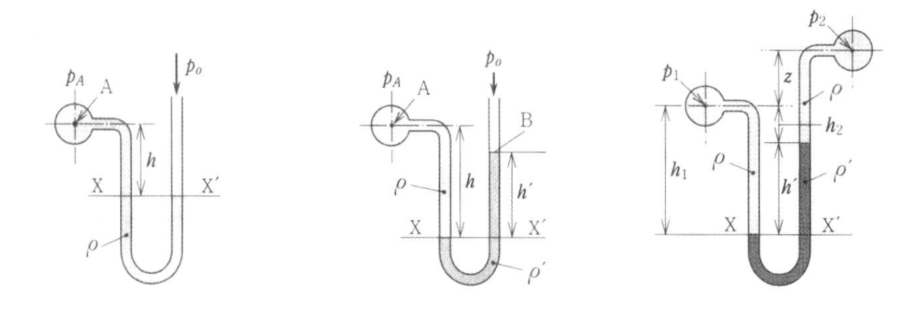

|그림 1-9| U자관 마노미터 ① |그림 1-10| U자관 마노미터 ② |그림 1-11| U자관 마노미터 ③

다음으로, 그림 1-10에서 용기 내의 압력이 커지면 액주의 높이가 커지므로, U자관 내에는 비중이 큰 수은(Hg)을 사용함으로써 h'를 작게 할 수 있다. 이 경우에도 두 점 X, X′(기준)면상의 압력은 동일하므로

$$p_A+\rho gh=p_0+\rho' gh'$$

$$\therefore \Delta p=p_A-p_0=\rho' gh'-\rho gh=g(\rho' h'-\rho h) \qquad (1-16)$$

또한, 그림 1-11의 경우도 두 점 X, X′의 수평면상 압력은 같기 때문에

$$p_1+\rho gh_1=p_2+\rho gz+\rho gh_2+\rho' gh' \qquad (1-17)$$

$$\therefore p_1-p_2=\rho g(z+h_2-h_1)+\rho' gh'=\rho g(z-h')+\rho' gh'$$

$$=(\rho'-\rho)gh'+\rho gz \qquad (1-18)$$

압력차를 물기둥으로 나타내면

$$\frac{p_1-p_z}{\rho g}=\left(\frac{\rho'}{\rho}-1\right)h'+z \qquad (1-19)$$

용기 내를 공기, U자관 내를 물로 하면, $\rho \ll \rho'$이므로, 식(1–18)은 다음과 같다.

$$p_1 - p_2 = \rho' g h'$$

③ **역 U자관 마노미터**

유리관에 넣은 액체의 밀도 ρ'이 측정하는 액체의 밀도 ρ보다도 작을 때, 그림 1–12와 같이 역 U자관 마노미터를 사용한다. 이 경우에도 U자관 마노미터와 마찬가지로 유리관 내 액체의 동일 수평면상의 두 점 X, X′의 압력을 동일하게 두면

$$p_1 - \rho g h_1 = p_2 - \rho g h_2 - \rho' g h'$$

$p_1 - p_2 = \Delta p$로 두면

$$\begin{aligned} \Delta p &= p_1 - p_2 = \rho g (h_1 - h_2) - \rho' g h' \\ &= \rho g h' - \rho' g h' = (\rho - \rho') g h' \end{aligned} \qquad (1\text{–}20)$$

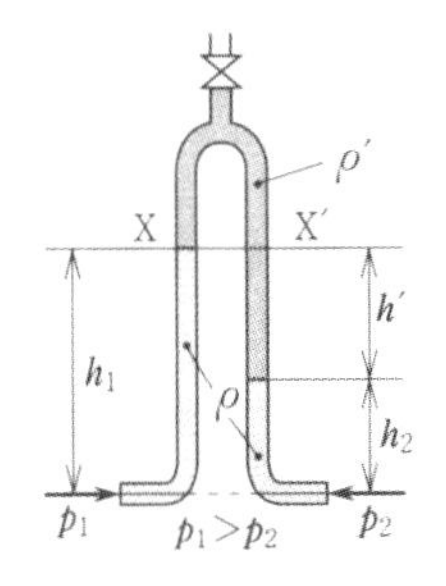

|그림 1–12| 역 U자관 마노미터

④ **미압계**

그림 1–13은 U자관 마노미터 용기의 지름을 크게 한 것으로, 주로 기체의 압력 측정에 이용된다.

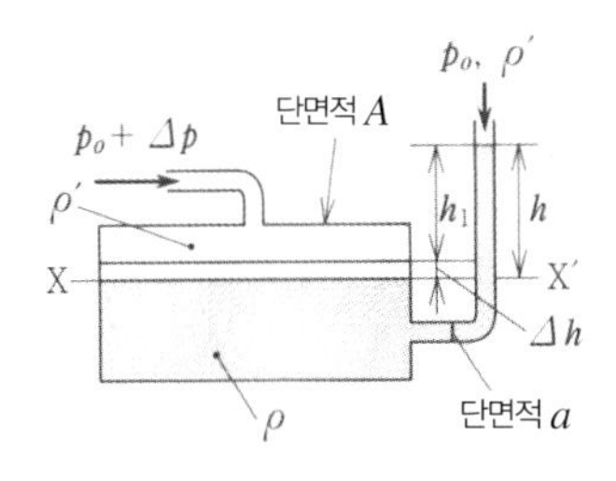

|그림 1–13| 미압계

용기의 단면적을 A, 유리관의 단면적을 a로 하고, 양쪽 모두 대기 중에 개방되어 있다. 용기 내의 압력이 Δp 증가했기 때문에 액면(액체의 표면)이 Δh만큼 내려가고, 유리관의 액면이 h_1만큼 상승하면 X, X′의 수평면상 압력은 같을 것이다.

$$\Delta p=(\rho-\rho')gh=(\rho-\rho')g(h_1+\Delta h)$$

또한, 용기에서 유리관으로 이동한 액체의 체적은 같다. $A\Delta h=ah_1$

따라서, $\Delta h=\frac{a}{A}h_1$이 된다.

$$\therefore \Delta p=(\rho-\rho')g\left(h_1+\frac{a}{A}h_1\right)=(\rho-\rho')gh_1\left(1+\frac{a}{A}\right) \quad (1\text{–}21)$$

⑤ **경사미압계**

그림 1–14의 유리관을 θ만큼 경사지게 한 것으로, θ를 작게 하거나 단면적비 a/A를 작게 할수록 같은 압력차에 대하여 경사관 액체의 이동량 l을 확대할 수 있다. 이를 경사미압계라고 한다.

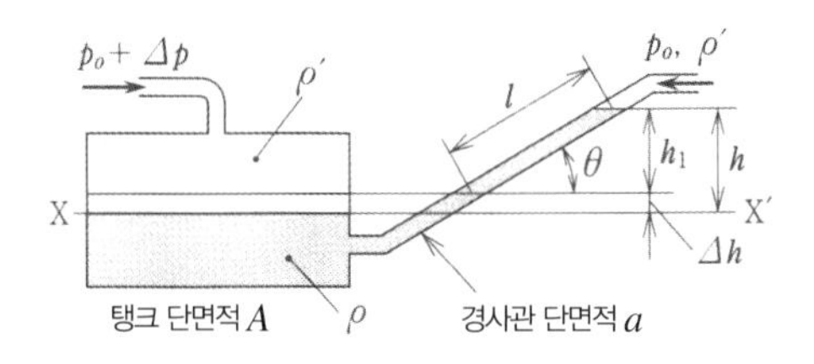

|그림 1–14| 경사미압계

용기 내의 압력이 p_0에서 Δp만큼 증가하였기 때문에 액면이 Δh만큼 낮아져서 유리관의 액면이 l만큼 이동했다고 하면 X, X′의 수평면상 압력 평형으로부터

$$h=h_1+\Delta h, \quad h_1=l\sin\theta$$
$$\Delta p=(\rho-\rho')gh=(\rho-\rho')g(h_1+\Delta h) \quad (1\text{–}21)$$

그러나 이동한 액체의 체적은 같으므로 $A\Delta h=al$

따라서, $\Delta h=\frac{a}{A}l$ 이다.

이러한 식으로부터

$$\Delta p = (\rho - \rho')g\left(l\sin\theta + \frac{a}{A}l\right) = (\rho - \rho')gl\left(\sin\theta + \frac{a}{A}\right) \quad (1-22)$$

$$\left.\begin{aligned} \therefore h &= \frac{\Delta p}{(\rho - \rho')g} = l\left(\sin\theta + \frac{a}{A}\right) \\ \frac{l}{h} &= \frac{1}{\sin\theta + \frac{a}{A}} \end{aligned}\right\} \quad (1-23)$$

l/h를 확대율(배율)이라고 하며, θ가 작을수록, $a \ll A$일수록 커진다. 측정하는 압력이 매우 작을 경우, 특히 공기역학계의 계측에서는 1~10mH_2O 정도의 계측이 많다. 따라서, U자관미압계보다는 경사미압계를 사용하는 것이 적절하다.

(2) 부르동관 압력계

압력계 탄성체의 변위로부터 압력을 측정하는 탄성압력계에는 부르동관 압력계가 일반적이다. 그림 1-15에 나타낸 것과 같이 측정 압력이 한 쪽 고정단 A에서 원호형으로 만들어진 금속관(부르동관)에 유도되면, 밀폐된 다른 쪽 자유단 B는 압력 변화에 따라 화살표 방향으로 펴져서 연결된 링크를 움직이고 섹터기어가 작은 기어(피니언)를 회전시켜 지침이 돌아간다. 부르동관 압력계에는 정압용, 부압용 및 정압과 부압 모두를 측정할 수 있는 연성계가 있다. 부르동관의 저압용은 인청동, 황동으로 만들어진다. 고압용은 강철, 합금강으로 만든다.

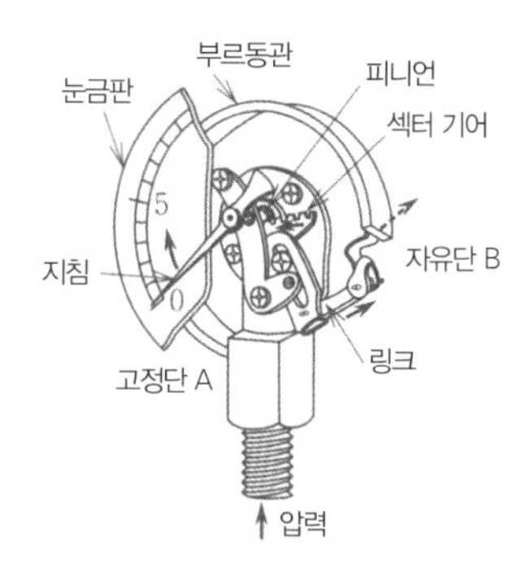

|그림 1-15| 부르동관 압력계|

탄성 압력계에는 부르동관 압력계 이외에 다이어프램 압력계(그림 1-16), 벨로스 압력계(그림 1-17)가 있다.

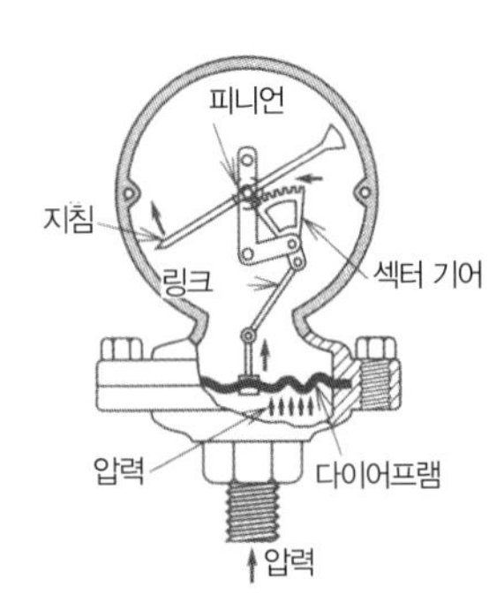

|그림 1–16| 다이어프램 압력계

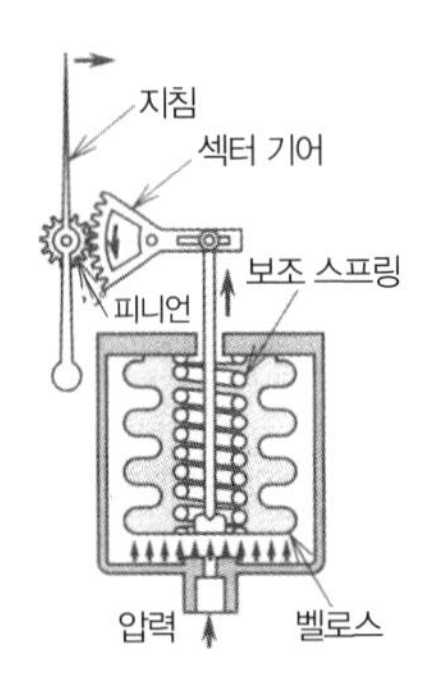

|그림 1–17| 벨로스 압력계

[예제 1–8]

그림 1–18은 수은을 이용한 마노미터로, h=22[cm], h'=48[cm]이었을 때, 관 내부 압력 p_A를 게이지 압력으로 구하여라. 관 내부의 액체 비중을 1.0, 수은의 비중은 13.6으로 한다.

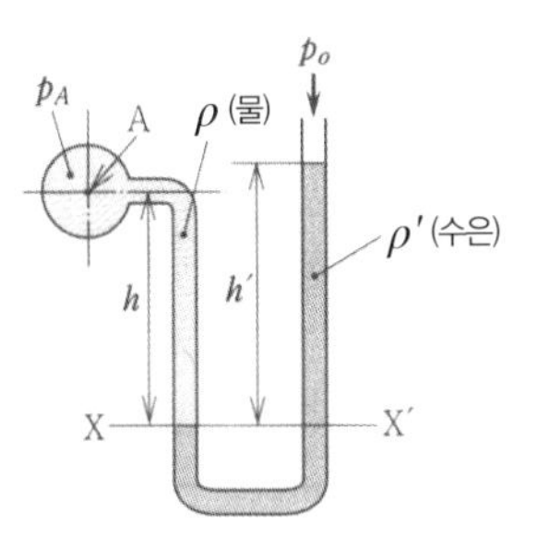

|그림 1–18| 예제 1–8의 그림

[풀이]

기준면 (X, X′)에서 마노미터 좌우의 압력 평형을 생각하면

$$p_A+\rho gh=p_0+\rho' gh'$$

$$\therefore p_A-p_0=g(\rho' h'-\rho h)$$

게이지 압력, 즉 $p_A-p_0=p[gau]=\Delta p$로 나타낸다.

g=9.8[m/s^2], ρ=1×1000=1000[kg/m^3], ρ'=13.6×1000=13600[kg/m^3], h=22×10^{-2}[m], h'=48×10^{-2}[m]을 위 식에 대입해 보면

$$p[gau]=g(\rho' h'-\rho h)=9.8\times(13600\times48\times10^{-2}-1000\times22\times10^{-2})$$
$$=61818.4[Pa]$$
$$=61.82[kPa]=0.06182[MPa]$$

[예제 1-9]

그림 1-19와 같은 마노미터 하부에 수은을 넣고 그 양쪽에 수압을 작용시켰다. $p_1=200[kPa]$ 일 때, p_2는 얼마인가? 수은의 비중은 13.59로 한다.

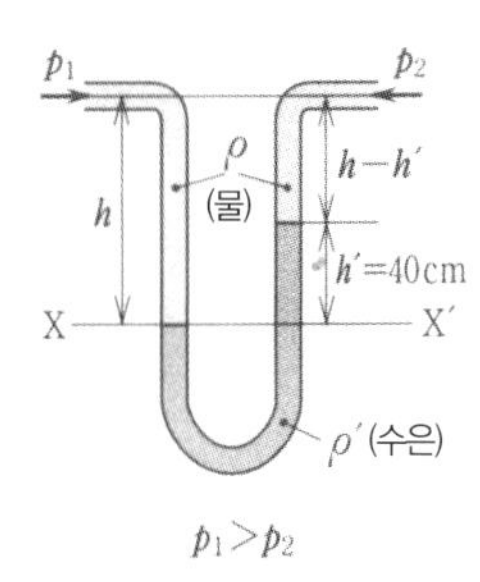

|그림 1-19| 예제 1-9의 그림

[풀이]

기준면 X, X' 에서의 마노미터 좌우의 압력 평형을 생각하면

$$p_1+\rho gh=p_2+\rho g(h-h')+\rho' gh'=p_2+\rho gh-\rho gh'+\rho' gh'$$

$$\therefore p_2=p_1+\rho gh'-\rho' gh'=p_1-gh'(\rho'-\rho)$$

$$= p_1-\rho gh'\left(\frac{\rho'}{\rho}-1\right)$$

다음으로, $p_1=200[kPa]=200\times10^3[Pa]$, $\rho=1000[kg/m^3]$, $g=9.8[m/s^2]$, $h=40\times10^{-2}[m]$, $\rho'/\rho=13.59$를 위 식에 대입해서

$$p_2=p_1-\rho gh'\left(\frac{\rho'}{\rho}-1\right)=200\times10^3-1000\times9.8\times40\times10^{-2}\times(13.59-1)$$

$$=150647.2[Pa]=150.65[kPa]=0.151[MPa]$$

[예제 1-10]

그림 1-20과 같은 U자관 마노미터에서 중유의 비중을 0.85, 수은의 비중을 13.6으로 하여 관 내부의 게이지 압력을 구하여라. $h=740[mm]$, $h'=180[mm]$로 한다.

[풀이]

기준면 X, X′에서의 U자관 좌우 압력 평형에서

$$p_A-\rho g(h-h')=p_0+\rho' gh'$$

게이지 압력 $\Delta p=p[gau]=p_A-p_0=\rho' gh'+\rho g(h-h')$

따라서

$$p_A - p_0 = 13.6\times1000\times9.8\times180\times10^{-3} + 0.85\times1000\times9.8\times(740-180)\times10^{-3}$$
$$= 28655.2[\text{Pa}] = 28.65[\text{kPa}]$$

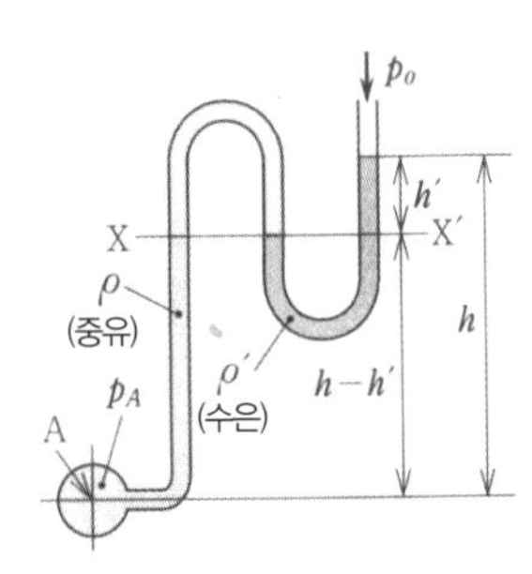

|그림 1-20| 예제 1-10의 그림

[예제 1-11]

그림 1-14의 경사미압계에서 용기의 내경을 70mm, 유리관의 내경을 1mm로 하고 경사도를 1/1000로 할 경우, 확대율(배율)은 얼마인가?

[풀이]

식(1-23)에 $\sin\theta = \dfrac{1}{1000} = 0.001$, $\dfrac{a}{A} = \left(\dfrac{1}{70}\right)^2 = 2.04\times10^{-4}$ 를 대입하면

$$\frac{1}{h} = \frac{1}{0.001 + 0.000204} = 830.5$$

또한, 통상적인 배율은 3~20 정도까지이다.

[예제 1-12]

그림 1-14의 경사미압계에서 한 쪽을 대기에 개방하고, 용기에는 비중 0.82의 알코올을 봉입하였다. 공기의 압력 변화를 측정하였는데, 경사관 내부를 알코올이 100mm 이동한 후 균형을 이루었다. 용기의 내경을 70mm, 관의 내경을 5mm, 경사각을 25°로 할 때 압력 증가는 얼마인가? 또한, 배율은 얼마인가? 공기의 밀도는 1.293kg/m^3로 한다.

[풀이]

$\rho = 0.82\times1000 = 820[\text{kg/m}^3]$, $\rho' = 1.293[\text{kg/m}^3]$, $g = 9.8[\text{m/s}^2]$, $l = 100[\text{mm}] = 100\times10^{-3}[\text{m}]$, $\theta = 25°$를 식(1-22)에 대입하면

$$\Delta p = (\rho - \rho')gl\left(\sin\theta + \frac{a}{A}\right)$$

$$= (820 - 1.293) \times 9.8 \times 100 \times 10^{-3} \times \left\{ \sin\theta + \left(\frac{5}{70}\right)^2 \right\}$$

$$= 343.2[\text{Pa}] = 0.343[\text{kPa}]$$

$$\frac{1}{h} = \frac{1}{\sin\theta + \dfrac{a}{A}} = \frac{1}{\sin 25^\circ + \left(\dfrac{5}{70}\right)^2} = 2.34$$

5 벽면에 작용하는 수압

액체의 내부 압력은 액면의 깊이에 비례하여 커지며 벽면에 직각 방향으로 작용한다.

그림 1-21에 나타낸 것과 같이, 용기 벽면에 가해지는 전압력은 밑면에서는 ρgH의 압력(압력의 세기)이 벽면에 작용하고, 액면에 가까워지면서 선형적(1차 함수)으로 감소하여, 액면에서는 제로가 된다.

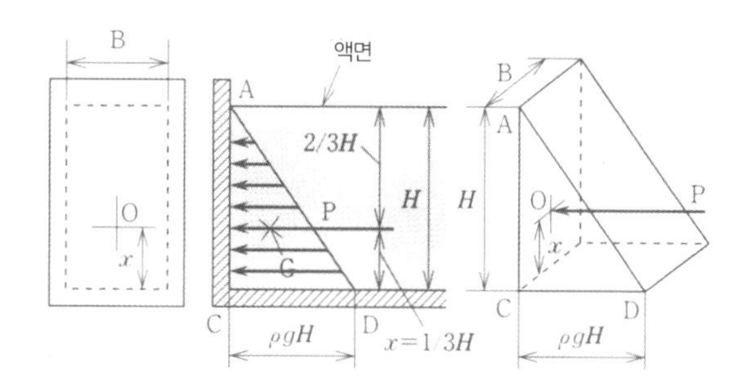

|그림 1-21| 벽면에 미치는 수압

따라서 평균 압력 p는 $(1/2)\times\rho gH$[Pa]이므로, 벽면의 면적 $BH[\text{m}^2]$에 미치는 전압력 P[N]은 다음 식이 된다.

$$P = \frac{1}{2}\rho gH \times BH = \frac{1}{2}\rho gBH^2 \tag{1-24}$$

이 경우, P가 하나의 힘으로서 어느 한 점 O에 집중적으로 작용한다고 생각할 때, 그 작용점을 압력의 중심이라고 한다. 그 위치는 그림 1-21에서는 삼각형 ACD와 폭 B로 이루어진 삼각기둥의 중심 G를 지나는 O가 압력의 중심이 된다.

따라서, 바닥으로부터의 거리를 $x(=CO)$라고 하면, 다음과 같다.

$$x = \frac{1}{3}H \tag{1-25}$$

그림 1-22에 사각판과 원판 도형의 액면에서 압력 중심 O까지의 깊이 η를 구하는 식을 나타내었다.

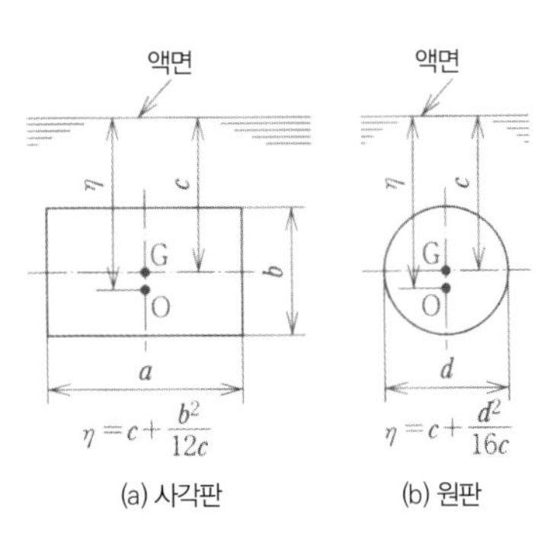

|그림 1-22| 압력의 중심

[예제 1-13]

한 변의 길이가 2.5m인 사각형 용기에 1.2m 깊이까지 비중 0.78의 기름을 넣었을 때 수직 벽면에 가해지는 전압력과 압력의 중심 위치를 구하여라.

[풀이]

식(1-24)에 ρ=0.78×1000=780[kg/m^3], g=9.8[m/s^2], B=2.5[m], H=1.2[m]를 대입하면

$$\text{전압력 } P = \frac{1}{2}\rho g B H^2 = \frac{1}{2} \times 780 \times 9.8 \times 2.5 \times 1.2^2 = 13759.2[\text{N}]$$

$$= 13.76[\text{kN}]$$

또한, 압력의 중심은 그림 1-22 (a)에서 $\eta = c + \frac{b^2}{12c}$ 이다. 그림 1-21에서 $c = \frac{H}{2}$, $b=H$가 된다.

따라서 $\eta = \frac{H}{2} + \frac{H^2}{12 \times \frac{H}{2}} = \frac{2}{3}H$

$$= \frac{2}{3} \times 1.2 = 0.8[\text{m}]$$

[예제 1–14]

그림 1–23에서 수조의 수면에서의 깊이가 4m인 벽면 구멍을 직경 3m 원판의 뚜껑으로 덮었다. 원판에 작용하는 전압력과 압력의 중심 위치를 구하여라.

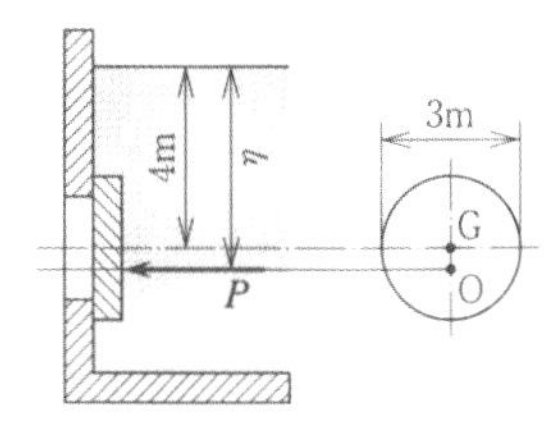

|그림 1–23| 예제 1–14의 그림

[풀이]

ρ=1000[kg/m^3], g=9.8[m/s^2], H=4[m], $A = \frac{\pi}{4}d^2 = \frac{\pi}{4}\times 3^2 = 7.065[\text{m}^2]$이다.

따라서

$$P=\rho gH \cdot A=1000\times 9.8\times 4\times 7.065=276948[\text{N}]=276.9[\text{kN}]$$

또한 그림 1 – 22 (b)에서 c=4[m], d=3[m]이므로

$$\eta = c + \frac{d^2}{16c} = 4 + \frac{3^2}{16\times 4} = 4\cdot 14[\text{m}]$$

[예제 1–15]

그림 1–24에 나타낸 바와 같이 폭 B=2.5[m]인 수로를 수문으로 수직이 되게 막았을 때 상류 측의 수심이 H_1=4[m], 하류 측의 수심이 H_2=2[m]라고 한다. 이때 수문에 작용하는 전압력 P와 바닥면에서 압력의 중심 위치 x를 구하여라.

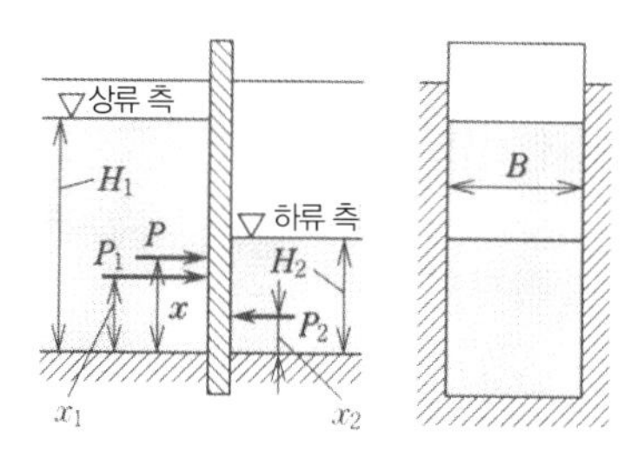

|그림 1–24| 예제 1–15의 그림

[풀이]

상류 측에 작용하는 전압력을 P_1, 하류 측에 작용하는 전압력을 P_2로 하면

$$P_1 = \frac{1}{2}\rho g B H_1^2 = \frac{1}{2} \times 1000 \times 9.8 \times 2.5 \times 4^2 = 196000[\text{N}]$$

$$P_2 = \frac{1}{2}\rho g B H_2^2 = \frac{1}{2} \times 1000 \times 9.8 \times 2.5 \times 2^2 = 49000[\text{N}]$$

따라서, P_1과 P_2의 합성 전압력 P는

$$P = P_1 - P_2 = 196000 - 49000 = 147000[\text{N}]$$

다음으로 합성 전압력 P의 작용점을 구하려면 P_1과 P_2에 의해 수문 반대쪽으로 작용하는 힘의 모멘트를 구한다. P의 바닥면에서의 작용점을 x라고 하면, P의 모멘트가 P_1과 P_2일 때 각 모멘트의 합과 같으므로 모멘트 평형식은 다음과 같다.

$Px = P_1x_1 - P_2x_2$, $x_1 = \frac{1}{3}H_1$, $x_2 = \frac{1}{3}H_2$ 이므로

$$x = \frac{P_1 \times \frac{H_1}{3} - P_2 \times \frac{H_2}{3}}{P} = \frac{196000 \times \frac{4}{3} - 49000 \times \frac{2}{3}}{147000} = 1.55[\text{m}]$$

문제 1-5 2.45MPa의 수압에 해당하는 수심은 몇 m인가?

문제 1-6 수은주가 15cm인 압력을 물기둥으로 환산하면 몇 cm가 되는가? 또한, 이것을 kPa로 환산하여라. 수은의 비중은 13.6으로 한다.

문제 1-7 면적이 2m^2인 평면에 전압력 980kN의 하중이 똑같이 작용할 경우, 압력은 얼마인가?

문제 1-8 해수를 비압축성 유체라고 가정하고, 깊이가 9950m인 해저에서의 압력을 구하여라. 해수의 비중은 1.025로 한다.

문제 1-9 기압계의 눈금이 수은주 760mm를 가리킬 때 이 압력에서 다음 문제의 해답을 구하여라.

(1) 물기둥 몇 m에 해당하는가? 수은의 비중은 13.6으로 한다.

(2) MPa로 단위 환산을 하면 얼마인가?

문제 1-10 그림 1-25와 같은 수압기에서 직경이 d_1=20[cm]인 피스톤의 윗면에 작용하는 수압이 p_1=0.6[MPa]이다. 여기서, 램(ram)의 직경이 d_2=15[cm]일 경우, 실린더 안에서 발생하는 압력의 크기 p_2는 얼마인가? 또한, 메인 램(main ram)의 지경이 d_3=40[cm]인 경우, 물체 W에 가해진 하중 F는 얼마인가?

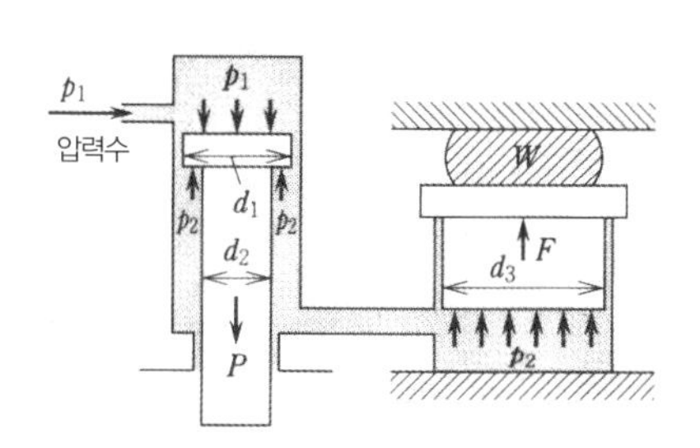

|그림 1-25| 문제 1-10의 그림

문제 1-11 그림 1-19에서 수은 액면의 높이 차이가 h'=1[m]일 때, p_1, p_2의 압력차는 얼마인가? 수은의 비중은 13.6으로 한다.

문제 1-12 그림 1-20에서 관내의 액체를 비중 0.7의 가솔린으로 했을 때, 관내 A점의 게이지 압력을 구하여라.

문제 1-13 그림 1-14와 같은 경사미압계에서 용기 내경을 70mm, 유리관 내경을 6mm로 하여 5배율을 나타내고자 할 때 유리관의 경사는 몇 도로 해야 하는가?

문제 1-14 그림 1-26과 같이 크기가 세로 2m, 가로 1m인 칸막이 수문이 수직으로 설치되어 있을 때 수문에 작용하는 전압력과 압력의 중심 위치를 구하여라. 수면에서 수문의 윗면까지의 거리는 3m로 한다.

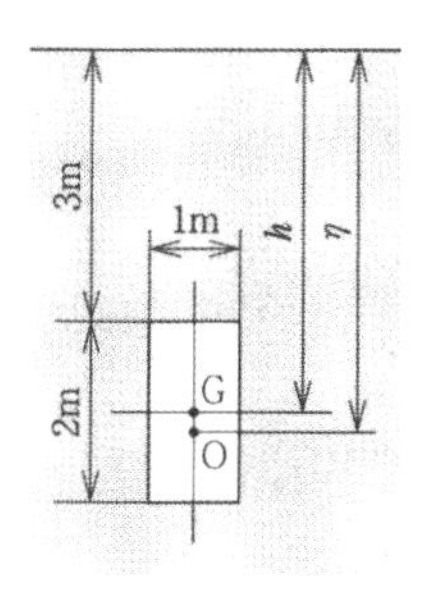

|그림 1-26| 문제 1-14의 그림

1-4 유동 유체에서의 역학

1 흐름의 상태

그림 1-27에 나타낸 바와 같이 어느 순간에서 각 유체 입자의 속도 벡터(크기와 방향을 동시에 가지고 있는 물리량)와 접선 방향으로 그은 선을 유선이라고 한다. 유동하는 액체 안에서는 하나의 곡선으로 생각할 수 있다.

각 점에서의 접선이 그 점의 유체 입자 속도 방향과 일치한다. 유체 입자 상태(압력, 속도, 밀도 등)가 시간에 따라 변하지 않고 일정한 흐름을 정상 유동(steady flow)이라고 하고, 시간에 따라 변화하는 흐름을 비정상 유동(unsteady flow)이라고 한다.

또한, 어느 순간에서 유체 입자의 흐름 상태가 장소에 따라서 변하지 않고 일정한 흐름을 균일 유동(uniform flow)이라고 하고, 장소에 따라 변화하는 흐름을 불균일 유동(non-uniform flow)이라고 한다.

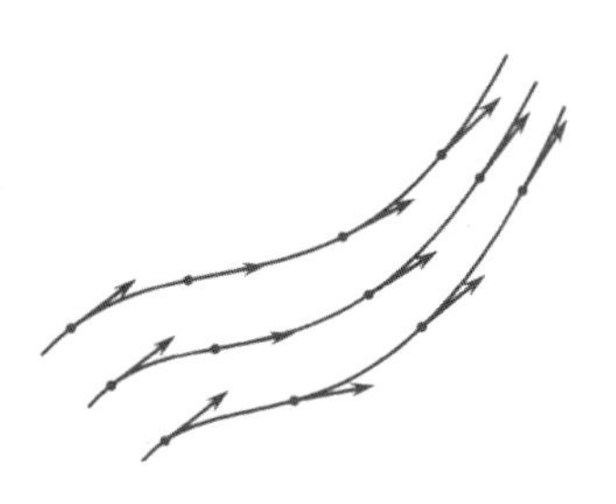

|그림 1-27| 흐름의 상태

2 질량 보존

그림 1-28과 같은 이상 유체의 관로 내 정상 유동에 대해 생각해보자. 임의의 구간 ①, ②에서는 정상 유동이기 때문에 질량 변화는 없다. 따라서 미소시간 Δt 사이에 관입구 ①에서 유입된 유체의 질량 m_1[kg]과 출구 ②에서 유출된 유체의 질량 m_2[kg]은 동일하다.

①, ②에서 관의 수직방향 단면적을 A_1[m²], A_2[m²], 평균 유속을 v_1[m/s], v_2[m/s], 압력을 p_1[Pa], p_2[Pa], 밀도를 ρ_1[kg/m³], ρ_2[kg/m³]로 하면, 시간 $\Delta t[s]$ 사이에 단면을 통과하는 유체의 질량은 $m_1=m_2$이므로 다음 식이 성립한다.

$$\rho_1 A_1 v_1 \Delta t = \rho_2 A_2 v_2 \Delta t$$
$$\therefore \rho_1 A_1 v_1 = \rho_2 A_2 v_2 = \dot{m} = \text{일정} \qquad (1-26)$$

$\dot{m}$을 질량 유량(mass flow rate)이라고 한다. 즉, 정상 유동에서 질량 유량 ρAv는 관로의 어느 단면에서도 동일하다. 여기서, 유체가 액체인 경우나 기체인 경우에도 음속과 같은 고속 기류가 아니면, 밀도의 변화는 극히 작기 때문에 이를 일정하다고 생각하면 $\rho_1=\rho_2$이다. 따라서 다음 식이 성립한다.

$$A_1 v_1 = A_2 v_2 = Q = \text{일정} \qquad (1-27)$$

Q는 체적 유량(volume flow rate)으로 간단하게 유량이라고도 한다. 유량은 어느 단면에서도 일정하며 유속은 흐름의 단면적에 반비례한다. 식(1–26) 및 식(1–27)을 연속방정식이라고 하며, 유량의 단위는 $[m^3/s]$로 나타낸다.

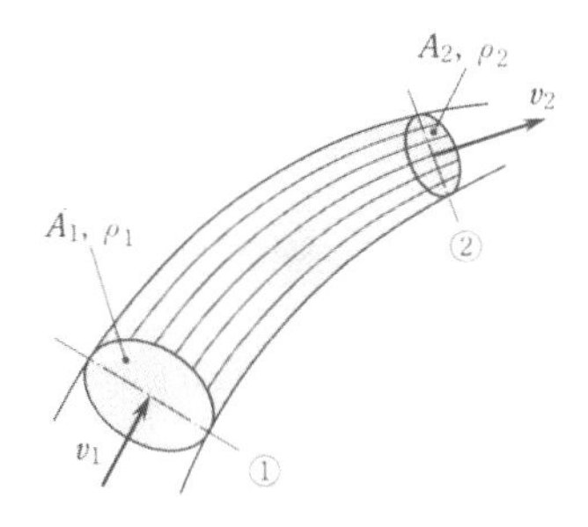

|그림 1–28| 관로에서의 질량 보존

[예제 1–16]

호칭 지름 25(1B)의 압력 배관용 탄소강 강관(STPG) Sch 80을 통해 체적이 $1.5m^3$인 욕조에 물을 채우는 데 30분이 걸렸다. 관내의 평균 유속을 구하여라.

[풀이]

호칭 지름 25(1B) Sch 80의 크기는 외경 34.0mm, 두께 4.5mm이다. 따라서

$$\text{내경 } d = 34 - 2 \times 4.5 = 25[mm] = 25 \times 10^{-3}[m]$$

또한, $Q = \frac{1.5}{30}[m^3/min] = \frac{1.5}{30 \times 60}[m^3/s]$ 이다. 식(1–27)에서 평균 유속을 계산하면

$$v = \frac{Q}{A} = \frac{Q}{\frac{\pi}{4}d^2} = \frac{\frac{1.5}{30 \times 60}}{\frac{\pi}{4} \times \left(25 \times 10^{-3}\right)^2} = 1.7[m/s]$$

3 에너지 보존

(1) 유체 에너지

그림 1–29에 나타낸 관내를 이상 유체(비압축성, 비점성의 이상 유체)가 정상 유동으로 흐르고 있을 경우, 관 입구의 수직 단면 ①에서 유입되는 에너지의 총량과 관 출구의 수직 단면 ②에서 유출되는 에너지의 총량은 이 구간에서 일이나 열이 발생하지 않는다면 같다.

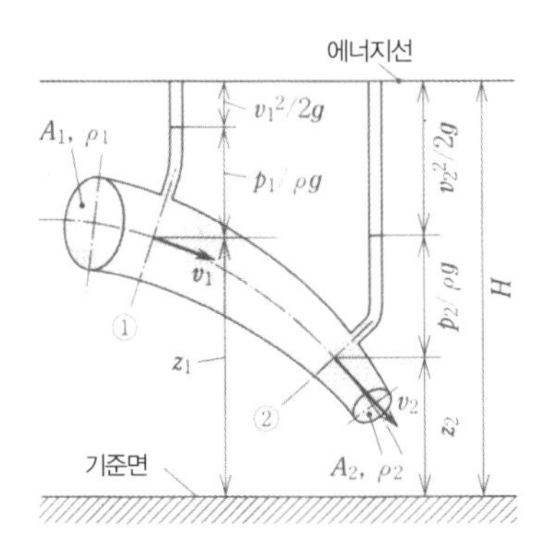

|그림 1–29| 관로에서의 에너지 보존

임의의 위치에서 관의 단면적을 $A[m^2]$, 유체의 평균 유속을 $v[m/s]$, 밀도를 $\rho[kg/m^3]$, 압력을 $p[Pa]$, 단면의 기준면에서 높이를 $z[m]$라고 하면, 단면 ①, ②에서의 시간 $\Delta t[s]$ 사이에 단면을 통과하는 질량은 $m=\rho Av\Delta t[kg]$이다.

단면 ①, ②에서의 에너지 값에 대하여 하첨자 1, 2를 붙여서 나타내면 다음과 같은 식을 얻을 수 있다.

$$\frac{1}{2}(\rho_1 A_1 v_1 \Delta t)v_1^2 + p_1 A_1 v_1 \Delta t + \rho_1 g A_1 v_1 z_1 \Delta t + U_1$$

$$= \frac{1}{2}(\rho_2 A_2 v_2 \Delta t)v_2^2 + p_2 A_2 v_2 \Delta t + \rho_2 g A_2 v_2 z_2 \Delta t + U_2 [J]$$

이 식의 좌변과 우변의 제1항은 운동에너지, 제2항은 시간 Δt의 사이에 압력 p에 대해서 유체를 거리 $v\Delta t$ 움직이는데 필요한 일(압력에 의한 에너지)에 대하여 나타내고 있다. 제3항은 위치에너지, 그리고 제4항은 유체 입자끼리 또는 유체와 벽면에서의 내부 마찰 등으로 발생하는 열로 하류에서는 유체의 온도가 상승하므로 열에너지 손실이 된다. 이를 내부에너지(internal energy)라고 한다.

여기서, 흐름은 정상 유동이므로 $\rho_1 A_1 v_1 = \rho_2 A_2 v_2$가 성립한다. (1–27)식의 좌변을 $\rho_1 A_1 v_1 \Delta t$로, 우변을 $\rho_2 A_2 v_2 \Delta t$로 각각 나누면 다음 식을 얻을 수 있다.

$$\frac{1}{2}v_1^2 + \frac{p_1}{\rho_1} + gz_1 + u_1 = \frac{1}{2}v_2^2 + \frac{p_2}{\rho_2} + gz_2 + u_2 [\mathrm{J/kg}] \tag{1–28}$$

여기서, u_1과 u_2는 입구 ①과 출구 ②의 단위 질량당 내부에너지(비내부에너지: specific internal energy)로서, 그 증분(변화량)을 $u = u_2 - u_1$으로 하고, 액체의 경우 $\rho_1 = \rho_2 = \rho$(밀도가 일정한 비압축성 유체)라고 생각하면

$$\frac{1}{2}v_1^2 + \frac{p_1}{\rho} + gz_1 = \frac{1}{2}v_2^2 + \frac{p_2}{\rho} + gz_2 + u [\mathrm{J/kg}] \tag{1–29}$$

또한, 액체에서는 내부에너지의 증분이 매우 작기 때문에(에너지 손실이 없음) 무시하면 다음 식을 얻을 수 있다.

$$\frac{1}{2}v^2 + \frac{p}{\rho} + gz = E = \text{일정} \tag{1–30}$$

또한, u는 유체의 온도 T[K]의 함수로, $u = c(T_2 - T_1)$으로 나타낸다. 식(1–30)의 단위는 $[\mathrm{m^2/s^2}] = [\mathrm{J/kg}]$이며, 유체의 단위 질량당 에너지를 나타낸다. 여기에서 $1/2v^2$을 비운동에너지, p/ρ를 비압력에 의한 에너지, gz를 비위치에너지, E를 전체 비에너지(total specific energy)라고 한다.

(2) 수두

식(1–29)을 중력가속도 g로 나누고 $u/g = h_u$라고 하면

$$\frac{v_1^2}{2g} + \frac{p_1}{\rho g} + z_1 = \frac{v_2^2}{2g} + \frac{p_2}{\rho g} + z_2 + h_u \tag{1–31}$$

또한, 식(1–30)에 대응하여

$$\frac{v^2}{2g} + \frac{p}{\rho g} + z_1 = H = \text{일정} \tag{1–32}$$

이 식의 단위는 [m]=[J/N]으로 단위 중량당 에너지를 나타내며, 수두(head)라고 한다. 즉, $v^2/2g$을 속도수두, $p/\rho g$를 압력수두, z를 위치수두, h_u을 손실수두, H를 전수두(total head)라

고 한다. 식(1–29)~식(1–32)을 베르누이 방정식(Bernoulli's equation)이라고 하며, 특히 유체의 운동을 해석하는데 있어서 매우 중요한 식이다.

기체의 경우, 온도나 압력 변화가 아주 작은 저압 기체라면 액체와 마찬가지로 비압축성으로 간주할 수 있고, 내부에너지의 변화도 무시할 수 있다. 또한, 밀도가 작기 때문에 위치에너지의 변화도 무시할 수 있으므로 다음 식이 성립한다.

$$\frac{1}{2}v^2 + \frac{p}{\rho} = \text{일정}$$

하지만 같은 기체라도 온도나 압력 변화가 큰 경우에는 다음 식을 사용한다.

$$\frac{1}{2}v^2 + \frac{p}{\rho} + u = \text{일정}$$

[예제 1–17]

그림 1–30과 같이 수평관에서 단면 ①의 면적 A_1=100[cm²], 유속 v_1=4[m/s], 압력 p_1=0.1[MPa]인 경우, 단면 ②의 압력 p_2를 구하여라. 단, A_2=200[cm²]로 한다.

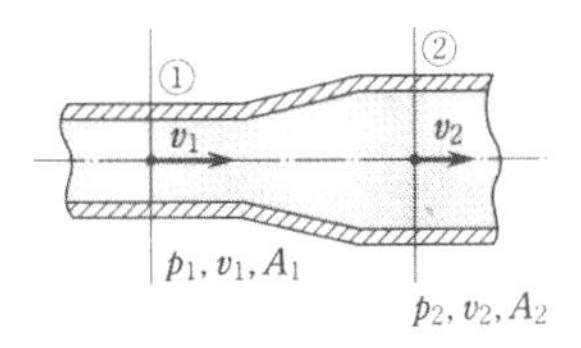

|그림 1–30| 예제 1–17의 그림

[풀이]

관내에서 에너지 손실은 없다고 생각하고 단면 ①, ②에 베르누이 방정식을 적용하면 관은 수평($z_1=z_2$) 상태이므로 식(1–31)에 의해

$$\frac{v_1^2}{2g} + \frac{p_1}{\rho g} = \frac{v_2^2}{2g} + \frac{p_2}{\rho g}$$

$$\frac{p_2}{\rho g} = \frac{p_1}{\rho g} + \frac{v_1^2 - v_2^2}{2g}$$

$$\therefore p_2 = \rho g\left(\frac{p_1}{\rho g} + \frac{v_1^2 - v_2^2}{2g}\right) = p_1 + \frac{\rho(v_1^2 - v_2^2)}{2}$$

또, 연속방정식(1–27)에서

$$Q=A_1v_1=A_2v_2 \quad \therefore\ v_2=\frac{A_1}{A_2}v_1=\frac{100}{200}\times 4=2[\mathrm{m/s}]$$

그러므로 $p_1=0.1\times10^6[\mathrm{Pa}]$, $\rho=1000[\mathrm{kg/m^3}]$, $g=9.8[\mathrm{m/s^2}]$이므로

$$p_2=p_1+\frac{\rho(v_1^2-v_2^2)}{2}=0.1\times10^6+\frac{1000\times(4^2-2^2)}{2}=106000[\mathrm{Pa}]$$

$$=0.106[\mathrm{MPa}]$$

이 예제에서 단면 ②의 압력이 0.102[MPa]일 경우, 단위 질량당 내부에너지의 손실(내부에너지의 증분)을 구해보자.

식(1–29)에서 $z_1=z_2$라고 하면, 다음의 식을 얻을 수 있다.

$$u=\frac{1}{2}(v_1^2-v_2^2)+\frac{1}{\rho}(p_1-p_2)$$

$$\therefore\ u=\frac{1}{2}(4^2-2^2)+\frac{1}{1000}(0.1\times10^6-0.102\times10^6)=4[\mathrm{J/kg}]$$

이것을 물기둥의 높이로 고치면 식(1–31)로부터 다음과 같게 된다.

$$h_u=\frac{u}{g}=\frac{4}{9.8}=0.408[\mathrm{m}]=40.8[\mathrm{cm}]$$

[예제 1–18]

수압 0.17MPa를 압력수두로 환산하여라.

[풀이]

식(1–32)에서

$$h=\frac{p}{\rho g}=\frac{0.17\times10^6}{1000\times9.8}=17.35[\mathrm{m}]=17.35[\mathrm{J/N}]$$

[예제 1–19]

그림 1–31에 나타낸 것과 같이 상단의 내경 100mm, 하단의 내경 50mm, 길이 2m의 축소관에서 초당 23*l*의 물이 떨어질 경우, 관의 상하 양단에서의 압력차를 구하여라. 단, 에너지의 손실은 무시한다.

[풀이]

관 ①, ② 지점에 베르누이 방정식을 적용하면

$$\frac{v_1^2}{2g}+\frac{p_1}{\rho g}+z_1=\frac{v_2^2}{2g}+\frac{p_2}{\rho g}+z_2$$

또한, 연속방정식을 적용하면

$Q=A_1v_1=A_2v_2$로, $Q=23[l/s]=23\times10^{-3}[m^3/s]$, $d_1=100\times10^{-3}[m]$, $d_2=50\times10^{-3}[m]$이므로

$$v_1=\frac{Q}{A_1}=\frac{Q}{\frac{\pi}{4}d_2^2}=\frac{23\times10^{-3}}{\frac{\pi}{4}\times(100\times10^{-3})^2}=2.93[m/s]$$

$$v_2=\frac{Q}{A_2}=\frac{Q}{\frac{\pi}{4}d_2^2}=\frac{23\times10^{-3}}{\frac{\pi}{4}\times(50\times10^{-3})^2}=11.72[m/s]$$

다음으로 축소관의 하단을 기준면으로 정하면 $z_1=2[m]$, $z_2=0$, $h_u=0$이다. 따라서 베르누이 방정식(1–31)에서

$$\frac{p_1}{\rho g}-\frac{p_2}{\rho g}=\frac{v_2^2}{2g}-\frac{v_1^2}{2g}+z_2-z_1=\frac{v_2^2-v_1^2}{2g}-z_1$$

$$\therefore p_1-p_2=\rho g\left(\frac{v_2^2-v_1^2}{2g}-z_1\right)=\frac{\rho}{2}(v_2^2-v_1^2)-\rho g z_1$$

$$=\frac{1000}{2}\times(11.72^2-2.93^2)-1000\times9.8\times2$$

$$=44786.75[Pa]=44.8[kPa]$$

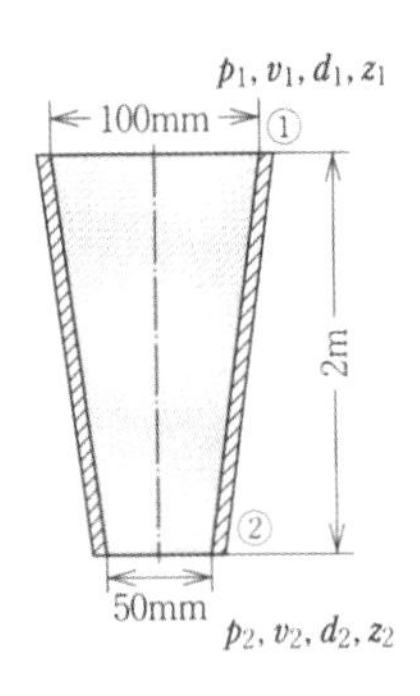

|그림 1–31| 예제 1–19의 그림

[예제 1–20]

내경 300mm의 수평관 내부를 3m/s의 평균 속도로 물이 흐르는 경우, 그 관로의 어느 횡단면에서 측정한 평균 압력이 0.14MPa이었다. 초당 얼마의 에너지가 그 단면을 통과하는가? 또한, 이것을 동력으로 환산하면 얼마인가?

[풀이]

단면을 $v=3[m/s]$의 속도로 통과하는 물의 속도수두(단위 중량당 속도에너지)는

$$\frac{v^2}{2g} = \frac{3^2}{2 \times 9.8} = 0.46[\mathrm{m}] = 0.46[\mathrm{J/N}]$$

또한 압력 p=0.14[MPa]=0.14×10^6[Pa]의 물이 가지고 있는 압력수두는

$$\frac{p}{\rho g} = \frac{0.14 \times 10^6}{1000 \times 9.8} = 14.3[\mathrm{m}] = 14.3[\mathrm{J/N}]$$

따라서, 단면을 통과하는 물의 전수두는 위에서 언급한 두 수두의 합계이다.

$$H = \frac{v^2}{2g} + \frac{p}{\rho g} = 0.46 + 14.3 = 14.76[\mathrm{m}] = 14.76[\mathrm{J/N}]$$

전체 유량 Q[m³/s]에서 물이 가진 에너지는, 관 내경이 d[m]일 때

$$\rho g Q = \rho g A v = \rho g \frac{\pi}{4} d^2 \cdot v = 1000 \times 9.8 \times \frac{\pi}{4} \times (300 \times 10^{-3})^2 \times 3$$
$$= 2077[\mathrm{N/s}]$$

따라서, 전체 유량에 해당하는 초당 에너지(동력)는

$$\rho g Q H = 2077 \times 14.76 = 30656.5[\mathrm{J/s}] = 30.65[\mathrm{kJ/s}] = 30.65[\mathrm{kW}]$$

4 유량 측정

(1) 오리피스

그림 1-32에서 탱크 측벽에 작은 구멍을 내어, 물을 유출시켜 유량을 측정한다 이 구멍을 오리피스(orifice)라고 한다.

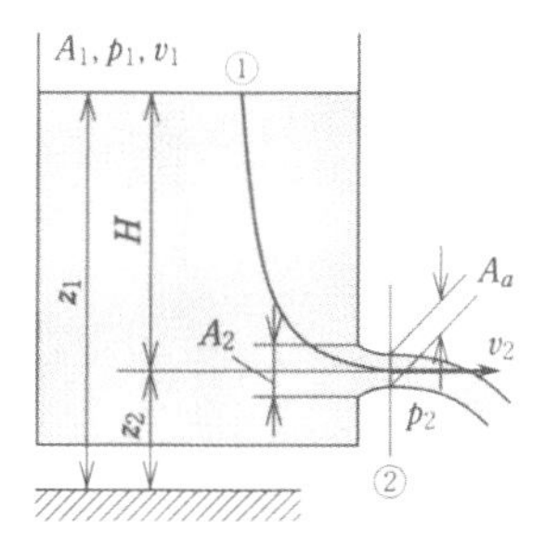

|그림 1-32| 오리피스

유출구로부터 수면까지의 높이를 H[m], 탱크 수면 ①과 오리피스 중심 ② 지점에 베르누이 방정식을 적용하면

$$\frac{1}{2}v_1^2 + \frac{p_1}{\rho} + gz_1 = \frac{1}{2}v_2^2 + \frac{p_2}{\rho} + gz_2$$

대기압을 기준으로 하면 $p_1=p_2=0$으로, 탱크 수면이 오리피스에 비해 넓은 경우($A_1 \gg A_2$)는 수면의 강하 속도 $v_1 \fallingdotseq 0$이라고 생각할 수 있다. 따라서

$$g(z_1 - z_2) = \frac{1}{2}v_2^2, \text{ 또 } z_1 - z_2 = H\text{이므로 } \frac{1}{2}v_2^2 = gH$$

$$\therefore v_2 = \sqrt{2gH} \tag{1-33}$$

식(1−32)를 토리첼리의 정리라고 한다. 단, 이 식은 점도에 의한 에너지 손실은 생각하지 않는다. 실제의 유출 속도는 이것보다 작고, 다음 식으로 주어진다.

$$v_a = C_v v_2 = C_v\sqrt{2gH} \tag{1-34}$$

C_v는 속도계수라고 하며 실험에 의하면 C_v=0.92~0.99이다. 또한 오리피스에서 분출되는 유체는 단면적이 다소 수축된다. 수축하는 부분의 단면적 A_a와 오리피스의 토출 단면적 A_2와의 비를 수축계수 C_c라고 하면 $C_c = \frac{A_a}{A_2}$가 된다.

따라서 이론 유량(에너지 손실을 무시한 유량)은 연속방정식(1−27)에서 $Q = v_2 A_2 = \sqrt{2gH} \cdot A_2$이지만, 실제 유량은 $Q_a = v_a \cdot A_a$가 된다.

이 식에 식(1−34)와 $A_a = C_c A_2$를 대입하면

$$Q_a = v_a A_a = C_v\sqrt{2gH} \cdot C_c \cdot A_2$$

여기서, $C_v \cdot C_c = C$로 하면

$$Q_a = CA_2\sqrt{2gH} = CQ \tag{1-35}$$

C를 유량계수라 하며, C=0.59~0.68이다.

[예제 1−21]

직경 5cm의 구멍에서 유출되는 수량을 계산하여라. 수두 2m로 수축되는 부분의 직경은 4cm로 하고, 속도계수를 0.98로 한다.

[풀이]

토리첼리의 정리에서 실제 유출 속도는

$$v_a = C_v\sqrt{2gH} = 0.98\times\sqrt{2\times9.8\times2} = 6.13[\mathrm{m/s}]$$

또한, 수축계수는

$$C_c = \frac{A_a}{A_2} = \left(\frac{4}{5}\right)^2 = 0.64$$

따라서, $C=C_v \cdot C_c=0.98\times0.64=0.6272$

식(1–35)에서

$$Q_a = v_a \cdot A_a = 6\cdot13\times\frac{\pi}{4}\times(4\times10^{-2})^2$$

$$=7.7\times10^{-3}[\mathrm{m^3/s}]=7.7[l/s]$$

[예제 1–22]

그림 1–33과 같이 상류 A와 하류 B는 수직벽으로 나누어져 있고 벽의 하단에는 높이 20cm, 폭 10cm의 구멍이 뚫려있다. 상류와 하류 수위 차이가 10cm일 때의 실제 유량이 분당 $14.28\mathrm{m}^3$라고 한다. 이때의 유량계수는 얼마인가?

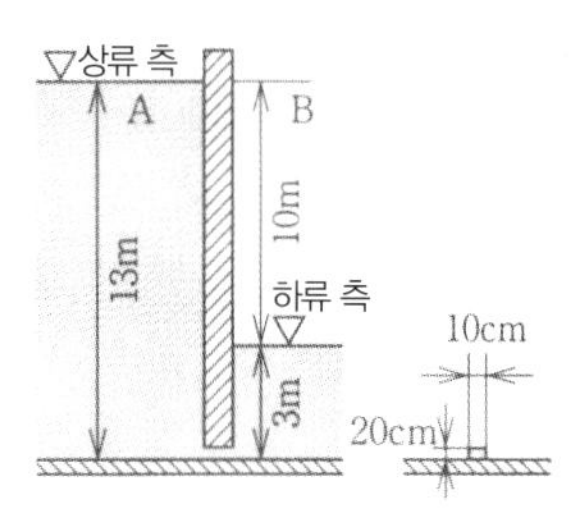

|그림 1–33| 예제 1–22의 그림

[풀이]

오리피스 단면적 $A=0.2\times0.1=0.02[\mathrm{m^2}]$, 유속 $v = \sqrt{2gH} = \sqrt{2\times9.8\times10} = 14[\mathrm{m/s}]$

따라서 이론 유량 $Q=Av=0.02\times14=0.28[\mathrm{m^3/s}]=16.8[\mathrm{m^3/min}]$이다.

한편, 실제 유량은 $Q_a=14.28[\mathrm{m^3/min}]$이므로, 구하려는 유량계수는

$$C = \frac{Q_a}{Q} = \frac{14.28}{16.8} = 0.85$$

(2) 관 오리피스와 관 노즐

관의 도중에 원형 구멍이 뚫린 칸막이 판을 설치한 것을 관 오리피스라고 하고, 축소관 형태의 금속 배관 부품이 부착된 것을 관 노즐(nozzle)이라고 한다. 둘 다 조리개 부분의 전후 압력 차이를 측정하는 것으로 실제 유량은 다음 식으로 구할 수 있다.

$$Q_a = \alpha A\sqrt{\frac{2(p_1 - p_2)}{\rho}} \tag{1-36}$$

그림 1-34에서 A는 오리피스 개구면적으로 $A = \frac{\pi}{4}d^2$, α는 유량계수이다. α에는 수축계수 C_c, 속도계수 C_v, 개구비 $(d/d_1)^2$을 포함하고 있고, α는 이것들을 식(1-36)의 형태로 집약한 계수이다.

그림 1-35에 관 노즐을 나타내었다. 조리개 부분은 타원 곡선에 가까운 형상이므로 수축된 흐름(와류)은 발생하지 않는다. 따라서 C_c=1이 되므로 α는 C_v와 개구비를 포함하게 된다. 실제 유량을 구하려면 식(1-35)을 따른다.

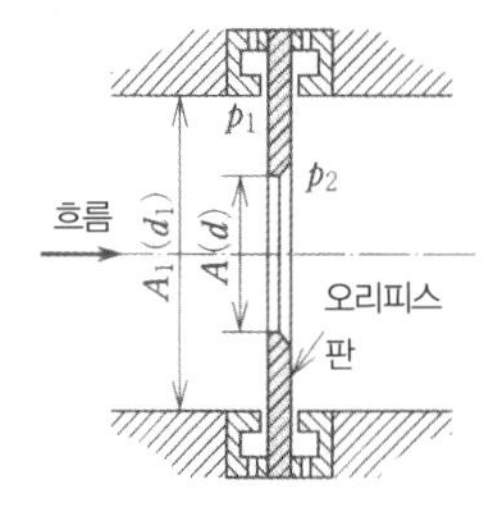

|그림 1-34| 관 오리피스

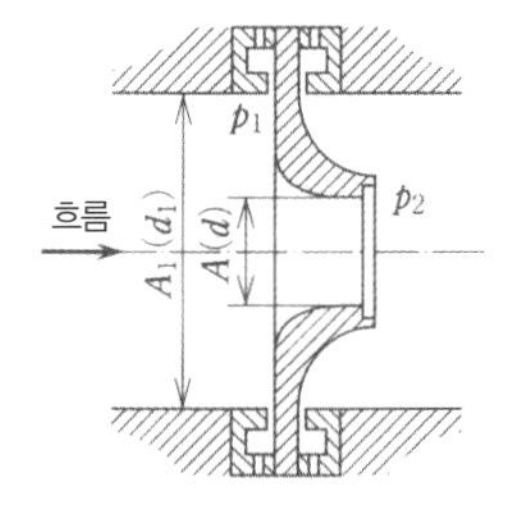

|그림 1-35| 관 노즐

[예제 1-23]

그림 1-36에 나타낸 것과 같이 내경 d_1=35[mm]의 관 도중에 구멍 직경이 d=19[mm]인 관 오리피스를 설치하였다. 오리피스 전후 ①, ②의 압력차가 H'=22[mmHg]일 때 유량(실제 유량)은 분당 몇 리터[ℓpm]인가? 유량계수를 0.635, 수은의 비중을 13.6으로 한다.

[풀이]

수은주를 물기둥으로 환산한다. 식(1-36)에서 $\frac{p_1 - p_2}{\rho} = gH'\left(\frac{\rho'}{\rho} - 1\right) = gH$ 라고 하면, 다음 식을 얻게 된다.

$$Q_a = \alpha A\sqrt{\frac{2(p_1 - p_2)}{\rho}} = \alpha A\sqrt{2gH'\left(\frac{\rho'}{\rho} - 1\right)} = \alpha A\sqrt{2gH}$$

그런데 $H = H'\left(\frac{\rho'}{\rho} - 1\right) = 22\left(\frac{13.6}{1} - 1\right) = 277.2[\text{mm}]$, $A = \frac{\pi}{4} \times (19 \times 10^{-3})^2$, α=0.635이므로

$$Q_a = 0.635 \times \frac{\pi}{4} \times (19 \times 10^{-3})^2 \times \sqrt{2 \times 9.8 \times 277.2 \times 10^{-3}}$$

$=0.000419[m^3/s]=0.02514[m^3/min]$

$=25.14[l/min]$

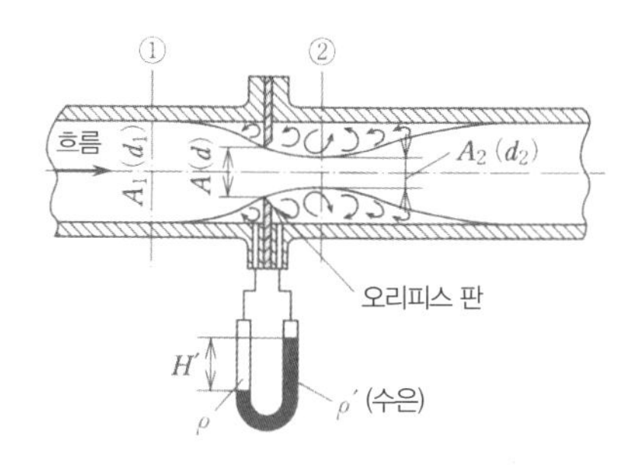

|그림 1–36| 예제 1–23의 그림

(3) 벤투리관

관로를 서서히 좁혀서 입구와 좁혀진 부분(병목 부분) 사이의 압력차로 관로의 유량을 구하는 장치를 벤투리관이라고 한다. 관 노즐과 같이 수축된 흐름은 발생하지 않으므로 C_c=1[mm]이라고 생각한다.

그림 1–37에서 병목 부분의 전후 ①, ②의 평균 유속을 v_1[m/s], v_2[m/s], 압력을 p_1[Pa], p_2[Pa], 단면적을 $A_1[m^2]$, $A_2[m^2]$로 하고 에너지 손실이 없다면, 베르누이 방정식에서

$$\frac{v_1^2}{2g} + \frac{p_1}{\rho g} = \frac{v_2^2}{2g} + \frac{p_2}{\rho g}$$

또, 연속방정식부터 $Q=A_1v_1=A_2v_2$

이러한 식으로부터 이론 유량

$$Q = A_2 v_2 = \frac{A_2}{\sqrt{1 - \left(\frac{A_2}{A_1}\right)^2}}\sqrt{\frac{2(p_1 - p_2)}{\rho}} \tag{1–37}$$

단면적비를 $m = \frac{A_2}{A_1} = \left(\frac{d_2}{d_1}\right)^2$ 으로 하고, U자관의 압력차를 수은주 H'[m], 역 U자관의 압력차를 물기둥 H[m]이라고 하면, 다음 식이 성립한다.

$$Q = \frac{A_2}{\sqrt{1-m^2}}\sqrt{\frac{2(p_1 - p_2)}{\rho}} = \frac{A_2}{\sqrt{1-m^2}}\sqrt{2gH'\left(\frac{\rho'}{\rho}-1\right)}$$

$$= \frac{A_2}{\sqrt{1-m^2}}\sqrt{2gH} \qquad (1\text{–}38)$$

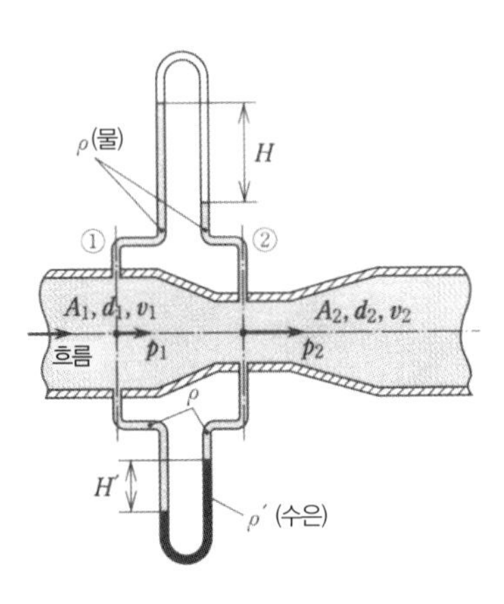

|그림 1–37| 벤투리관

실제 유량 Q_a는 에너지 손실 등의 영향을 받으므로 C를 유량계수(0.96~0.99)라고 하면

$$Q_a = CQ = C\frac{A_2}{\sqrt{1-m^2}}\cdot\sqrt{\frac{2(p_1 - p_2)}{\rho}} = C\frac{A_2}{\sqrt{1-m^2}}\sqrt{2gH'\left(\frac{\rho'}{\rho}-1\right)}$$

$$= C\frac{A_2}{\sqrt{1-m^2}}\sqrt{2gH} \qquad (1\text{–}39)$$

[예제 1–24]

그림 1–37에서 d_1=1000[mm], d_2=330[mm], H'=350[mmHg], C=0.98일 때의 실제 유량을 구하여라. 수은의 비중은 13.6으로 한다.

[풀이]

수은 $H = H'\left(\frac{\rho'}{\rho}-1\right) = 350\left(\frac{13\cdot6}{1}-1\right)$=4410[mmH$_2$O]=4.41[mH$_2$O]

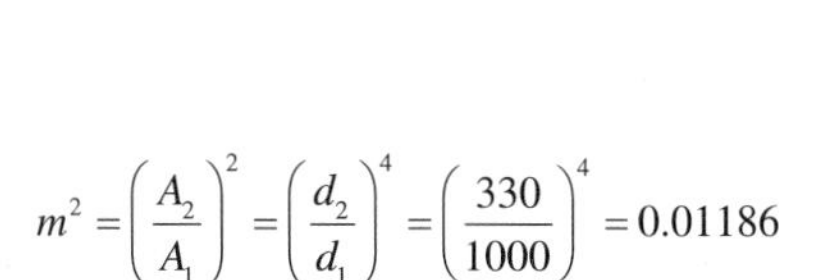

$$m^2 = \left(\frac{A_2}{A_1}\right)^2 = \left(\frac{d_2}{d_1}\right)^4 = \left(\frac{330}{1000}\right)^4 = 0.01186$$

식(1–39)에서

$$Q_a = 0.98 \times \frac{\frac{\pi}{4} \times (330 \times 10^{-3})^2}{\sqrt{1-0.01186}} \times \sqrt{2 \times 9.8 \times 4.41} = 0.784\left[\mathrm{m}^3/\mathrm{s}\right]$$

$=47.04[\mathrm{m}^3/\mathrm{min}]$

[예제 1–25]

그림 1–37에서 d_1=35[mm], d_2=23[mm], H=55[mmH_2O]인 경우의 이론 유량을 구하여라.

[풀이]

$$m^2 = \left(\frac{A_2}{A_1}\right)^2 = \left(\frac{d_2}{d_1}\right)^4 = \left(\frac{23}{35}\right)^4 = 0.186,\ \mathrm{H} = 55 \times 10^{-3}[\mathrm{m}]\text{이다.}$$

식(1–38)에서

$$Q = \frac{A_2}{\sqrt{1-m^2}}\sqrt{2gH} = \frac{\frac{\pi}{4} \times (23 \times 10^{-3})^2}{\sqrt{1-0.186}} \times \sqrt{2 \times 9.8 \times 55 \times 10^{-3}}$$

$=0.000478[\mathrm{m}^3/\mathrm{s}]=0.0286[\mathrm{m}^3/\mathrm{min}]=28.6[l/\mathrm{min}]$

[예제 1–26]

그림 1–37에서 수평으로 놓인 관에 45l/s의 물이 흐르고 있다. 단면 ①의 지름을 280mm, 압력을 450kPa, 단면 ②의 압력을 390kPa라고 하면, 단면 ②의 지름은 얼마인가? 에너지 손실은 무시한다.

[풀이]

$$v_1 = \frac{Q}{A_1} = \frac{45 \times 10^{-3}}{\frac{\pi}{4} \times (280 \times 10^{-3})^2} = 0.73[\mathrm{m/s}]$$, $p_1=450\times10^3$[Pa], $p_2=390\times10^3$[Pa]이므로

베르누이 방정식에서

$$\frac{v_1^2}{2g} + \frac{p_1}{\rho g} = \frac{v_2^2}{2g} + \frac{p_2}{\rho g}$$

$$\therefore v_2 = \sqrt{v_1^2 + \frac{2(p_1 - p_2)}{\rho}} = \sqrt{0.73^2 + \frac{2(450-390) \times 10^3}{1000}} = 10.9[\mathrm{m/s}]$$

다음으로, 연속방정식 $Q=A_1v_1=A_2v_2$에서 $\frac{\pi}{4}d_2^2 = \frac{Q}{v_2}$

$$\therefore d_2 = \sqrt{\frac{4Q}{\pi v_2}} = \sqrt{\frac{4 \times 45 \times 10^{-3}}{\pi \times 10.9}} = 0.0725[\text{m}] = 72.5[\text{mm}]$$

역 U자관에 연결하여 압력차를 물기둥 높이로 바꾸면

$$\Delta p = p_1 - p_2 = 450 - 390 = 60[\text{kPa}] = 60 \times 10^3[\text{Pa}]$$

$$H = \frac{\Delta p}{\rho g} = \frac{60 \times 10^3}{1000 \times 9.8} = 6.12[\text{mH}_2\text{O}]$$

여기에서 U자관 내의 액체는 비중이 13.6인 수은이므로

$$H' = \frac{H}{\left(\frac{\rho'}{\rho}\right) - 1} = \frac{6.12}{\left(\frac{13.6}{1}\right) - 1} = 0.485[\text{mHg}] = 48.5[\text{cmHg}]$$

(4) 위어

물이 대기와 접한 상태에서 자유표면을 가지고 수로를 흐르는 경우(개수로 유동), 흐름의 중간에 칸막이를 만들어 물이 넘쳐흐르게 하여 유량을 측정하는 것을 위어(weir)라고 한다.

위어를 사용하여 유량을 구하려면 KS(펌프 토출량 측정 방법)에서 정한 유량계수 C를 포함한 식으로 구한다.

그림 1–38에서 (a)의 사각 위어(rectangular weir)는 중간 정도의 유량 측정에 사용된다.

$$Q_a = Kbh \qquad (1\text{–}40)$$

$$K = 107.1 + \frac{0.177}{h} + 14.2\frac{h}{D} - 25.7\sqrt{\frac{(B-b)h}{DB}} + 2.04\sqrt{\frac{B}{D}} \qquad (1\text{–}41)$$

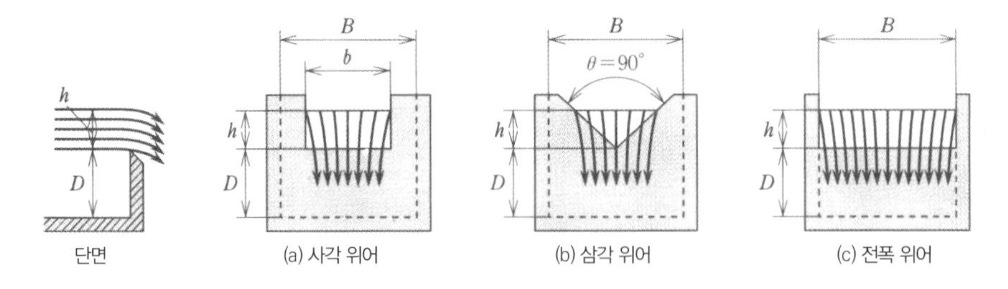

|그림 1–38| 각종 위어

여기서 Q_a : 실제 유량 [m³/min], b : 노치 폭 [m], h : 위어 높이 [m], K : 유량계수, B : 수로 폭 [m], D : 수로 밑면에서 노치 밑까지의 높이 [m].

같은 그림 1−38 (b)의 삼각 위어(triangular weir)는 소유량 측정에 이용한다.

$$Q_a = Kh^{\frac{5}{2}} \tag{1−42}$$

$$K = 81.2 + \frac{0.24}{h} + \left(8.4 + \frac{12}{\sqrt{D}}\right)\left(\frac{h}{B} - 0.09\right)^2 \tag{1−43}$$

여기서 D : 수로 바닥면에서 노치 꼭지점까지의 높이 [m].

그림 1−38 (c)의 전폭 위어(suppressed weir)는 대유량 측정에 적합하다.

$$Q_a = KBh^{\frac{3}{2}} \tag{1−44}$$

$$K = 107.1 + \left(\frac{0.177}{h} + 14.2\frac{h}{D}\right)(1 + \varepsilon) \tag{1−45}$$

여기서 D : 수로 바닥면에서 위어 가장자리까지의 높이 [m], ϵ: 보정항…D가 1m 이하인 경우에는 $\epsilon=0$, D가 1m 이상인 경우에는 $\epsilon=0.55(D-1)$.

또한 삼각 위어의 이론 유량 Q[m³/min]를 구하는 식(삼각함수의 식)은

$$Q = \frac{8}{15}\tan\frac{\theta}{2}\sqrt{2g}h^{\frac{5}{2}} \times 60$$

삼각 위어는 $\theta=90°$이다. $g=9.8$[m/s²]을 대입하면

$$Q = 141.67h^{\frac{5}{2}} \tag{1−46}$$

[예제 1−27]

삼각 위어[그림 1−38 (b)]에서 위어 높이가 0.134m일 때, 분당 유량을 계산하여라. 수로의 폭을 0.6m, 수로의 바닥면에 노치 꼭지점까지의 높이를 0.12m로 한다. 또한, 이론 유량과 유량계수는 각각 얼마인가?

[풀이]

$$K = 81.2 + \frac{0.24}{h} + \left(8.4 + \frac{12}{\sqrt{D}}\right)\left(\frac{h}{B} - 0.09\right)^2$$

$$= 81.2 + \frac{0.24}{0.134} + \left(8.4 + \frac{12}{\sqrt{0.12}}\right) \times \left(\frac{0.134}{0.6} - 0.09\right)^2 = 83.7$$

식(1–42)에서 $Q_a = Kh^{\frac{5}{2}} = 83.7 \times 0.134^{\frac{5}{2}} = 0.55[\mathrm{m^3/min}]$

식(1–46)에서 $Q = 141.67h^{\frac{5}{2}} = 141.67 \times 0.134^{\frac{5}{2}} = 0.931[\mathrm{m^3/min}]$

따라서, $C = \frac{Q_a}{Q} = \frac{0.55}{0.931} = 0.59$

[예제 1–28]

삼각 위어에서 위어 높이가 30cm일 때의 유량을 구하여라. 유량계수 C=0.592로 한다.

[풀이]

삼각함수식으로 구하면

$$Q_a = 141.67\mathrm{C}h^{\frac{5}{2}} = 141.67 \times 0.592 \times 0.3^{\frac{5}{2}} = 4.13[\mathrm{m^3/min}]$$

(5) 피토관

그림 1–39와 같이 직경이 일정한 수평관에 2개의 가는 관을 수직으로 세운다.

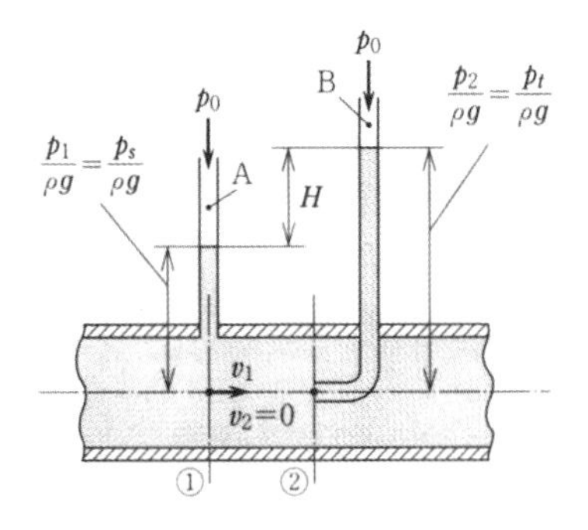

|그림 1–39| 피토관의 원리

A관은 흐름에 직각으로, B관은 흐름을 향해 개방되어 있다. A, B관의 ①, ② 지점에서의 압력을 p_1, p_2, 속도를 v_1, v_2라고 하면 유체는 가는 관내로 유입되고, 압력이 관내와 평형을 이루면 일정한 높이에서 정지된다. 베르누이 방정식(1–31)에서

$$\frac{v_1^2}{2g}+\frac{p_1}{\rho g}=\frac{v_2^2}{2g}+\frac{p_2}{\rho g}$$

B관의 입구는 흐름이 정지된 상태이기 때문에(정체점) $v_2=0$이 된다. 따라서,

$$\frac{v_1^2}{2g}+\frac{p_1}{\rho g}=\frac{p_2}{\rho q} \qquad \frac{v_1^2}{2g}=\frac{1}{\rho g}(p_2-p_1)$$

$$\therefore\ v_1=\sqrt{\frac{2(p_2-p_1)}{\rho}} \tag{1-47}$$

여기서, $(p_1, p_2)/\rho$는 A, B 두 관의 압력수두 차이인 H이므로

$$v_1=\sqrt{2gH} \tag{1-48}$$

이 원리를 응용하여 유속을 측정하는 장치를 피토관(Pitot tube)이라고 한다. 또한 p_2는 정체점의 압력으로 전압은 p_t이고, p_1을 정압 p_s, (p_2-p_1)을 동압 p_d라고 한다. 따라서, 동압으로부터 유속을 측정하는 관이 피토관이다.

실제 피토관은 그림 1-40과 같이 정압관 A와 전압관 B를 1개의 이중관 구조로 만든 것이 사용되고 있다. 실제로 사용되는 유속의 식은 C를 피토관 계수라고 하여

$$v=Cv_1=C\sqrt{\frac{2(p_t-p_s)}{\rho}}=C\sqrt{\frac{2p_d}{\rho}}=C\sqrt{2gH} \tag{1-49}$$

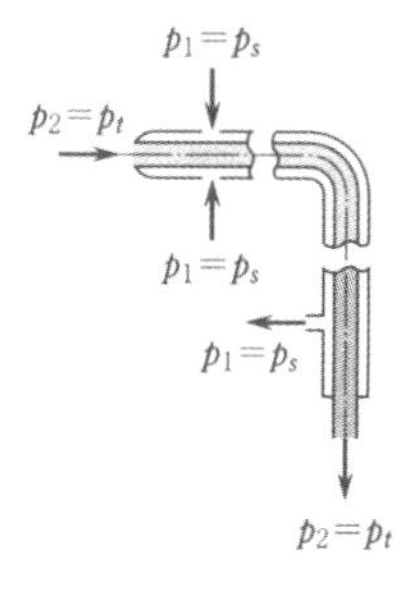

|그림 1-40| 피토관

[예제 1-29]

피토관에서 물의 유속을 측정했는데 동압이 수은주로 나타낼 때 50mm이었다. 피토관 계수를 0.985로 해서 유속을 구하여라. 수은의 비중은 13.6으로 한다.

[풀이]

$p_t - p_s = p_d = \rho' g H = 13.6 \times 1000 \times 9.8 \times 50 \times 10^{-3} = 6664[\mathrm{Pa}]$

따라서 식(1-49)에서

$$v = C\sqrt{\frac{2p_d}{\rho}} = 0.985 \times \sqrt{\frac{2 \times 6664}{1000}} = 3.6[\mathrm{m/s}]$$

[예제 1-30]

풍속을 피토관으로 측정하려고 한다. 동압이 물기둥으로 나타낼 때 30mm이었다. 피토관 계수가 0.98, 공기와 물의 밀도를 각각 $1.23\mathrm{kg/m^3}$, $1000\mathrm{kg/m^3}$으로 해서 풍속을 구하여라.

[풀이]

$p_t - p_s = p_d = \rho' g H = 1000 \times 9.8 \times 30 \times 10^{-3} = 294[\mathrm{Pa}]$

따라서 식(1-49)에서

$$v = C\sqrt{\frac{2p_d}{\rho}} = 0.98 \times \sqrt{\frac{2 \times 294}{1.23}} = 21.4[\mathrm{m/s}]$$

덕트(송풍관)의 직경을 290mm로 해서 풍량을 구하면

$$Q = Av = \frac{\pi}{4}d^2 \cdot v = \frac{\pi}{4} \times (290 \times 10^{-3})^2 \times 21.4 = 1.41[\mathrm{m^3/s}] = 84.6[\mathrm{m^3/min}]$$

문제 1-15 유속 3m/s로 초당 54l의 물을 송출시키려면 관의 내경은 얼마로 해야 하는가?

문제 1-16 내경 180mm의 관내를 유속 1.5m/s로 물이 흐르고 있을 때, 유량은 몇 $\mathrm{m^3/min}$인가?

문제 1-17 관내를 흐르는 물의 속도가 14m/s라고 할 때 속도수두는 얼마인가?

문제 1-18 수력 발전용 도수관 바닥면에서 높이 45m 지점까지의 단면 수압을 0.7MPa, 유속을 8m/s라고 하면 수면에서의 전수두는 얼마인가?

문제 1-19 수평인 관로에서 물이 흐르지 않았을 경우, 관벽에서 측정한 압력이 0.55MPa이었다. 물을 흘려보낸 결과, 관벽에서의 압력이 0.49MPa이라고 하면, 이때의 평균 유속은 얼마인가? 손실수두는 무시한다.

문제 1-20 그림 1-41과 같은 관에 물이 가득찬 상태로 흘러가고 있다. 단면 ①의 내경 d_1=14[cm], 평균 유속 v_1=4.2[m/s], 단면 ②의 내경 d_2=36[cm]로 하면, 두 단면의 압력 차이는 얼마인가? 관내의 손실수두는 무시한다.

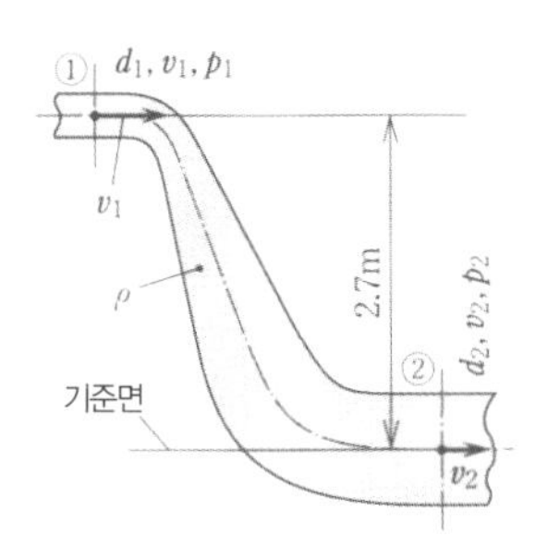

|그림 1-41| 문제 1-20의 그림

문제 1-21 그림 1-42와 같은 Ⓐ 지점의 직경 d_A=240[mm], Ⓑ 지점의 직경 d_B=240[mm], Ⓐ, Ⓑ의 높이차 z_A=5[m]의 관로에 Q=80[l/s]의 물이 흐르고 있다. Ⓐ, Ⓑ의 압력차를 구하여라.

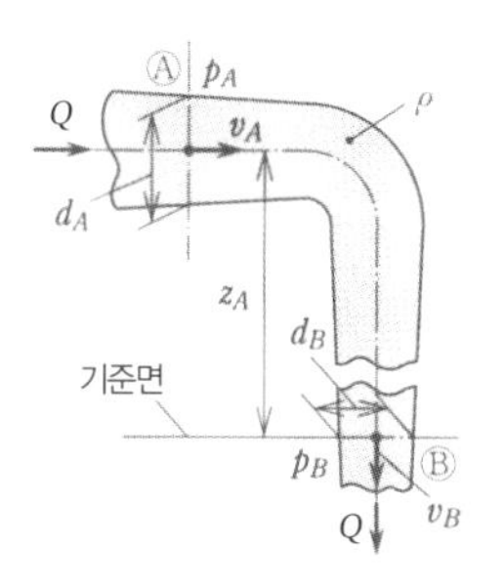

|그림 1-42| 문제 1-21의 그림

문제 1-22 위치수두 2m 아래에서 분당 1000l의 물을 송출시키는 관 오리피스의 직경을 구하여라. 유량계수는 0.6으로 한다.

문제 1-23 내경이 100mm인 관 도중에 내경 50mm의 오리피스를 설치하였다. 오리피스 전후의 압력차가 50kPa일 때, 유량은 얼마인가? 오리피스의 유량계수를 0.624로 한다.

문제 1-24 그림 1-43에서 병목 부분 ①의 d_1=100[mm], 출구부 ②의 d_2=300[mm]일 경우, 아래의 용기 안에서 물을 흡입하는 높이 H_S는 얼마인가? 유량을 Q=35[l/s]로 한다.

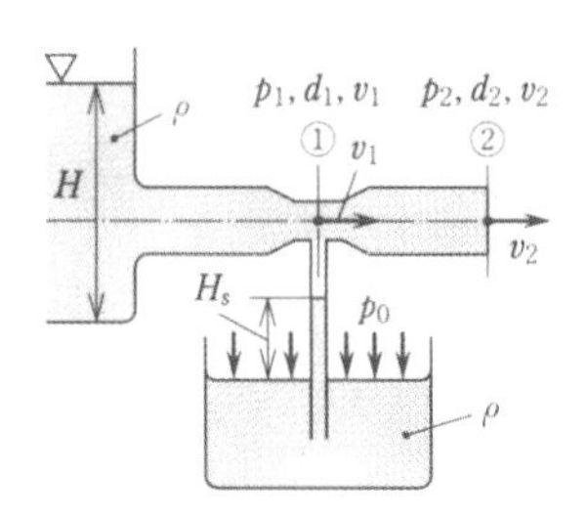

|그림 1-43| 문제 1-24의 그림

문제 1-25 그림 1-37에서 d_1=150[mm], d_2=100[mm], H=300[mmH$_2$O], C=0.98일 때의 유량 Q_a를 계산하여라.

문제 1-26 그림 1-38 (b)의 삼각 위어에서 위어 높이 h=250[mm]일 때, 분당 이론 유량, 실제 유량, 유량계수를 구하여라. B=750[mm], D=200[mm]로 한다.

문제 1-27 피토관으로 물의 유속을 측정했는데, 물기둥의 높이차가 100mm이었다. 피토관 계수를 0.985로 하여 유속을 구하여라.

문제 1-28 피토관을 이용하여 풍속을 측정할 경우, v=18[m/s]에서의 물기둥 높이는 얼마인가? 또한, 이것을 경사각 17.5°의 경사미압계를 사용했을 경우, 물기둥의 길이는 얼마가 되는가? 또한, 배율은 얼마인가? 피토관 계수를 1.00, 공기 밀도를 1.2kg/m^{3}로 한다.

1-5 물체에 미치는 분류의 힘

1 유체에서의 운동량 변화

물리학 또는 역학에서 배운 것처럼 물체에 작용하는 힘 F[N]는 물체의 질량 m[kg]과 가속도 a[m/s²]의 곱으로 나타낸다. 즉

$$F=ma$$

또한, 물체에는 수직 아랫방향으로 중력가속도 $g=9.8$[m/s²]를 발생시키는 중력 W[N]이 있으므로 다음과 같은 관계가 있다.

$$W=mg$$

그리고, 물체가 운동하고 있을 때 처음 속도 v_1[m/s]에서 시간 t[s] 후, 나중 속도 v_2[m/s]가 되었다고 하면, 가속도는 $a=(v_2-v_1)/t$이다. 따라서

$$F = m\frac{v_2 - v_1}{t} = \frac{1}{t}(mv_2 - mv_1) = \frac{m}{t}(v_2 - v_1) \tag{1-50}$$

$$\therefore\ Ft = m(v_2 - v_1) \tag{1-51}$$

운동량의 변화 $m=(v_2-v_1)$은 역적 Ft와 같고, 운동량의 시간적 변화는 물체에 작용하는 힘과 같다. 유체가 물체에 미치는 영향을 고려할 경우, m/t[kg/s] 대신에 ρQ[kg/s]를 사용하면 된다.

따라서, 식(1-50)을 바꿔 쓰면, 다음과 같다.

$$F = \rho Q(v_2 - v_1) \tag{1-52}$$

오리피스나 노즐로부터의 분류가 고체 표면에 충돌하면, 고체와 충돌하여 튀어나오는 것이 아니라, 고체의 표면을 따라 흘러간다. 그 사이에서 분류의 속도는 크기가 일정하지만, 방향이 바뀌는 것으로 인해 운동량이 변화함으로써 충격력이 고체 표면에 작용한다.

일반적으로 유체가 운동량의 변화에 의해 발생하는 힘에는 충격력과 반력이 있다. 충격력은 분류가 고체 표면에 충돌하여 그 방향이 바뀌었을 때, 고체 표면이 분류로부터 받는 반력

이다. 따라서 유동하고 있는 유체에 대한 운동량의 변화는 그 유체(분류)에 작용한 힘과 크기가 같고, 방향이 반대인 반력이 물체에 작용한다. 분류가 물체에 작용한 힘(반력)은

$$F = \rho Q(v_1 - v_2) \quad (1-53)$$

2 정지된 판에 작용하는 분류의 힘

(1) 평판에 직각으로 충돌하는 경우

그림 1-44에 나타낸 것 같이, 분류가 정지된 평판에 충돌해서 직각 방향으로 평판을 따라 흐를 때 마찰 손실은 없고, 속도는 충돌 전과 같다. 충돌 전에 분류가 가지고 있는 속도 v_1을 v로 하고, 충돌 후 분류가 유입 방향에 대해 가지고 있는 x축 방향의 속도 성분 v_2는 제로이다.

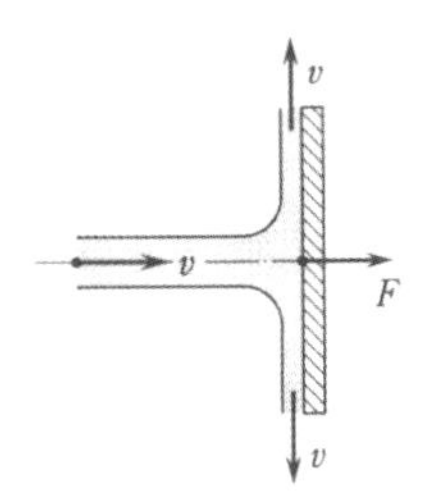

|그림 1-44| 정지 평판에 직각으로 충돌하는 분류

식(1-53)에서 분류의 평판에 미치는 힘 F[N]은

$$F = \rho Q(v - 0) = \rho Q v \quad (1-54)$$

분류의 단면적을 A로 하고, $Q=Av$를 대입하면

$$F=\rho A v^2$$

(2) 경사판에 충돌하는 경우

그림 1-45와 같이 경사진 평판에 분류가 충돌할 때에는 충격력은 평판에 직각 방향으로 작용하는 힘만 있으며, 평판을 따르는 방향에는 힘을 미치지 않는다. 충돌 전 분류가 가지고 있는 평판에 대한 직각 방향의 속도 성분은 $v_x=\sin\theta$이고, 충돌 후 분류가 가지고 있는 평판에 대한 직각 방향의 속도 성분은 제로이다.

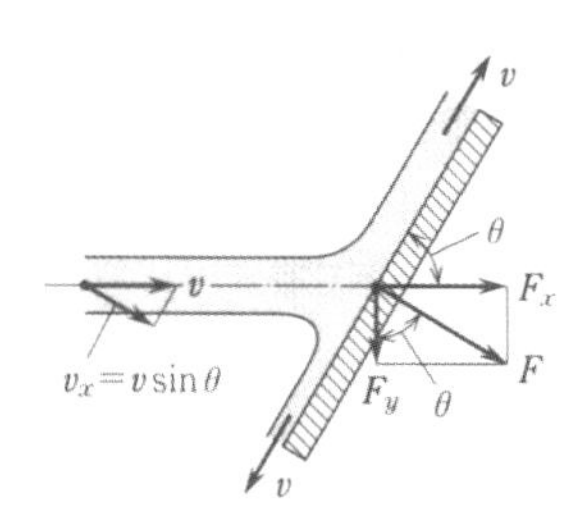

|그림 1-45| 정지된 경사판에 충돌하는 분류

따라서 식(1−53)에서 평판에 직각 방향으로 작용하는 분류의 힘 F[N]은

$$F = \rho Q(v\sin\theta - 0) = \rho Qv\sin\theta \qquad (1-55)$$

또한, $Q=Av$이므로

$$F=\rho Av^2\sin\theta$$

다음으로 분류의 힘인 x, y 방향의 성분을 F_x, F_y라고 하면 각각

$$\left.\begin{aligned} F_x &= F\sin\theta = \rho Av^2\sin^2\theta \\ F_y &= F\cos\theta = \rho Av^2\sin\theta\cos\theta = \frac{\rho Av^2\sin 2\theta}{2} \end{aligned}\right\} \qquad (1-56)$$

식(1−55)에서, $\theta=90°$라고 하면 $F_x=\rho Av^2=F$가 된다.

(3) 곡면판에 충돌하는 경우

충돌 전의 속도 v_1을 v로 하면 충돌 후에 분류가 최초의 방향에 대해 가지고 있는 속도는 $v_2=v\cos\theta$이 된다(그림 1−46).

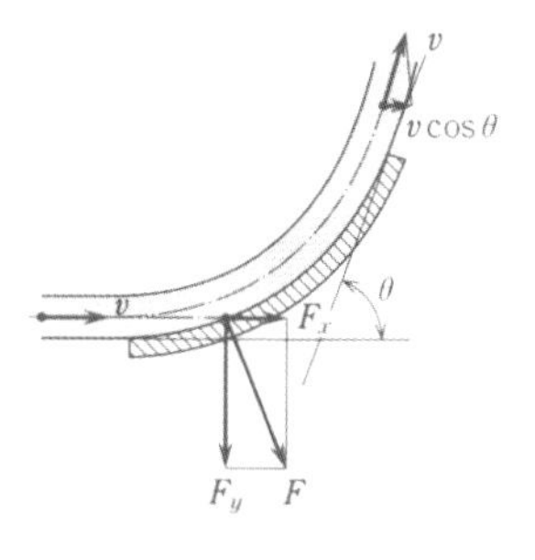

|그림 1-46| 정지 곡면판에 충돌하는 분류

따라서 분류가 곡면판에 미치는 x, y 방향의 힘 F_x, F_y는 각각

$$\left.\begin{aligned} F_x &= \rho Q(v - v\cos\theta) = \rho Qv(1-\cos\theta) \\ &= \rho Av^2(1-\cos\theta) \\ F_y &= \rho Qv\sin\theta = \rho Av^2\sin\theta \end{aligned}\right\} \tag{1-57}$$

여기서, 곡면판이 완전히 U턴 상태가 되는 경우는 θ=180°이므로, cos180°= −1로, $F_x=2\rho Qv=2\rho Av^2$이 되고, F_x는 최댓값을 나타낸다.

[예제 1–31]

그림 1–44에서 분류의 직경이 2.5cm이고 초당 유량이 14l일 때, 평판이 받는 힘은 얼마인가? 물의 밀도는 1000kg/m³로 한다.

[풀이]

$$A = \frac{\pi}{4}d^2 = \frac{\pi}{4}\times(2.5\times10^{-2})^2 = 0.00049[\mathrm{m}^2]$$

$$v = \frac{Q}{A} = \frac{14\times10^{-3}}{0.00049} = 28.6[\mathrm{m/s}]$$

따라서, 식(1–54)에서

$$F=\rho Qv=1000\times14\times10^{-3}\times28.6=400.4[\mathrm{N}]=0.4[\mathrm{kN}]$$

[예제 1–32]

직경 50mm의 분류가 40m/s의 속도로 고정 평판과 45°의 기울기로 충돌할 때 평판의 반력을 구하여라.

[풀이]

$$Q = \frac{\pi}{4}d^2v = \frac{\pi}{4}\times(50\times10^{-3})^2\times40 = 0.0785[\mathrm{m^3/s}]$$

식(1–55)에서

$$F=\rho Qv\sin\theta=1000\times0.0785\times40\times\sin45^\circ=2220.3[\mathrm{N}]=2.22[\mathrm{kN}]$$

식(1–56)에서

$$F_x=F\sin\theta=2220.3\times\sin45^\circ=1570[\mathrm{N}]$$

$$F_y=F\cos\theta=2220.3\times\cos45^\circ=1570[\mathrm{N}]$$

[예제 1–33]

그림 1–46에서 분류의 직경이 50mm, 분당 $1.8m^3$의 물을 분출할 때, 곡면판에 작용하는 힘을 구하여라. $\theta=30°$로 한다.

[풀이]

$$v=\frac{Q}{A}=\frac{\frac{1.8}{60}}{\frac{\pi}{4}\times(50\times10^{-3})^2}=15\cdot3[\mathrm{m/s}]$$

식(1–57)에서

$$F_x=\rho Qv(1-\cos\theta)=1000\times\frac{1.8}{60}\times15.3\times(1-\cos30^\circ)=61.5[\mathrm{N}]$$

$$F_y=\rho Qv\sin\theta=1000\times\frac{1.8}{60}\times15.3\times\sin30^\circ=229.5[\mathrm{N}]$$

$$F=\sqrt{F_x^2+F_y^2}=\sqrt{61.5^2+229.5^2}=237.6[\mathrm{N}]$$

[예제 1–34]

예제 1–31과 같은 조건으로 그림 1–47과 같이 분류가 180° 구부러졌을 경우, 버킷(물받이)에 충돌하는 충격력은 얼마인가?

[풀이]

$F_x=2\rho Qv=2\times400.4=800.8[\mathrm{N}]=0.8[\mathrm{kN}]$

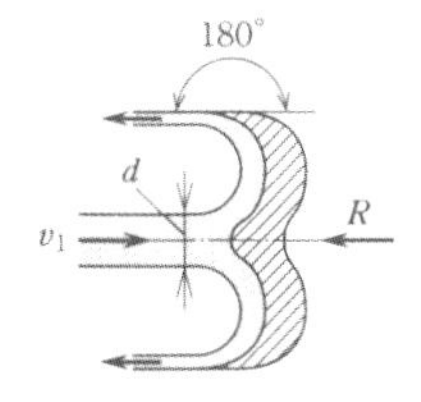

|그림 1–47| 예제 1–34의 그림

3 운동하는 판에 작용하는 분류의 힘

(1) 평판에 직각으로 충돌하는 경우

속도 v_1의 분류가 속도 u로 이동하고 있는 평판에 의해 직각으로 분리될 때, 유출시의 속도 선도는 그림 1–48과 같이 된다.

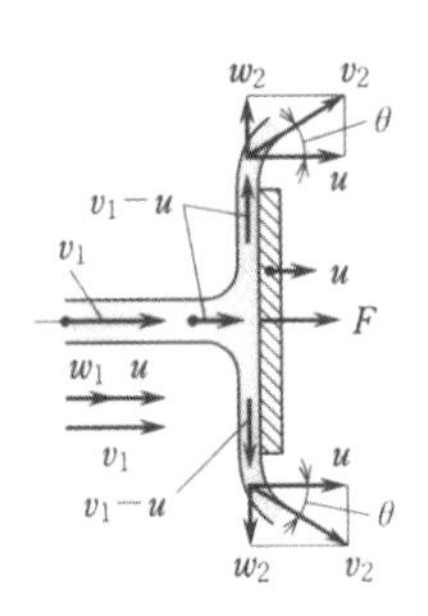

|그림 1-48| 움직이는 평판에 충돌하는 분류

w_2는 운동하고 있는 평판에 대한 유출수의 상대 속도이며, 그 크기에 마찰 손실이 없다고 하면, 충돌 전의 분류판에 대한 상대 속도 $w_1=v_1-u$와 같다. 즉

$$w_1=w_2=v_1-u$$

분류의 단면적을 A[m²]라고 했을 때, 분류의 유량은 Av_1[m³/s]이다. 그러나 u[m/s]로 운동하고 있는 평판에 충돌하는 분류의 유량 Q[m³/s]는 판자에 대한 분류의 상대 속도와의 곱이므로, $Q=Aw_1=A(v_1-u)$가 된다.

따라서 충돌 전 분류가 가진 충격력은 $\rho Qv_1=\rho A(v_1-u)v_1$이고, 충돌 후 분류의 처음 진행 방향에 대해 갖고 있는 충격력은 $\rho Qv_2\cos\theta=\rho A(v_1-u)v_2\cos\theta$이고, $u_2\cos\theta=u$이므로, 이때 충격력 F[N]은

$$F=\rho A(v_1-u)^2=\rho Q(v_1-u) \tag{1-58}$$

이 F의 값은 평판이 한 장일 경우이지만 여러 장의 평판이 차례로 연속해서 분류와 충돌하는 장치로 되어 있다면, 이 평판들에 충돌하는 유량은 분류의 유량이 모두 유효하게 이용되기 때문에 $Q=Av_1$이 된다. 식(1-53)에서 $Q=Av_1$, $v_2=u$라고 하면 다수의 평판에 가하는 충격력 F_n[N]은

$$F_n=\rho Av_1(v_1-u)=\rho Q(v_1-u) \tag{1-59}$$

또, 경사 평판에 충돌하는 경우에는 식(1-55)의 v를 v_1-u로 바꾸면 된다. 즉

$$F=\rho A(v_1-u)^2\sin\theta \tag{1-60}$$

(2) 곡면판에 충돌하는 경우

속도 v_1의 분류가 같은 방향으로 속도 u로 이동하고 있는 곡면판에 의해 θ만큼 방향이 휘어질 때, 그림 1–49와 같은 속도선도가 된다.

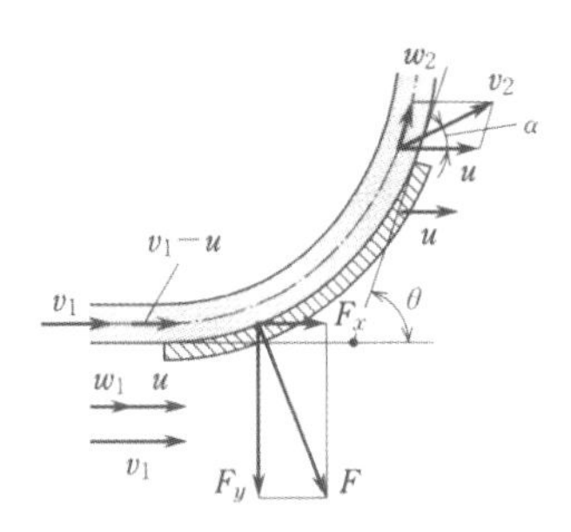

|그림 1–49| 움직이는 곡면판에 충돌하는 분류

충돌 전에 분류가 가지고 있던 충격력은 $\rho A(v_1-u)v_1$이며, 충돌 후에 분류의 처음 진행 방향에 대해 가지고 있는 충격력은 $\rho A(v_1-u)v_2\cos\alpha$이다. 여기서, $v_2\cos\alpha=u+w_2\cos\theta$, $w_1=w_2=v_1-u$이므로, $v_2\cos\alpha=u+(v_1-u)\cos\theta$가 된다. 따라서, 식(1–57)의 v를 v_1-u로 바꾸면

$$\left.\begin{aligned} F_x &= \rho A(v_1-u)^2(1-\cos\theta) = \frac{\rho Q(v_1-u)^2(1-\cos\theta)}{v_1} \\ F_y &= \rho A(v_1-u)^2\sin\theta = \frac{\rho Q(v_1-u)^2\sin\theta}{v_1} \end{aligned}\right\} \qquad (1\text{–}61)$$

또한, 여러 장의 곡면판에 주는 충격력 F_n은

$$F_n = \rho A v_1(v_1-u)(1-\cos\theta) = \rho Q(v_1-u)(1-\cos\theta) \qquad (1\text{–}62)$$

[예제 1–35]

직경 50mm, 속도 40m/s인 물 분류가 같은 방향으로 8m/s 속도로 이동하는 평판에 충돌할 때 평판이 받는 충격력은 얼마인가?

[풀이]

$$Q = A(v_1-u) = \frac{\pi}{4}\times(50\times10^{-3})^2\times(40-8) = 0.0628[\mathrm{m^3/s}]$$

따라서 식(1–58)에서

$$F=\rho Q(v_1-u)=1000\times0.0628\times(40-8)=2009.6[\mathrm{N}]=2[\mathrm{kN}]$$

[예제 1-36]

직경 60mm, 속도 50m/s인 물 분류가 같은 방향으로 18m/s 속도로 진행되는 버킷(물받이)에 충돌할 때, 분류가 물받이에 미치는 충격력은 얼마인가? θ=150°로 한다.

[풀이]

$$Q = Av_1 = \frac{\pi}{4}\times(60\times10^{-3})^2\times50 = 0.1413[\mathrm{m^3/s}]$$

$$A = \frac{\pi}{4}d^2 = \frac{\pi}{4}\times(60\times10^{-3})^2 = 0.002826[\mathrm{m^2}]$$

$$1-\cos\theta=1-\cos150^\circ=\{1-(-0.866)\}=1.866$$

$$v_1-u=50=18=32[\mathrm{m/s}]$$

따라서, 식(1-61)에서

$$F_x=\rho A(v_1-u)^2(1-\cos\theta)=1000\times0.002826\times32^2\times1.866=5400[\mathrm{N}]=5.4[\mathrm{kN}]$$

[예제 1-37]

단면적이 155cm^{2}이고 초당 0.283m^{3}의 유량을 가진 물 분류가 있다. 이것이 분류와 같은 방향으로 7.3m/s의 속도로 움직이고 있는 연속된 평판에 직각으로 충돌할 때 다음과 같은 힘을 구하여라.

(1) 평판에 미치는 힘　　　　(2) 평판이 받는 동력(단위 시간당 출력)

[풀이]

분류의 속도 $v_1 = \frac{Q}{A} = \frac{0.283}{155\times10^{-4}} = 18.2[\mathrm{m/s}]$

(1) 평판에 미치는 힘은 식(1-59)에서

$$F_n=\rho Av_1(v_1-u)=1000\times155\times10^{-4}\times18.2\times(18.2-7.3)=3075[\mathrm{N}]=3.075[\mathrm{kN}]$$

(2) 평판이 받는 동력

$$P=F_nu=3075\times7.3=22447.5[\mathrm{N\cdot m/s}]=22447.5[\mathrm{W}]$$

4 분류에 의한 반력

표면적이 충분히 넓은 수조(탱크)의 측면에 면적 A(직경 d)의 노즐을 장착한다. 분류를 유출했을 때, $v_1=0$, $v_2=v$로 두면, 분류가 탱크에 미치는 힘 F는 식(1-53)에서 $F=\rho Q(v_1-v_2)=\rho Q(0-v)=-\rho Qv$이고, 마이너스 부호는 분류 방향과 반대 방향의 힘(반력)임을 나타낸다(그림 1-50).

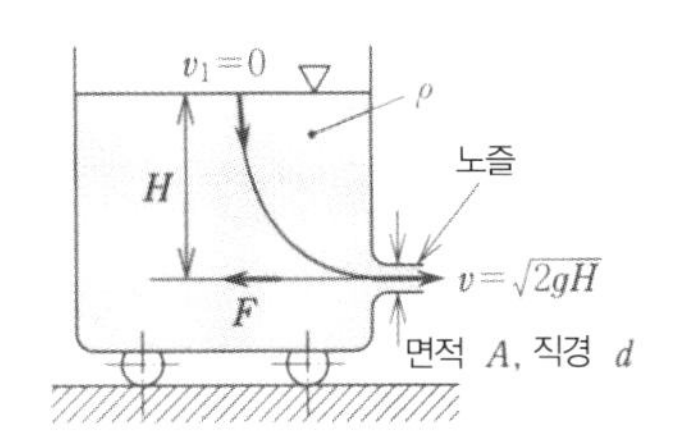

|그림 1-50| 분류에 의한 반력

노즐 유량계수를 1.0이라고 하면, 식(1−33)에서 v_2를 v로 바꾸면 $v=\sqrt{2gH}$이다. 유량 $Q=A\sqrt{2gH}$이므로, 반력 F는

$$F=\rho Qv=\rho Av\cdot v=\rho Av^2=2\rho gHA \tag{1-63}$$

ρgH는 수면에서 노즐까지의 압력 크기 [Pa]이며, 이것이 분류의 단면적 A[m²]에 작용할 때의 ρgHA는 노즐에 작용하는 전압력 [N]이다. 분류에 의한 반력은 이 전압력의 2배가 된다.

[예제 1−38]

탱크 하부에 설치한 직경 20mm의 오리피스(작은 구멍)에서 물을 분출시킬 때의 반력을 구하여라. 수면에서 오리피스까지의 깊이를 15m로 한다.

[풀이]

$$v=\sqrt{2gH}=\sqrt{2\times 9.8\times 15}=17.1[\mathrm{m/s}]$$

$$A=\frac{\pi}{4}d^2=\frac{\pi}{4}\times(20\times 10^{-3})^2=3.14\times 10^{-4}[\mathrm{m}^2]$$

따라서 식(1−63)에서

$$F=\rho Av^2=1000\times 3.14\times 10^{-4}\times 17.1^2=91.8[\mathrm{N}]$$

5 와류 운동

유체가 축 주위에서 회전하는 경우를 일반적으로 와류(소용돌이) 운동이라고 한다. 와류에는 자유와류, 강제와류, 조합와류 등 세 가지가 있다.

(1) 자유와류

외부와의 에너지 이동이 없는 소용돌이이다. 유체의 회전 운동은 점성이 없는 이상 유체에서는 그 회전의 중심으로 그림 1–51과 같은 속도 분포가 되어 무한대가 된다.

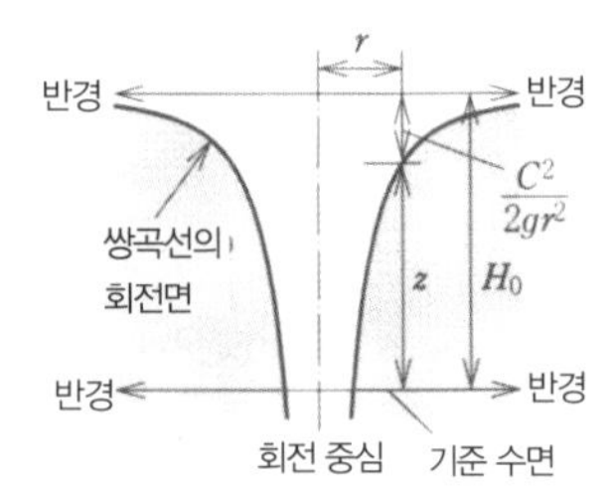

|그림 1–51| 자유와류의 회전 단면

기준 수면에 베르누이 방정식을 적용하면

$$\frac{v^2}{2g}+\frac{p}{\rho g}+z=H \qquad \text{(일정)}$$

p가 대기압 p_0와 같다고 하면

$$\frac{v^2}{2g}+z=H-\frac{p_0}{\rho g}=H_0 \qquad \text{(일정)}$$

자유와류의 경우, 속도 v는 반경 r에 반비례한다[그림 1–52 (a)]. 즉, $v{\cdot}r=C$의 관계가 있다.

$v=\frac{C}{r}$ 를 위 식에 대입하면 $H_0-z=\frac{v^2}{2g}=\frac{1}{2g}\left(\frac{C}{r}\right)^2=\frac{C^2}{2gr^2}$

기준수면을 H_0만큼 위로 이동시켰다고 생각하여 $H_0=0$으로 하면

$$zr^2=-\frac{C^2}{2g} \qquad \therefore\ z=-\frac{C^2}{2gr^2}=-\frac{v^2r^2}{2gr^2}=-\frac{v^2}{2g} \qquad (1\text{–}64)$$

자유와류는 세면기 내, 수문 위 등에서 볼 수 있다. 자유와류는 외부로부터의 에너지 공급이 없기 때문에 실제 유체의 경우에서는 유체 자신의 점성에 의해 곧 소멸된다.

(2) 강제와류

유체가 들어있는 용기를 회전시키거나 회전 날개 등으로 용기 중의 유체를 일정한 속도로 회전시키는 유체 운동을 강제와류라고 한다(그림 1–53).

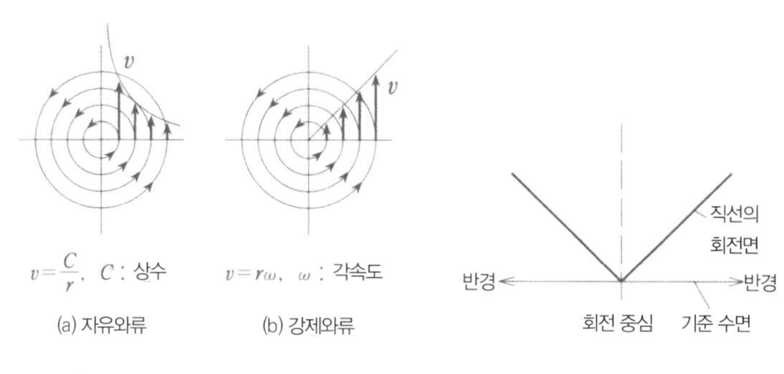

|그림 1-52| 와류 운동의 속도 |그림 1-53| 강제와류의 속도

강제와류의 경우, 속도 v는 r에 비례하고[그림 1-52 (b)], $v=r\omega$의 관계가 있다. 따라서, $v_1=r_1\omega$, $v_2=r_2\omega$일 때

$$\therefore \frac{v_1}{r_1} = \frac{v_2}{r_2} = \omega \tag{1-65}$$

(3) 조합와류

바깥쪽이 자유와류이고, 안쪽이 강제와류인 유체 운동을 조합와류라고 한다(그림 1-54). 물체가 이동할 때, 물체의 뒤에서 발생하는 후류 소용돌이 등이 있다.

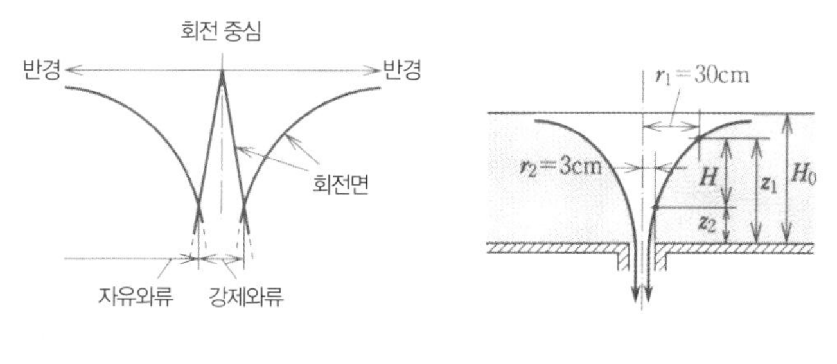

|그림 1-54| 조합와류의 회전면 |그림 1-55| 예제 1-39의 그림

[예제 1-39]

그림 1-55와 같이 수위가 얕은 수조의 물 빠짐에서 일어나는 자유와류의 속도가 회전 중심으로부터 30cm 떨어진 거리에서 8cm/s이었다고 한다. 축으로부터 3cm 거리에서의 회전 속도와 수면 강하량은 얼마인가?

[풀이]

$v \cdot r = C$이므로, $v_1 r_1 = v_2 r_2$. 따라서

$$v_2 = \frac{r_1}{r_2} v_1 = \frac{30}{3} \times 8 = 80[\mathrm{cm/s}] = 0.8[\mathrm{m/s}]$$

반경 r_1=30cm 지점에서의 위치수두를 z_1, 반경 r_2=3cm 지점에서의 위치수두를 z_2라고 하면

$$z_1 = H_0 - \frac{C^2}{2gr_1^2}, \quad z_2 = H_0 - \frac{C^2}{2gr_2^2}$$

두 지점 사이의 위치수두 차이 H는

$$H = z_1 - z_2 = \frac{C^2}{2gr_2^2} - \frac{C^2}{2gr_1^2} = \frac{C^2}{2g}\left(\frac{1}{r_2^2} - \frac{1}{r_1^2}\right)$$

또한, $C=v_2r_2$이므로

$$H = \frac{v_2^2 r_2^2}{2g}\left(\frac{1}{r_2^2} - \frac{1}{r_1^2}\right) = \frac{v_2^2}{2g}\left\{1 - \left(\frac{r_2}{r_1}\right)^2\right\}$$

$$= \frac{0.8^2}{2 \times 9.8} \times \left\{1 - \left(\frac{3}{30}\right)^2\right\}$$

$$=0.0323[\mathrm{m}]=3.23[\mathrm{cm}]$$

문제 1-29 속도 20m/s, 초당 0.02m³ 유량의 물 분류를 고정판에 직각으로 분사시켰을 때의 충격력은 얼마인가?

문제 1-30 그림 1-45에서 직경 6cm, 초당 50l 유량의 분류가 진행 방향과 60° 경사진 고정 평판에 충돌하였을 때, 평판과 직각 방향의 힘 F, 분류 방향에서의 F_x에 대해 계산하여라.

문제 1-31 그림 1-46에서 분류의 직경 5.5cm, 속도 32m/s의 물을 고정 곡면판에 충돌시킬 때, 곡면판에서의 충격력은 얼마인가? 단, 분류의 곡면판을 흘러가는 각도는 150°로 한다.

문제 1-32 직경 38mm, 속도 15m/s인 분류가 진행 방향과 반대로 6m/s의 속도로 후진할 때 연속된 평판이 받는 충격력과 그때 작용하는 동력을 구하여라.

문제 1-33 그림 1-56에 나타낸 바와 같이 버킷(물받이)이 받는 충격력과 동력을 구하여라.

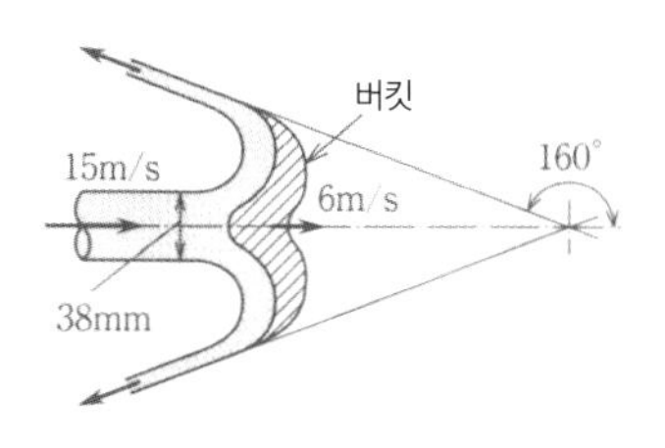

|그림 1-56| 문제 1-33의 그림

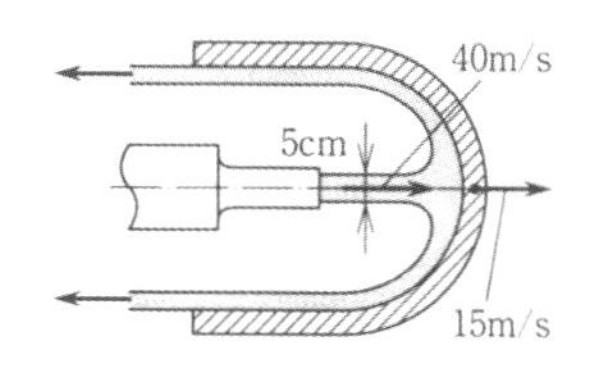

|그림 1-57| 문제 1-34의 그림

문제 1-34 그림 1-57과 같이 직경 5cm, 속도 40m/s의 분류가 진행 방향으로 15m/s로 움직이는 버킷에 충돌하여 역방향으로 유출된다. 이때 분류가 버킷에 미치는 힘은 얼마인가? 또한 동력은 얼마인가?

문제 1-35 그림 1-50에서 노즐로부터 속도 7m/s, 유량 90*l*/s의 물이 유출될 때 다음 값을 구하여라. 단, 마찰 손실은 무시한다.

(1) 탱크를 그 위치로 유지하는데 필요한 반력

(2) 탱크가 진행 방향으로 2.5m/s 속도로, 왼쪽으로 움직이고 있을 때 탱크에 작용하는 정미 반력

(3) 탱크의 수심

(4) 노즐의 지름

문제 1-36 앞의 예제 1-39에서 회전 중심으로부터 5mm 떨어진 지점에서의 속도와 수면 강하량을 구하여라.

1-6 흐름과 에너지 손실

앞 절까지는 주로 점성이 없는 이상 유체의 경우를 고려하였지만, 실제 유체에서는 유체의 점성과 같은 기본적 성질을 적용해야 한다. 고체 벽면이나 관로를 따라 흐르는 유체는 점성 때문에 유체끼리 또는 고체(벽면의 요철)와의 마찰력에 의한 저항(유체 마찰) 때문에 에너지를 잃게 된다. 따라서 긴 유로에서는 이러한 에너지 손실을 무시할 수 없다.

또한, 구부러지거나 축소되는 관로에서는 해당 부분에서 흐름의 요동(와류 발생 등)에 의해서도 에너지가 손실된다. 관로에서 유체의 에너지 손실은 압력 강하의 형태로 나타난다.

1 층류와 난류

관로 내부로 실제 유체(이하 유체라고 함)가 흐르는 경우, 그림 1–58과 같이 평균 유속이 어느 한도 이하에서는 유체 입자가 질서 정연하게 흐르는 층류(laminar flow)와 평균 유속이 어느 한도를 넘으면 유체 입자들이 불규칙하게 요동하며 흐르는 난류(turbulent flow)가 있으며, 층류에서 난류로 바뀌는 천이 영역이 있다.

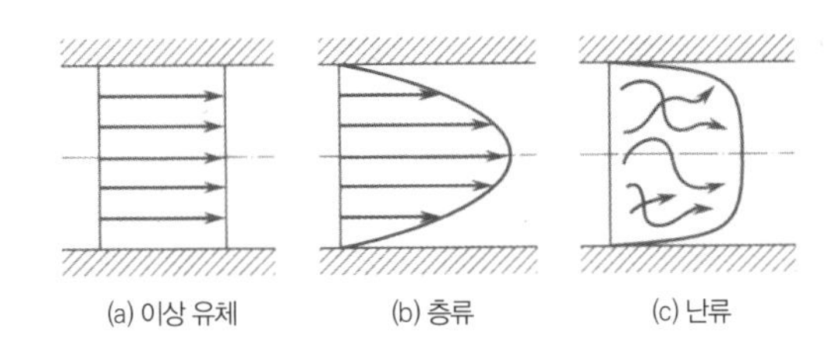

|그림 1–58| 이상 유체와 실제 유체

유체가 흐를 때, 유체끼리의 내부 마찰이나 유체의 관 내벽과의 마찰에 의해 흐름을 방해하려는 힘이 작용한다. 이러한 성질을 점성이라고 하는 것은 이미 1장 1–2절의 3항에서 언급하였다. 이와 같이 점성이 크고 유속이 느리며 관경이 작을 때는 층류가 되고, 점성이 작고 유속이 빠르고, 관경이 크면 난류가 된다. 흐름이 층류인지 난류인지를 결정하는 값을 레이놀즈수(Reynolds number)라고 한다.

유체의 관내 평균 유속을 v[m/s], 관의 내경을 d[m], 유체의 동점성계수를 ν[m²/s]라고 하면 Re는 다음 식으로 주어진다.

$$Re = \frac{d \cdot v}{\nu} \tag{1–66}$$

층류에서 난류로 천이할 때 Re를 임계 레이놀즈수 Re_c라고 하며, 이때의 유속을 임계 유속 v_c라고 한다. Re는 대략 2300이라고 알려져 있지만, 실용상은 2000이라고 생각해도 좋다.

예를 들어, 내경 20mm의 파이프를 흐르는 약 20°C의 물(ν=1.0038[mm²/s])인 경우, 임계 유속 vc를 구해보자. 임계 레이놀즈수 Re_c=2300이라고 하면 식(1–66)에서 다음과 같은 값이 된다.

$$v_c = \frac{\nu \cdot Re_c}{d} = \frac{1.0038\times10^{-6}\times2300}{20\times10^{-3}} = 0.115[m/s] = 11.5[cm/s]$$

일반적으로 사용되는 관은 이것보다 관경이 크기 때문에 v_c는 훨씬 작다. 따라서 특수한 경우를 제외하면 일반적으로 관내의 흐름은 난류라고 생각해도 된다.

[예제 1–40]

내경 30mm의 관에 유속 0.6m/s로 물이 흐를 때 레이놀즈수를 구하여라. 수온 20℃, 압력은 대기압으로 한다.

[풀이]

20℃인 물의 동점성계수를 ν=1.0038[mm²/s]=1.0038×10⁻⁶[m²/s]라고 하면, 식(1–66)에서

$$Re = \frac{d\cdot v}{\nu} = \frac{30\times10^{-3}\times0.6}{1.0038\times10^{-6}} = 17932 \quad \text{(난류)}$$

[예제 1–41]

내경 18cm, 길이 1260m인 관로를 통해 점성계수 μ=8.7[P]인 비중 0.95의 기름을 초당 24l의 유량으로 수송할 때 필요한 압력을 계산하여라.

[풀이]

$$v = \frac{Q}{A} = \frac{Q}{\frac{\pi}{4}d^2} = \frac{24\times10^{-3}}{\frac{\pi}{4}\times(18\times10^{-2})^2} = 0.946[m/s]$$

점성계수를 동점성계수로 환산하면 1[Pa·s]=10[P]의 관계가 있기 때문에 8.7[P]=0.87[Pa·s]가 된다.

식(1–4)에서

$$\nu = \frac{\mu}{\rho} = \frac{0.87}{1000\times0.95} = 9.15\times10^{-4}[m^2/s]$$

식(1–66)에서

$$Re = \frac{d\cdot v}{\nu} = \frac{18\times10^{-2}\times0.943}{9.15\times10^{-4}} = 185.5 \quad \text{(층류)}$$

이것으로부터, 관로의 입구와 출구에서의 압력 차이를 하겐–푸아죄유 방정식(Hagen–Poiseuille's equation)으로 구하면,

$$\Delta p = p_1 - p_2 = \frac{128\mu lQ}{\pi d^4} = \frac{128\times0.87\times1260\times24\times10^{-3}}{\pi\times(18\times10^{-2})^4} = 1021625[Pa] = 1.02[MPa]$$

2 관로의 에너지 손실

(1) 직관에서의 손실수두

모든 유체(실제 유체)는 점성을 가지고 있다. 따라서 유체가 관내를 흐를 때 관 벽면과 밀접한 부분은 마찰로 인해 유속이 느려지고 관의 중심을 따라 유속은 빠르게 된다(그림 1-3 참조).

이 속도의 차이 때문에 관과 유체 또는 유체와 유체 사이에는 전단력이 작용한다. 이것을 유체 마찰이라고 하며, 관 벽면과의 마찰을 외부 마찰, 유체 분자 사이의 마찰을 내부 마찰이라고 한다.

그림 1-59와 같이 길이 l[m], 내경 d[m]의 관내를 평균 유속 v[m/s]로 밀도 ρ[kg/m³]의 유체가 흐르고 있다고 하자. ①, ②의 압력을 p_1[Pa], p_2[Pa]라고 하면, 압력의 크기는 압력수두로 $p_1/\rho g$[m], $p_2/\rho g$[m]가 되어 ②의 압력수두는 ①보다 h_l만큼 낮다. 이 차이 h_l를 손실수두라고 하며, 다음 실험식과 같이 나타낼 수 있다.

$$h_l = \lambda \frac{l}{d} \cdot \frac{v^2}{2g} \qquad (1-67)$$

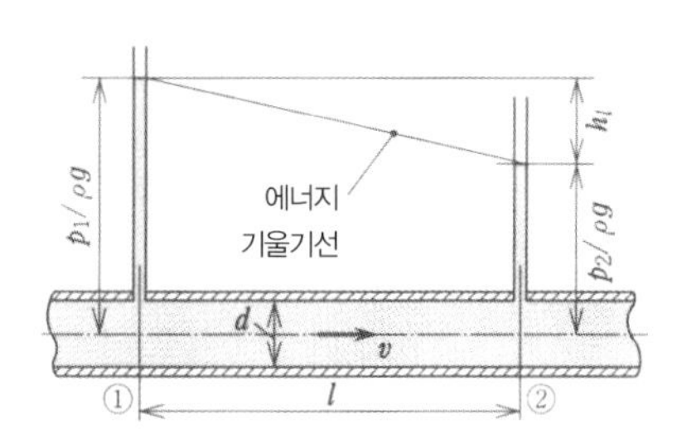

|그림 1-59| 유체 마찰에 의한 손실수두

여기서, λ를 관마찰계수라 하고 Re수와 관 벽면의 거칠기(표면 조도)에 따라 차이가 발생한다. 흐름이 층류인 경우, 표면 조도와는 관계없이 하겐-푸아죄유 방정식이 적용된다.

$$\lambda = \frac{64}{Re} \qquad (1-68)$$

또한, 원관 내의 흐름이 천이 영역(2100<Re<4000)일 때 λ는 표면 조도의 크기에 따른 Re 수와 상대 조도의 영향을 동시에 받고, 난류 유동에서는 수와 무관하게 상대 조도만의 함수가 된다. λ에 대해 유도된 주요 식은 다음과 같이 크게 두 가지로 나뉜다.

① **매끄러운 원관의 경우**

다음과 같이 세 가지가 있다.

블라시우스(Blasius)의 식 Re=3×10³~10⁵에서 $\lambda = \dfrac{0.3164}{Re^{\frac{1}{4}}}$ (1–69)

브란트(Brunt)의 식 Re=3×10³~3×10⁶에서 $\dfrac{1}{\sqrt{\lambda}} = 2\log(Re\sqrt{\lambda}) - 0.8$ (1–70)

니쿨라드세(Nikuradse)의 식 Re=10⁵~3×10⁶에서 $\lambda = 0.0032 + 0.221Re^{-0.237}$ (1–71)

② **거친 원관의 경우**

무디(Moody)는 위의 식을 바탕으로 실제 원관의 λ를 구하는 선도(무디 선도, Moody's chart, 그림 1–60)를 작성하였다. 현재 가장 많이 사용된다.

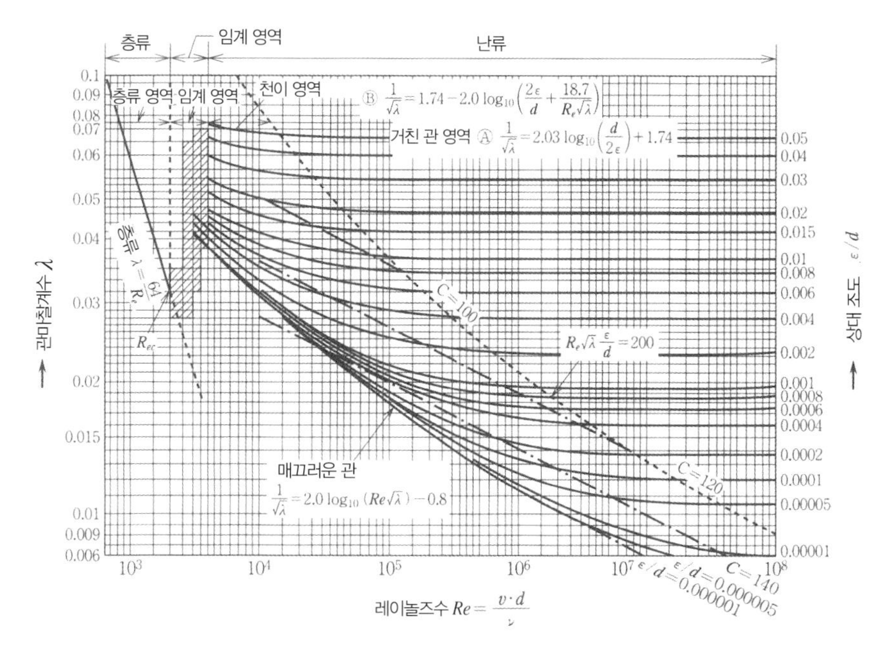

|그림 1–60| 무디 선도(에바라 제작소)

(2) 관의 형상 변화에 의한 손실수두

관로 내를 흐르는 유체는 직관의 마찰 손실 이외에 관의 단면 형상이나 단면적의 변화, 각종 이음매(joint)나 밸브(valve), 콕(cock) 등에 의해 흐름이 충돌하거나 격렬한 소용돌이를 일으켜 에너지가 손실된다. 관내의 유속을 v[m/s]라고 하면 이 손실수두는 다음과 같이 나타낸다.

$$h_f = \zeta \frac{v^2}{2g} \tag{1-72}$$

여기에서 ζ를 손실계수라고 한다. 표 1-9에 실험 결과로부터 구한 손실계수를 나타내었다.

|표 1-9| 관로의 형상과 손실계수

관로의 형상			손실계수 ζ	관로의 형상		손실계수 ζ
유입구	각면		0.5	돌연 확대관		$\left\{1-\left(\frac{d_1}{d_2}\right)^2\right\}^2$
	필렛		0.06 (r 소) ∫ 0.005 (r 대)	점차 확대관		원관에서 $\theta=5°\ 30'$일 때 $0.135\left\{1-\left(\frac{d_1}{d_2}\right)^2\right\}^2$
	모따기		0.25	돌연 축소관		$\left(\frac{d_2}{d_1}\right)^2 = 0.1 \sim 0.9$ 일 때 0.41~0.036
	관돌출		0.5(무딤) ∫ 3.0 (날카로움)	점차 축소관		$\theta<30°$일 때 0에 가까움

<table>
<tr><td rowspan="5">90° 구부러짐</td><td>엘보</td><td></td><td>1.0</td><td>유출구</td><td></td><td>1.0</td></tr>
<tr><td rowspan="2">밴드</td><td rowspan="2"></td><td rowspan="2">0.2
~
0.3</td><td>방류</td><td></td><td>1.0</td></tr>
<tr><td>풋 밸브</td><td>스트레이너 장착</td><td>1.5(대)~2.0(소)</td></tr>
<tr><td rowspan="2">T</td><td rowspan="2"></td><td rowspan="2">0.88</td><td>체크 밸브</td><td rowspan="2">완전 개방</td><td>0.6(대)~1.5(소)</td></tr>
<tr><td>슬루우스 밸브</td><td>0.05(대)~0.17(소)</td></tr>
</table>

[예제 1-42]

수두 차가 30m인 2개의 저수지를 내경 50cm의 철관으로 연결할 때, 관내의 유속과 유량을 구하여라. 단, 관의 길이는 9.7km, 관마찰계수는 0.025로 한다.

[풀이]

식(1-67)에서

$$h_l = \lambda \frac{l}{d} \cdot \frac{v^2}{2g} \text{ 에서 } v = \sqrt{\frac{2gdh_l}{\lambda l}} = \sqrt{\frac{2 \times 9.8 \times 0.5 \times 30}{0.025 \times 9700}} = 1.1[m/s]$$

$$Q = Av = \frac{\pi}{4} d^2 \cdot v = \frac{\pi}{4} \times (50 \times 10^{-2})^2 \times 1.1 = 0.216[m^3/s]$$

$$= 12.96[m^3/min]$$

[예제 1-43]

길이 3.2km의 관로에서 수량 $0.25m^3/s$로 송출할 때 손실수두가 15m를 초과하지 않으려면 관의 내경을 얼마로 해야 하는가? 단, λ=0.022로 한다.

[풀이]

$$h_l = \lambda \frac{l}{d} \cdot \frac{v^2}{2g} = \lambda \frac{l}{d} \cdot \frac{\left(\dfrac{Q}{\frac{\pi}{4} d^2}\right)^2}{2g} = \frac{8\lambda l Q^2}{\pi^2 d^5 g}$$

$$\therefore \ d = \sqrt[5]{\frac{8\lambda l Q^2}{\pi g h_l}} = \sqrt[5]{\frac{8 \times 0.022 \times 3200 \times 0.25^2}{\pi^2 \times 9.8 \times 15}} = 0.475[m]$$

따라서, d=0.5[m]=50[cm]라고 하면, 요구 조건을 만족하는 관로를 얻을 수 있다.

[예제 1-44]

내경 20cm, 길이 320m의 직관에 $4.7m^3/min$의 물이 흐르고 있다. 이 경우, 관의 양쪽 끝에서의 수두차는 얼마인가? 단, 관마찰계수는 0.028로 한다.

[풀이]

유속을 구하면

$$v = \frac{Q}{\frac{\pi}{4}d^2} = \frac{4.7 \times \frac{1}{60}}{\frac{\pi}{4} \times (20 \times 10^{-2})^2} = 2.5[m/s]$$

식 (1-67)에서

$$h_l = \lambda \frac{l}{d} \cdot \frac{v^2}{2g} = 0.028 \times \frac{320}{20 \times 10^{-2}} \times \frac{2.5^2}{2 \times 9.8} = 14.3[m]$$

압력 단위로 고치면

$$\Delta p = \rho g h_1 = 1000 \times 9.8 \times 14.3 = 140140[Pa] = 140.1[kPa]$$

[예제 1-45]

직경이 500mm에서 1200mm로 돌연 확대되는 관에 $2.2m^3/s$의 물이 흐르고 있다. 이때 발생하는 손실수두를 구하여라.

[풀이]

표 1-9에서

$$\zeta_1 = \left\{1 - \left(\frac{d_1}{d_2}\right)^2\right\}^2 = \left\{1 - \left(\frac{500}{1200}\right)^2\right\}^2 = 0.683$$

$$v_1 = \frac{Q}{A_1} = \frac{Q}{\frac{\pi}{4}d_1^2} = \frac{2.2}{\frac{\pi}{4} \times (500 \times 10^{-3})^2} = 11.2[m/s]$$

따라서, 식(1-72)에서

$$h_f = \zeta_1 \frac{v_1^2}{2g} = 0.683 \times \frac{11.2^2}{2 \times 9.8} = 4.37[m]$$

압력 단위로 고치면

$$\Delta p = \rho g h_f = 1000 \times 9.8 \times 4.37 = 42826[Pa] = 42.8[kPa]$$

[예제 1-46]

10°C의 물이 평균 유속 1.5m/s로 내경 30cm의 주철관을 흐를 때 길이 300m 사이의 손실수두와 유량을 구하여라. 단, 관 내벽의 표면 조도는 0.3mm이다.

[풀이]

10°C 물의 동점성계수는 표 1-8에서 $\nu=1.307\times10^{-6}[m^2/s]$라고 하면

$$Re=\frac{dv}{\nu}=\frac{30\times10^{-2}\times1.5}{1.307\times10^{-6}}=3.44\times10^5 \qquad \text{(난류)}$$

다음으로 상대 조도는 $\varepsilon/d=\frac{0.3}{300}=0.001$이므로, 그림 1-60의 무디 선도로부터 $\lambda=0.0203$을 구한다. 따라서

$$h_l=\lambda\frac{l}{d}\cdot\frac{v^2}{2g}=0.0203\times\frac{300}{30\times10^{-2}}\times\frac{1.5^2}{2\times9.8}=2.33[m]$$

또한, 유량은

$$Q=Av=\frac{\pi}{4}d^2v=\frac{\pi}{4}\times(30\times10^{-2})^2\times1.5=0.106[m^3/s]=6.36[m^3/min]$$

3 송출 동력

관로에 유체를 흘려보낼 때 발생하는 관마찰 손실수두를 h_l라고 하고 그 외의 손실수두 h_t를 고려하여 유체 에너지를 공급해야 한다. 내경 d[m], 길이 l[m]인 관을 저장 탱크(수조)에 장착하여 유속 v[m/s]로 유출되어 관 끝에서 방류한다고 할 때 각종 에너지 손실계수를 ζ_1, ζ_2, ζ_3……로 하고, 관로의 총 손실수두를 h_t[m]이라고 하면 (그림 1-61)

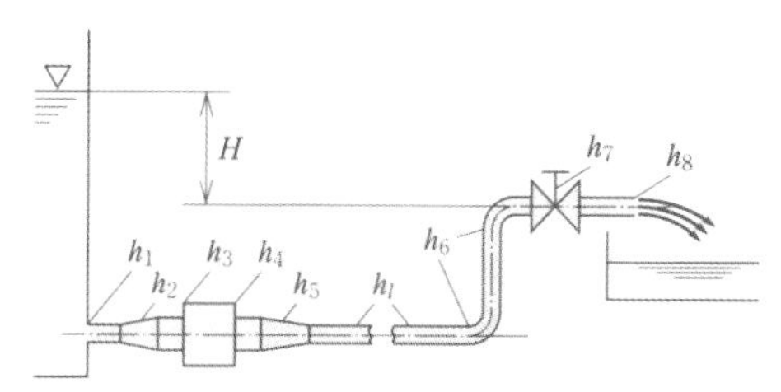

h_1 : 관 입구 손실
h_2 : 단면적의 점차 손실,
h_3 : 단면적의 돌연 확대 손실
h_4 : 단면적의 돌연 축소 손실
h_5 : 단면적의 점차 축소 손실
h_l : 직관의 마찰 손실
h_6 : 엘보 밴드의 손실
h_7 : 밸브 · 콕의 손실
h_8 : 관 출구에서의 방류 손실

|그림 1-61| 각종 손실수두

$$h_t = h_l + h_1 + h_2 + h_3 + \cdots\cdots = \left(\lambda\frac{l}{d} + \zeta_1 + \zeta_2 + \zeta_3 + \cdots\cdots \zeta_n\right)\frac{v^2}{2g}$$

$$= \left(\lambda\frac{l}{d} + \sum_1^n \zeta\right)\frac{v^2}{2g} \tag{1-73}$$

관 입구에서의 전체 손실 에너지(total loss head) H[m]은 h_t[m]에 관 출구(방류)의 속도 수두를 합한 것이 된다.

$$H = h_t + \frac{v^2}{2g} = \left(\lambda\frac{l}{d} + \sum_1^n \zeta + 1\right)\frac{v^2}{2g} \tag{1-74}$$

관로의 유량 Q[m³/s]는

$$Q = \frac{\pi}{4}d^2 v = \frac{\pi}{4}d^2\sqrt{\frac{2gH}{\left(\lambda\frac{l}{d} + \sum_1^n \zeta + 1\right)}} \tag{1-75}$$

관로의 유속이 빠르면 손실이 증가하므로 손실을 줄이기 위해서는 관경을 크게 해야 한다. 따라서 일반 관로에서는 2.5m/s 정도, 상수도 관로에서는 장거리의 경우 1~1.5m/s, 수력 발전소의 수압 철관에서는 2~5m/s의 유속으로 송출하는 것이 권장 사항이다.

[예제 1-47]

그림 1-62와 같은 관로를 흐르는 유체의 유량을 구하여라. 관마찰 손실계수를 0.03, 관의 내경 80mm, 출구 콕의 손실계수를 2.2로 한다.

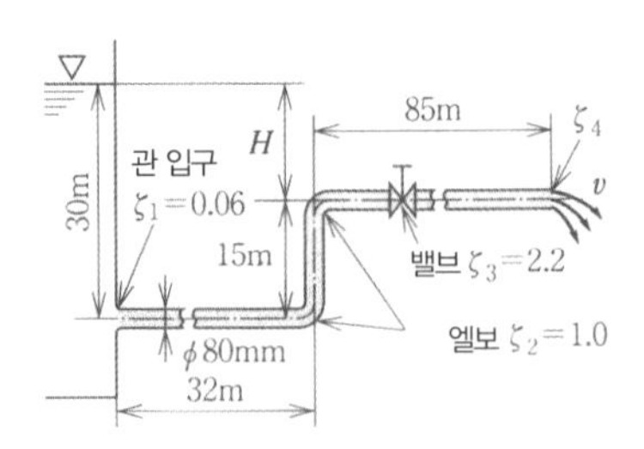

|그림 1-62| 송수 관로

[풀이]

직관에서의 마찰 손실수두

$$h_l = \lambda \frac{l}{d} \cdot \frac{v^2}{2g} = 0.03 \times \frac{(32+15+85)}{80 \times 10^{-3}} \times \frac{v^2}{2 \times 9.8} = 2.52v^2$$

관 입구에서의 손실수두

$$h_1 = \zeta_1 \frac{v^2}{2g} = 0.06 \times \frac{v^2}{2 \times 9.8} = 0.00306v^2$$

엘보 2개에 의한 손실수두

$$h_2 = \zeta_2 \frac{v^2}{2g} = 2 \times 1.0 \times \frac{v^2}{2 \times 9.8} = 0.102v^2$$

콕에 의한 손실수두

$$h_3 = \zeta_3 \frac{v^2}{2g} = 2.2 \times \frac{v^2}{2 \times 9.8} = 0.112v^2$$

관 출구(방류)의 손실수두

$$h_4 = \zeta_4 \frac{v^2}{2g} = 1.0 \times \frac{v^2}{2 \times 9.8} = 0.051v^2$$

따라서, 식(1–74)에서

$$H=(2.52+0.00306+0.102+0.112+0.051)v^2=2.78806v^2$$

$H=30-15=15[m]$이므로

$$v = \sqrt{\frac{15}{2.78806}} = 2.32[m/s]$$

구하는 유량 $Q = Av = \frac{\pi}{4}d^2 \cdot v = \frac{\pi}{4} \times (80 \times 10^{-3})^2 \times 2.32 = 0.0117[m^3/s]$

$$=11.7[l/s]=0.702[m^3/min]$$

식 (1–75)에서 직접 Q를 구하면

$$Q = \frac{\pi}{4}d^2 \sqrt{\frac{2gH}{\left(\lambda \frac{l}{d} + \sum_1^3 \zeta + 1\right)}}$$

$$= \frac{\pi}{4} \times 0.08^2 \times \sqrt{\frac{2 \times 9.8 \times (30-15)}{\left\{0.03 \times \frac{(32+15+85)}{0.08} + (0.06 + 2 \times 1.0 + 2.2) + 1.0\right\}}}$$

$$=0.0117[m^3/s]=11.7[l/s]$$

송출 동력(송수 소요 동력)을 구하면

$$\text{동력 } P[\mathrm{kW}] = \frac{\rho g Q H}{1000} = \frac{1000 \times 9.8 \times 0.0117 \times 15}{1000} = 1.72[\mathrm{kW}]$$

4 수격

액체는 기체에 비해 압축성이 작고 밀도가 크기 때문에 흐름을 갑자기 막았을 경우 일시적으로 큰 압력 상승이 발생한다. 예를 들어 밸브를 갑자기 닫거나 펌프의 송출 동력을 급정지하면 그 부분에 큰 압력 상승을 발생시켜 파동이 되고 관내를 왕복하면서 시간에 따라 감쇠된다. 이러한 압력 상승의 크기는 밸브를 닫는 속도에 따라 달라진다. 이러한 급격한 흐름의 변화에 의해 발생한 과도적 압력 변화를 수격(water hammering)이라고 한다.

그림 1-63과 같이 큰 수조에 관을 수평으로 설치하고 관내로 물이 속도 v로 흐르고 있다. 밸브를 순간적으로 닫으면, 밸브에 충돌한 물이 정지해 운동에너지를 잃는 대신에 압력에너지가 Δh만큼 상승한다. 이 상태는 전파 속도 a=[m/s]로 상류에 전달되어 $t=L/a$[s] 후에는 압력파가 수조에 도달한다. 관 전체의 물은 순간적으로 흐름이 정지됨과 동시에 압력이 같이 상승한다.

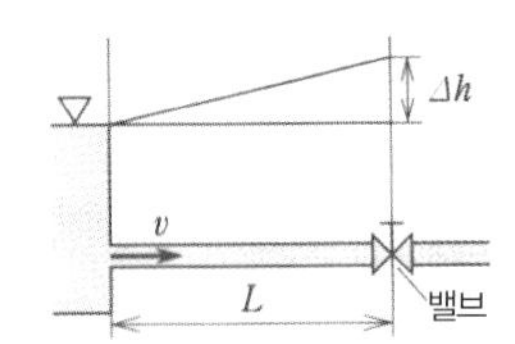

|그림 1-63| 수격에 의한 압력 상승

(1) 압력파의 전파 속도

압력파의 전파 속도 계산은 다음 식으로 구한다.

$$a = \frac{1425}{\sqrt{1 + \frac{K'}{E} \cdot \frac{D}{t}}} \qquad (1-76)$$

여기 a : 전파 속도 [m/s], K : 물의 체적탄성계수=20.3×10^8[N/m^2]≒20.3×10^8[Pa], E : 관 재료의 종탄성계수 [N/m^2]=[Pa], D : 관의 내경 [m], t : 관의 두께 [m].

주철관의 경우 $K/E≒0.02$, 강관의 경우 $K/E≒0.01$, 콘크리트관의 경우 $K/E≒0.1$, 일반적으로 a는 1000m/s 내외이다.

(2) 밸브를 갑자기 닫았을 경우의 압력 상승

밸브를 닫는데 소요된 시간 T와 압력파가 한 번 왕복하는 시간 μ와의 관계가 $T \leqq \mu$인 경우를 급폐쇄라고 하고, 관내 압력 상승의 최댓값(서지 압력: surge pressure) Δh는 다음 식으로 구한다.

$$\Delta h = \frac{av}{q}, \quad T \leqq \frac{2L}{a} \tag{1-77}$$

이 값은 밸브를 닫는 순간부터 압력파가 한 번 왕복한 시간 [s]까지 적용된다.

여기에, Δh : 압력 상승의 최댓값 [m], 밸브의 폐쇄 시간 [s], L : 관의 전체 길이 [m], μ : 압력파가 한 번 왕복한 시간 [s].

[예제 1–48]

내경 1.5m, 두께 6mm인 강관에서 평균 2.8m/s의 속도로 흐르는 물을 순간적으로 닫았을 때, 발생하는 압력 상승은 얼마인가?

[풀이]

강관의 경우 $K/E≒0.01$, $D=1.5$[m], $t=6\times10^{-3}$[m]를 식(1–76)에 대입하면

$$a = \frac{1425}{\sqrt{1+\frac{K'}{E}\cdot\frac{D}{t}}} = \frac{1425}{\sqrt{1+0.01\times\frac{1.5}{6\times10^{-3}}}} = 761.7[\mathrm{m/s}]$$

식(1–77)에서

$$\Delta h = \frac{av}{g} = \frac{761.7\times2.8}{9.8} = 217.6[\mathrm{m}]$$

압력 단위로 고치면 $\Delta p=\rho g\Delta h=1000\times9.8\times217.6=2.13$[MPa]

5 수로

지금까지는 관내 유동의 기초에 대해 다루었다. 액체가 자유표면을 가지고 흐르는 수로에는 하천과 같이 상부가 대기에 개방되어 있는 개수로(개거)와 하수도관처럼 상부가 닫혀 있는

폐수로, 또는 암거(속 도랑)가 있다. 개수로 유동은 바닥면의 기울기 정도와 흐름의 중력에 의해 발생하는 것으로 상류와 하류의 압력 차이에 의해 발생하는 관내 유동과는 성질이 다르다.

그림 1-64와 같은 일정한 단면 형상과 기울기가 있는 수로의 유속은 일정하다고 가정한다. 흐름이 가속되지 않기 위해서 단면적 A[m], 길이 l[m]의 유체에 작용하는 유동 방향의 하중 $\rho gAl\sin\theta$과 벽면의 마찰력 $f\dfrac{\rho v^2}{2}ls$[N]은 평형 상태이다. s[m]은 접촉면의 길이(흐름에 접하는 단면의 주위 길이), m[m]을 유체의 평균 깊이로 하면, $m=A/s$로 나타나게 된다. 또한, v[m/s]는 열린 도랑의 평균 유속, f는 벽면의 평균 마찰계수이다. 따라서

$$f\frac{\rho v^2}{2}l\cdot\frac{A}{m}=\rho gAl\sin\theta$$

θ의 값이 작을 때는 $\sin\theta=\tan\theta=i$로 하고, i를 개수로의 기울기라고 한다.

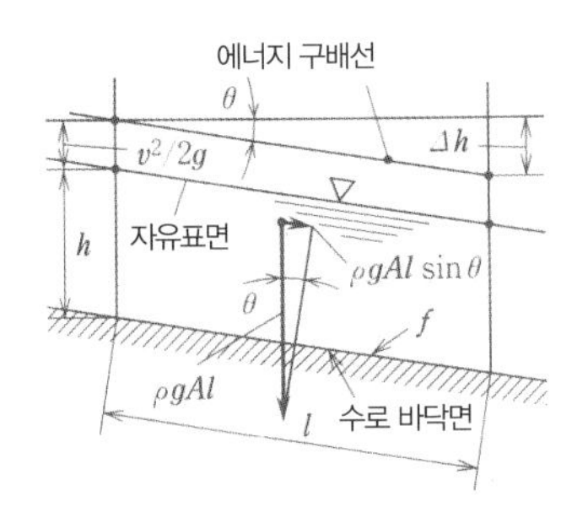

|그림 1-64| 개수로 유동

$\sqrt{\dfrac{2g}{f}}=C$에서 v에 대해 정리하면

$$v=C\sqrt{mi} \tag{1-78}$$

이것을 체지의 방정식(Chezy's equation)이라고 하고 여기서, C는 체지계수라고 한다. 이 계수는 실험을 통해 구한 값이다.

바쟁의 방정식(Basin's equation)에 의하면

$$C=\frac{87}{1+\left(\dfrac{p}{\sqrt{m}}\right)} \tag{1-79}$$

p의 값은 콘크리트 벽면에서 0.06~0.85, 석조 벽면에서 0.16~0.46이다.

또한, 관의 단면적이 A[m], 접수 길이가 s[m]인 경우 $m=\frac{A}{s}$[m]을 유체 평균 깊이라고 한다. 내경이 D[m]인 원관에 물이 가득 차서 흐른다면 $m=\frac{\frac{\pi}{4}D^2}{\pi D}=\frac{D}{4}$이 된다.

표 1–10에 각 수로의 접수 길이와 유체 평균 깊이를 나타내었다.

|표 1–10| 각종 수로

종류	수로	접수 길이 s[m]	유체 평균 깊이 m[m]
직사각형 단면 개수로	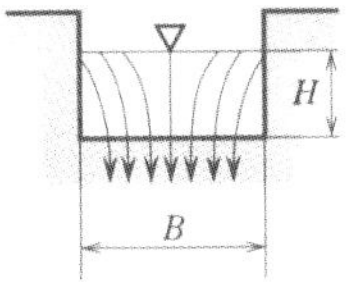	$B+2H$	$\frac{BH}{B+2H}$
사다리꼴 단면 개수로	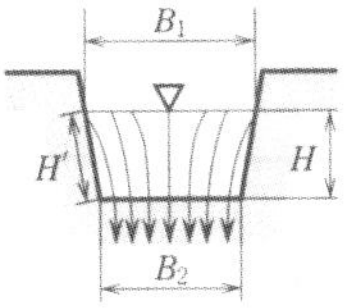	B_2+2H'	$\frac{H(B_1+B_2)}{2(B_2+2H')}$
원형 수로	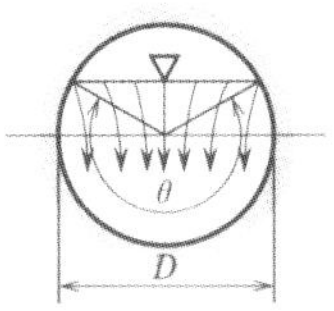	$\frac{D}{2}\theta$ θ : rad	$\frac{D}{4}\left(1-\frac{\sin\theta}{\theta}\right)$

[예제 1–49]

표면이 매끄러운 직사각형 콘크리트 수로에서 폭 4m, 수심 1.8m, 기울기 1/1000이라고 하면 유량은 얼마인가? 바쟁의 방정식으로 구하여라.

[풀이]

표 1–10에서

$$m=\frac{BH}{B+2H}=\frac{4\times1.8}{4+2\times1.8}=0.947[\text{m}]$$

p=0.06이라고 하면

$$C=\frac{87}{1+\left(\frac{p}{\sqrt{m}}\right)}=\frac{87}{1+\left(\frac{0.06}{\sqrt{0.947}}\right)}=\frac{87}{1+0.0616}=81.9$$

$$v = C\sqrt{mi} = 81.9 \times \sqrt{0.947 \times \frac{1}{1000}} = 2.52[\mathrm{m/s}]$$

따라서 $Q=Av=4\times1.8\times2.52=18.1[\mathrm{m^3/s}]$

문제 1-37 관로의 흐름에 대한 임계 레이놀즈수가 2320이라고 한다. 10°C의 물이 내경 1cm의 관속을 흐르는 임계 속도를 구하여라. 동점성계수는 $1.3072\times10^{-6}\mathrm{m^2/s}$로 한다.

문제 1-38 내경이 290mm인 송풍관에 10°C의 공기를 보낼 경우, 층류로 하기 위한 풍속은 최대 몇 m/s인가? 동점성계수는 $1.41\times10^{-5}\mathrm{m^2/s}$, 임계 레이놀즈수는 2300으로 한다.

문제 1-39 내경이 540mm인 주철관에 2.3m/s의 유속으로 물이 흐를 때, 관 길이 650m에서의 마찰 손실수두와 유량을 구하여라. 단, λ=0.03으로 한다.

문제 1-40 내경이 32mm인 관으로 유속 1.0m/s, 점성계수 100cSt(40°C)의 기어오일 2종(ISO VG 100)을 송출할 때의 관마찰계수를 구하여라.

문제 1-41 두 저수지를 이어주는 길이 600m, 내경 18cm의 관로가 있다. 두 저수지의 수면차이가 1.2m일 때, 관내를 흐르는 속도와 유량은 얼마인가? 단, λ=0.035로 한다.

문제 1-42 길이 1200m, 관의 양끝 수위 차이 18m인 직관에 유량 500l/s의 물을 흘리려고 할 때 관 지름과 유속은 얼마인가? 단, λ=0.02로 한다.

문제 1-43 수평관에 유량 50l/s의 물을 흘려보내고 있을 때, 관경이 15cm에서 30cm로 돌연 확대되었을 경우의 손실수두를 구하여라. 또한, 지름이 작은 관 내부의 압력이 150kPa이라면, 확대관에서의 압력은 얼마인가?

문제 1-44 20°C의 물이 2m/s로 내경 80mm의 강관 내부를 흐를 때 길이 130m인 관마찰 손실수두를 구하여라. 단, 관 내벽의 표면 조도는 0.05mm로 한다.

문제 1-45 그림 1-65와 같이 내경 100mm의 관로를 흐르는 물의 유속, 유량, 송출 동력은 얼마인가? 단, λ=0.03으로 한다.

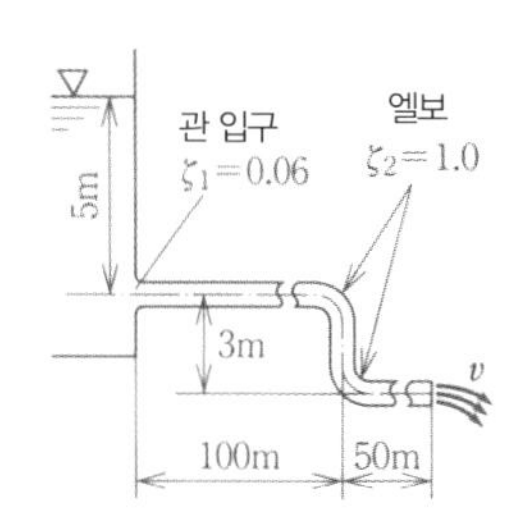

|그림 1-65| 문제 1-45의 그림

문제 1-46 지름 80cm, 두께 10mm의 주철관에 물을 흘려보냈다. 관의 길이 400m, 수두 30m, 관내 유속 2.5m/s일 때 다음 값을 구하여라.

(1) 이 흐름을 막았을 때 관내로 전해지는 음속을 구하여라. 물의 체적탄성계수를 20.3×10^8[N/m^2], 음속의 식은 $v=\sqrt{K/\rho}$ 라고 한다.

(2) 관의 출구에서 밸브를 순간적으로 닫았을 때 압력파의 전파 속도를 구하여라.

(3) 관내의 압력 상승 최댓값을 구하여라.

문제 1-47 내경이 2m, 기울기 1/1200의 표면이 매끄러운 원형 단면의 콘크리트 수로가 물이 절반까지 채워져 흐를 경우, 바잿의 방정식으로 유량을 구하여라.

문제 1-48 폭 6m, 평균 유속 1.6m/s, 12m^3/s의 유량을 흘려보내는 직사각형 단면 수로를 석재로 쌓아서 만들고 싶다. 기울기는 얼마로 하면 좋을까? 바쟁의 방정식을 이용하여 구하고 p=0.3으로 한다.

1-7 물체 주위의 흐름

유체의 흐름 중에 물체를 놓으면 이것을 밀어내려고 하는 힘이 작용한다. 이 힘은 유체에 대해 물체가 받는 저항력으로 분류가 판에 미치는 저항력과는 다르다. 유체로부터 받는 저항력은 유체의 점성에 의한 마찰 저항과 물체의 형상에 따라 압력 분포가 발생하는 형상 저항(압력 저항)으로 나뉜다. 물체의 전체 저항은 이러한 마찰 저항과 압력 저항을 합한 것으로 간단하게 저항 또는 항력(drag force)이라고 한다.

1 원기둥 주위의 흐름

그림 1−66 (a)에서 유체에 점성이 없고 압축성도 없는 이상 유체의 경우, 원기둥 주위에서 상류로부터의 흐름은 원기둥 표면 A에서 부딪힌 후에 상하로 나뉘고 하류에서 다시 합류하여 흘러간다. 점 A, B에서 계산상 흐름의 속도는 제로가 된다. A, B의 압력을 p_A, p_B라고 하면 $p_A = p_B$이다. 이러한 점을 정체점(stagnation point)이라고 한다. 이와 같이, 이상 유체의 원기둥 주변의 흐름은 박리가 없고, 원둘레 표면을 유선이 질서 정연하게 흐른다.

한편, 실제 유체의 경우, 그림 1−66 (b)와 같이 원기둥 후면에서 큰 흐름의 박리 발생 구역이 존재한다. 이상 유체처럼 질서 정연하게 흐르지 않고 압력도 낮아진다($p_A > p_B$). 이와 같이, 원기둥의 전면과 후면에서는 큰 압력차가 생긴다. 이것이 압력 저항의 원인이 된다. 압력 저항과 마찰 저항의 합, 즉 전체 저항인 항력의 크기는 다음 식으로 나타낸다.

$$D = C_D \frac{\rho}{2} v^2 A \qquad (1-80)$$

여기에 D : 항력 [N], C_D : 항력계수, ρ : 유체의 밀도 [kg/m^3], v : 유체의 유속(균일 유동) [m/s], A : 기준 단면적(흐름에 수직으로 투영한 면적=전면 투영 면적) [m^2].

또한, 그림 1−66 (c)와 같이 소용돌이의 발생을 방지하고, 저항의 원인이 되지 않는 형태를 한 유선형이 있다. A는 균일 유동에서 수직으로 투영한 면적이지만 판이나 날개에서는 표면적을 이용하는 경우도 있다.

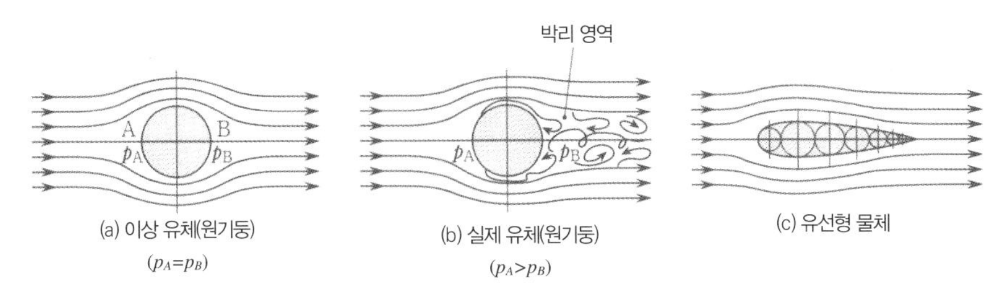

|그림 1-66| 원기둥과 유선형 물체에서의 흐름

2 비행기 날개 주위의 흐름

일정한 흐름 속에 있는 물체에 작용하는 힘이 있을 때 흐름 방향의 성분으로서 항력을 생각했다. 또한, 물체에 작용하는 힘에 흐름과 수직 상방인 성분이 있을 때 이것을 양력(lift force)이라고 한다. 균일 유동 속에 있는 평판을 흐름에 대해서 위쪽으로 기울이면 양력이 발생한다. 그것에 따라 항력도 커진다. 이러한 양력을 적당한 형상과 흐름에 대한 각도로 유효하게 발생시키는 목적으로 만든 것이 비행기 날개이다. 또한, 날개의 단면 형상을 익형(aerofoil)이라고 한다.

그림 1-67과 같이, 균일 유동 속에 날개를 두었을 때, 날개의 왼쪽 끝(전방) A에서 상 · 하면으로 나눠진 흐름이 오른쪽 끝(후방)에서 다시 합류한다고 생각한다.

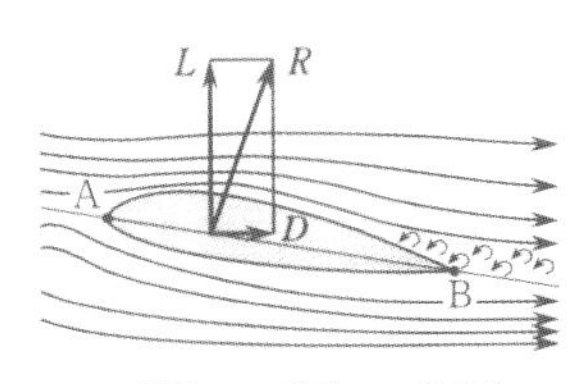

|그림 1-67| 날개의 흐림과 양력 · 항력 · 합성력

윗면을 지나는 흐름은 거리가 길지만 아랫면은 짧다. 따라서 같은 시간에 A에서 B로 이동하기 위해서 윗면의 흐름 속도는 아랫면의 흐름 속도보다 빠르다. 즉, 베르누이 방정식에 의해 날개 윗면의 흐름은 가속되어 압력이 강하한다. 반대로, 날개 아랫면의 흐름은 감속되고 압력이 상승하게 된다. 따라서, 날개에는 그림 1-68에 의한 상 · 하면의 압력 차이가 위 방향으로 들어 올리는 양력으로 작용한다. 양력은 다음의 식으로 나타낸다.

$$L = C_L \frac{\rho}{2} v^2 S \qquad (1-81)$$

여기에 L : 양력 [N], C_L : 양력계수, ρ : 유체의 밀도 [kg/m³], v : 유체의 유속(균일 유동) [m/s], S : 기준 단면적(익현을 포함한 평면에서의 날개 투영 면적=날개 면적) [m²].

날개의 각부 명칭과 양력 · 항력 · 합성력의 관계를 나타내면 그림 1-69와 같다.

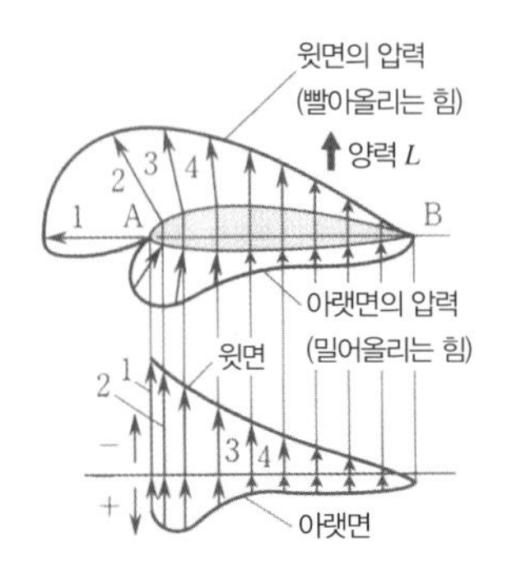

|그림 1-68| 날개의 윗면과 아랫면에서의 압력 분포 예

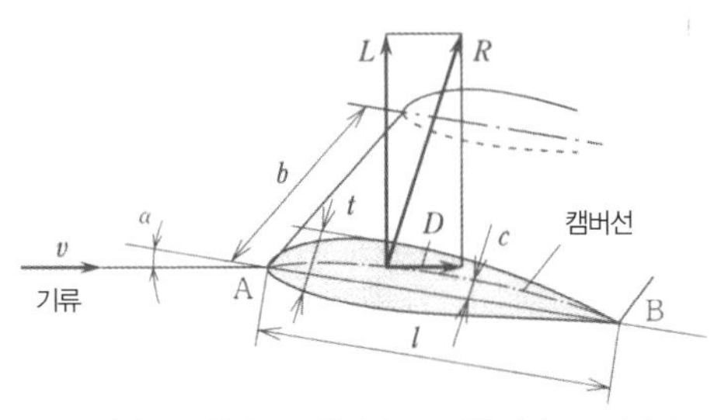

|그림 1-69| 비행기 날개의 명칭과 양력 · 항력 · 합성력

또한, 윗면을 따라 매끄럽게 흐르던 유동은 표면을 떠나 날개 후방에서 와류(vortex) 형태로 소용돌이친다. 날개는 영각(angle of attack) α가 17°를 넘은 부근에서 C_L이 갑자기 작아지면서 흐름이 날개 면으로부터 박리되어 실속(stall) 상태가 된다(그림 1-70).

합성력 R은 $R = \sqrt{L^2 + D^2}$ [N]이며, 비행에 필요한 동력 P[kW]는

$$P = Dv/1000 \qquad (1-82)$$

[예제 1-50]

그림 1-71과 같이 직경 80mm, 길이 400mm의 알루미늄 원기둥을 수직으로 두었다. 여기에 20m/s의 기류와 접촉하게 했을 때의 흐름의 상태와 항력을 구하여라. 대기는 20°C, 760mm Hg이다.

[풀이]

앞에서 설명한 표 1-8에서 20°C의 공기 밀도 ρ=1.204[kg/m³],

동점성계수 ν=1.502×10⁻⁵[m²/s]라고 하면, 식(1-66)에서 레이놀즈수는

$$Re = \frac{d \cdot v}{\nu} = \frac{80 \times 10^{-3} \times 20}{1.502 \times 10^{-5}} = 106524.6 = 1.06 \times 10^5 \quad \text{(난류)}$$

항력계수 C_D=0.75, 전면 투영 면적 $A=dh$=0.08×0.4=0.032[m²]라고 하면, 식(1–80)에서 항력은

$$D = C_D \frac{\rho v^2}{2} A = 0.75 \times \frac{1.204 \times 20^2}{2} \times 0.032 = 5.78[\mathrm{N}]$$

[예제 1–51]

수온 15°C, 유속 2m/s로 흐르는 강물 속에 한 변의 길이가 10cm인 정사각형 단면을 가지고, 전체 길이가 1.5m인 사각기둥을 수직으로 세웠다. 항력계수를 0.82라고 하면 이 사각기둥에 작용하는 항력을 구하여라.

[풀이]

C_D=0.82, ρ=1000[kg/m³], v=2[m/s], A=0.1×1.5×0.15[m²]로 해서

$$D = C_D \frac{\rho}{2} v^2 A = 0.82 \times \frac{1000}{2} \times 2^2 \times 0.15 = 246[\mathrm{N}]$$

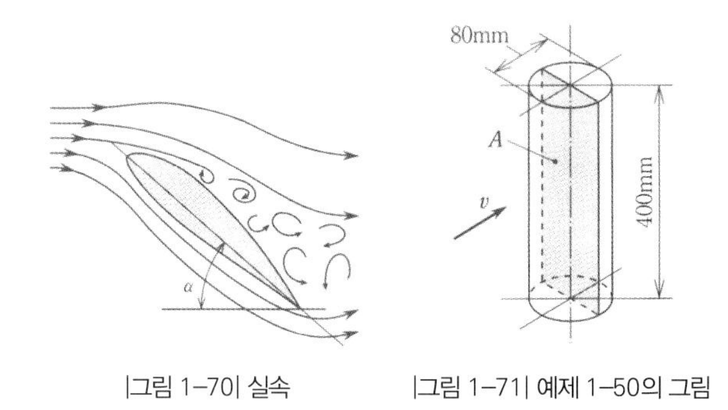

|그림 1–70| 실속　　|그림 1–71| 예제 1–50의 그림

3 자동차 주위의 흐름

자동차가 공기 중을 주행하는 경우, 비행기의 날개와 같이 전진하는 것을 당겨서 멈추려고 하는 힘(공기 저항)이 작용한다. 즉, 공기의 점성 때문에 공기와 차체 표면과의 사이에 마찰력이 작용하여 자동차의 주행을 방해하는 공기 저항이 된다. 이 크기는 식(1–80)으로 표시된다. 일반적인 자동차 종류에 따른 공기저항계수 C_D의 값을 그림 1–72에 나타내었다.

또한, 자동차가 고속으로 주행할 경우, 양력이 작용하여 차체가 약간이지만 들리는 경향이 있다. 차체가 유선형일수록, 그 경향은 강하다. 그것은 차체의 측면 형상이 바로 비행기 날개 형상과 비슷하기 때문이다.

그림 1-73은 공기의 압력 분포에 대한 하나의 예이다. 차체에서 바깥쪽을 향하고 있는 화살표는 부압(빨아올리는 힘)을 나타내며 차체를 그 방향으로 끌어올린다. 반대로 차체 내부 쪽을 향하고 있는 화살표는 정압(누르는 힘)을 나타내고 그 방향으로 누르게 된다. 차체 전체의 압력 밸런스를 보면 부압이 크고 이 차이로 인해 양력이 작용한다.

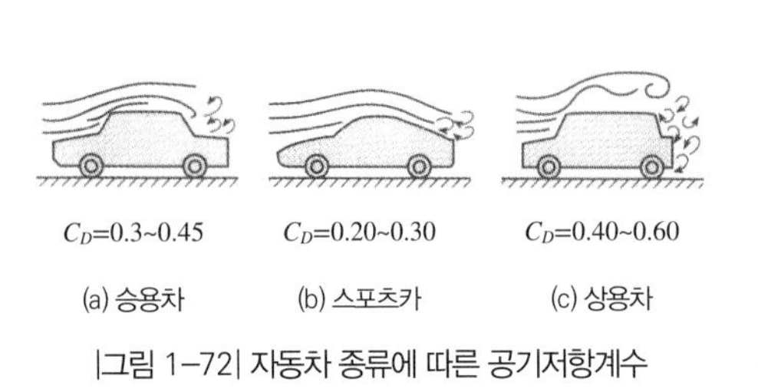

|그림 1-72| 자동차 종류에 따른 공기저항계수

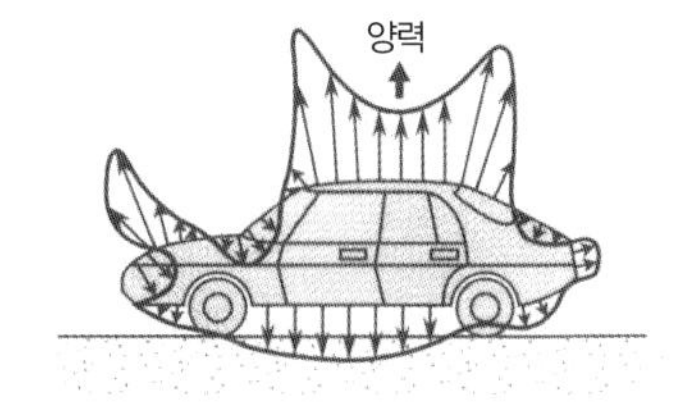

|그림 1-73| 차체 표면에서의 압력 분포

[예제 1-52]

스포츠카가 100km/h로 평탄한 노면을 주행하고 있다. 이때의 공기 저항을 구하여라. 차체의 전체 높이 1.5m, 전폭 2m, 공기저항계수, 공기의 밀도는 C_D=1.2kg/m^{3}로 한다.

[풀이]

식(1-80)에서

$$D = C_D \frac{\rho}{2} v^2 A = 0.30 \times \frac{1.2}{2} \times \left(\frac{100}{3.6}\right)^2 \times 1.5 \times 2 = 416.6[\mathrm{N}]$$

[예제 1-53]

날개 폭 15m, 익현 길이 2.8m인 비행기가 영각 17°, 450km/h 속도로 비행하고 있다. 이때의 양력, 항력, 합성력 및 비행에 필요한 동력은 얼마인가? 공기 밀도는 1.25kg/m^{3}로 한다.

[풀이]

$v = \frac{450}{3.6} = 125[\mathrm{m/s}]$, S=15×2.8=42[m^2], 그림 1-74에서, C_L=1.5, ρ=1.25[kg/m^3]를 식(1-81)에 대입하면

$$L = C_L \cdot \frac{\rho}{2} v^2 S = 1.5 \times \frac{1.25}{2} \times 125^2 \times 42 = 6.15 \times 10^5[\mathrm{N}] = 615[\mathrm{kN}]$$

또한, 그림 1-75에서 C_D=0.15라고 하면, 날개의 경우 $A=S=42[m^2]$로 해도 좋다. 따라서, 식(1-80)에서

$$D = C_D \frac{\rho}{2} v^2 A = 0.15 \times \frac{1.25}{2} \times 125^2 \times 42 = 6.15 \times 10^4 [N] = 61.5[kN]$$

합성력 R을 구하면

$$R = \sqrt{L^2 + D^2} = \sqrt{615^2 + 61.5^2} = 618[kN]$$

또, 식(1-82)에서

$$P = Dv = 61.5 \times 10^3 \times 125 = 7687 \times 10^3 [W] = 7687[kW]$$

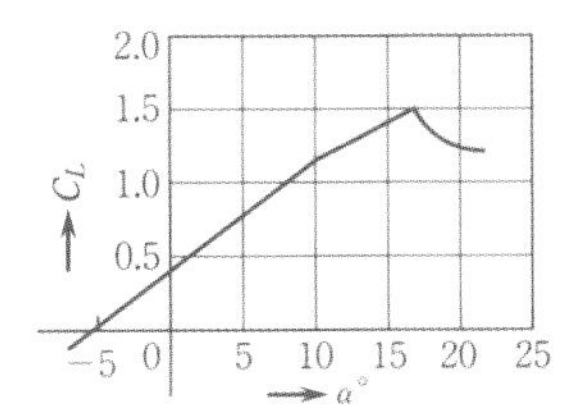

|그림 1-74| 영각과 양력계수

|그림 1-75| 영각과 항력계수

문제 1-49 날개 폭 11.76m, 익현 길이 4.187m의 날개를 가진 비행기가 영각 1.5°, 450km/h 속도로 비행하고 있다. 이때의 양력, 항력, 합성력 및 비행에 필요한 동력을 구하여라. 공기의 밀도는 1.25kg/m³로 한다.

문제 1-50 일반 승용차가 75km/h 속도로 평탄한 고속도로를 주행할 때의 공기 저항력을 구하여라. 전면 투영 면적 2m², 공기저항계수를0.35, 공기의 밀도 1.225kg/m³로 한다.

4 캐비테이션

프로펠러 등의 회전 날개가 액체 속에 있을 때 날개의 윗면은 아랫면에 비해 압력이 낮다. 그 압력이 국부적으로 물의 포화 증기압까지 낮아지면 액체에 용해되어 있던 공기 등의 기체가 기포로 되어 분해된다. 그리고 하류의 압력이 높은 곳에서 기포가 터지면서 국부적으로 고압이 되어 진동을 일으키거나 재료를 손상시키기도 한다. 이 현상을 캐비테이션(cavitation) 또는 공동 현상이라고 한다. 상세한 것은 2장 2-2절의 '원심 펌프'에서 설명하기로 한다.

제 2 장

펌프

원동기(모터 등)로부터 기계적 에너지를 받아서 유체에 압력을 가해 송출(토출)하는 기계를 펌프라고 한다.

2-1 펌프의 개요

1 우리들의 생활과 펌프

물은 우리들의 일상생활에서 필수적인 물질이다. 본래 펌프는 낮은 곳에서 높은 곳으로 물을 퍼 올리는 도구로 발달해 왔다. 처음에는 가장 원시적인 방법을 사용하던 양수 방법도 점차 간단한 기계를 도입하거나 자연의 원리를 응용하게 되면서 펌프가 발명되었다. 펌프는 원동기의 등장과 함께 급속히 발달하여 지금은 매우 높은 곳까지도 양수시킬 수 있게 되었다.

2 펌프의 분류

펌프는 유체 수송 기계로서 예로부터 여러 종류가 사용되고 있다. 일반적인 작동 원리에 따라 분류하면 그림 2-1과 같다.

(1) 터보형 펌프

임펠러(impeller)를 케이싱(casing) 내에서 회전시켜 액체에 에너지를 전달하는 기계를 터보형 펌프(turbo type)라고 한다. 다음과 같이 세 가지로 분류한다.

① 원심 펌프

임펠러의 원심력으로 액체에 속도에너지를 전달하는 펌프(centrifugal pump). 비속도(비교 회전도) n_s[*1]는 약 100~700의 범위이다. 임펠러에서 나온 액체의 속도에너지를 압력에너지

*1 본장 2-2절의 9항을 참조(126페이지)

로 변환하는 방법 중에서 와권 케이싱을 이용하는 펌프를 볼류트 펌프(volute pump), 안내 날개를 이용하는 펌프를 디퓨저 펌프(diffuser pump)라고 한다.

② 사류 펌프

임펠러의 원심력 및 날개의 양력으로 액체에 압력에너지와 속도에너지를 전달하는 펌프(diagonal flow pump). 비속도 n_s는 약 350~1350의 범위이다. 임펠러에서 나온 액체의 속도에너지를 압력에너지로 변환하는 방법은 안내 날개(가이드 베인: guide vane)에 의한 것이 일반적이지만, 와권 케이싱에 의한 것을 와권형 사류 펌프라고 한다.

③ 축류 펌프

날개의 양력으로 액체에 압력에너지와 속도에너지를 전달하고, 안내 날개로 속도에너지를 압력에너지로 변환하는 펌프(axial flow pump). 비속도 n_s는 약 1000~2500의 범위이다.

산업용으로서도 가장 많이 사용되는 터보형 펌프를 임펠러의 형상, 케이싱의 구조, 단수, 주축의 배치, 흡입구 및 송출구(토출구) 등에 따라 크게 나누면, 그림 2-2와 같다.

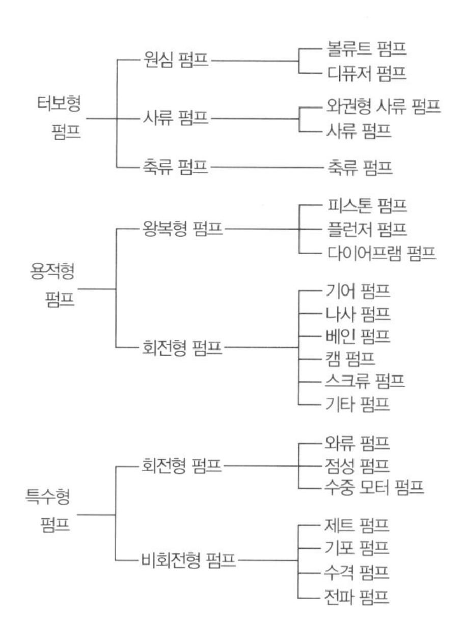

|그림 2-1| 양수 원리에 의한 펌프의 분석

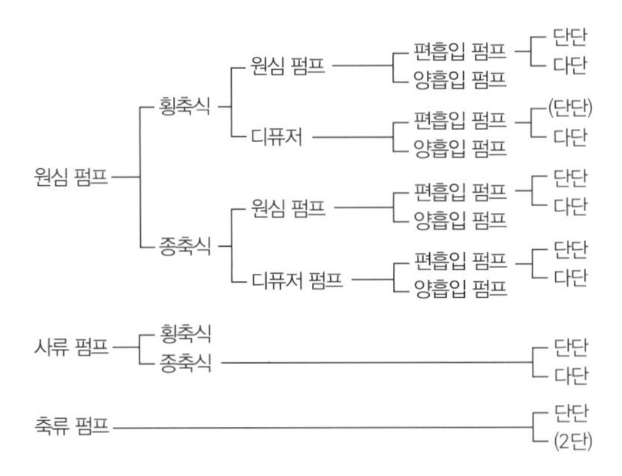

|그림 2-2| 터보형 펌프 형식에 의한 분류

(2) 용적형 펌프

피스톤, 플런저, 로터 등이 왕복 운동이나 회전 운동을 하면서 액체를 송출하는 펌프(positive displacement pump). 다음의 두 가지로 크게 나뉜다.

① 왕복 펌프

피스톤의 왕복 운동에 의해 액체를 송출하는 펌프.

② 회전 펌프

스크류, 기어, 편심 로터 등의 회전 운동에 의해 액체를 송출하는 펌프.

용적형 펌프는 터보형 펌프와 달리 간헐적으로 액체를 배출하기 때문에 압력의 맥동이 동반될 수 있으며, 이로 인해 발생하는 진동 문제에 주의할 필요가 있다.

(3) 특수형 펌프

터보형 및 용적형 펌프와는 작동 원리가 다른 펌프. 제트 펌프, 기포 펌프(air lift pump) 등이 있으며, 각각 독자적인 특성을 가지고 있다.

이상으로 펌프의 분류에 대해서 간단히 정리하였는데, 이 장에서는 가장 잘 알려졌고 일반적으로 사용되고 있는 원심 펌프(볼류트 펌프)를 중심으로 설명하겠다.

3 펌프의 전양정

펌프가 운전을 시작하면 흡입관로, 토출관로, 관로 출구 등에서 여러 가지 에너지 손실이 발생한다. 그림 2–3은 펌프의 양정을 나타낸 것이다.

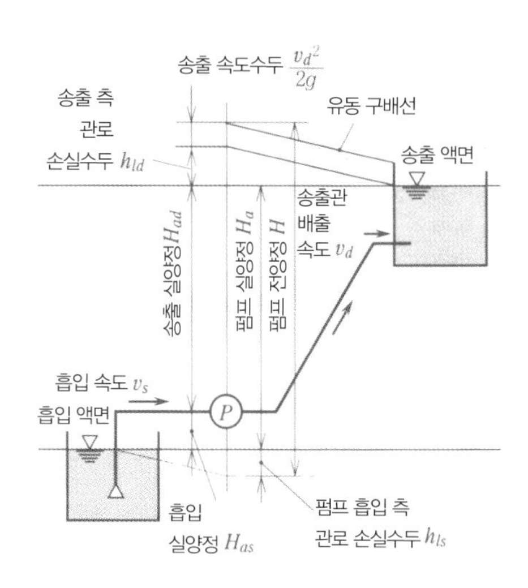

|그림 2–3| 펌프의 전양정(에바라제작소)

여기에서는 원심 펌프를 예로 하여 펌프의 전양정을 구해본다. 펌프의 전양정 H는 다음 식으로 구한다.

$$H = H_a + h_{ls} + h_{ld} + \frac{v_d^2}{2g} \tag{2-1}$$

여기서, H : 펌프 전양정 [m], H_a : 펌프 실양정 [m], h_{ls} : 펌프 흡입 측 관로 손실수두 [m], h_{ld} : 펌프 송출 측 관로 손실수두 [m], $v_d^2/2g$: 송출 속도수두 [m], v_d : 송출관 배출 속도[m/s], g : 중력가속도[m/s^2].

송출 속도수두 $v_d^2/2g$는 송출 수조 안으로 유입될 때의 수두로, 잔류 속도수두라고도 한다. 이 값은 전양정에 비해 작으므로 실무에서는 무시해도 문제는 없다. 흡입 실양정 H_{as}는 펌프 중심에서 흡입 액면까지의 높이, 송출 실양정 H_{ad}는 펌프 중심에서 송출 액면까지의 높이를 말한다. 흡입 측 관로 손실수두 h_{ls}는 흡입관 측에서 발생하는 관로 저항을, 송출 측 관로 손실수두 h_{ld}는 송출관 측에서 발생하는 관로 저항을 나타낸다.

4 펌프 동력과 효율

펌프를 구동하는 원동력이 되는 출력은 주어진 펌프의 사양에 따라 결정되는 수동력과 펌프 및 동력 전달 장치의 효율에 따라 결정된다.

(1) 수동력과 축동력

펌프로 양수할 때의 이론 동력을 수동력(water horse power)이라 하며, 펌프에 의해 단위 시간당 액체에 가해지는 유효에너지이다. 이것은 다음과 같은 식으로 나타낸다.

$$P_\omega = \frac{\rho g Q H}{60 \times 1000} \tag{2-2}$$

여기서, P_ω : 수동력 [kW], ρ : 액체의 밀도 [kg/m^3], Q : 송출량 [m^3/min], H : 전양정 [m].

식(2–2)에서 물의 경우 ρ=1000[kg/m^3], g=9.8[m/s^2]이라고 하면

$$P_\omega = 0.163QH \tag{2-3}$$

다음으로, 펌프에서 실제로 필요로 하는 동력을 축동력(shaft horse power, brake horse power)이라고 한다. 축동력은 수동력보다 펌프에서 발생하는 손실 동력만큼 크다. 따라서 축동력 P_s[kW]는 η를 펌프 효율이라고 하면, 물의 경우

$$P_S = \frac{0.163QH}{\eta} \tag{2-4}$$

펌프 효율은 펌프의 종류, 형식, 용량 등에 따라 다르지만 소형에서 40~60%, 중형 60~70%, 대형 75~80%이다. KS B 7505에서는 소형 원심 펌프, 소형 다단 펌프, 양흡입 원심 펌프의 기준값을 그림 2–4와 같이 정하고 있다.

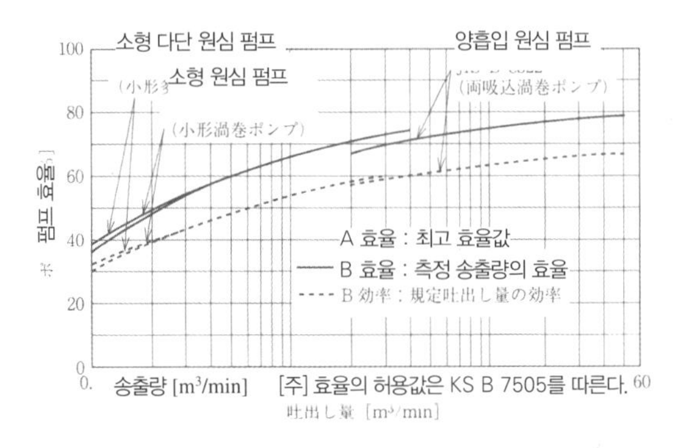

|그림 2–4| 펌프 효율(KS B 6301, KS B 7505 참조)

송출량 [m³/min]	0.08	0.1	0.15	0.2	0.3	0.4	0.5	0.6	0.8	1.0	1.5	2	3	4	5	6	8	10	15
A 효율[%]	32	37	44	48	53.5	57	59	60.5	63.5	65.5	68.5	70.5	73	74	74.5	75	75.5	76	76.5
B 효율[%]	26	30.5	36	39.5	44	46.5	48.5	49.5	52	53.5	56	58	60	60.5	61	61.5	62	62.5	63

A 효율: 펌프 특성 곡선이 나타내는 최고 효율로, 이것보다 이하에서는 KS 규격의 펌프로서 인정되지 않는 값.
B 효율: 펌프 사양 송출량에서의 최저 효율. 사양을 결정할 때는 이 값으로 하면 된다.

(2) 원동기 출력

감속기 등을 사용할 때에는 축동력을 다시 감속기 효율로 나누고 여유율을 반영하여 다음 식으로 원동기 출력을 구한다.

$$P = \frac{P_s(1+\alpha)}{\eta_g} \tag{2-5}$$

여기서, P : 원동기 출력 [kW], P_s : 펌프 축동력 [kW], η_g : 감속기 효율(평행축, 직교축 기어 1단에서 0.96, 2단에서 0.94, 유성 기어에서 0.97), α : 여유율(원심 펌프, 사류 펌프에서 0.1~0.2, 축류 펌프에서 0.15~0.25).

(3) 펌프 효율

펌프 효율 η과 수력 효율 η_h, 체적 효율 η_v, 기계 효율 η_m의 사이에는 다음과 같은 관계가 성립한다.

$$\eta = \eta_h \cdot \eta_v \cdot \eta_m \tag{2-6}$$

여기서, η_h : 수력 효율(유체 사이의 마찰, 유체와 관 벽면의 마찰 등에 의한 에너지 손실), η_v : 체적 효율(관로를 흐르는 유체의 접촉에 의한 에너지 손실), η_m : 기계 효율(베어링, 패킹류, 축과의 마찰 등에 의한 에너지 손실).

(4) 펌프의 회전 속도

이것은 펌프가 소정의 송출량(양수량) 양정을 얻기 위해 필요한 분당 회전수이다. 구동 원동기로서 모터를 사용한다고 하면 주파수 f[Hz], 극수 P[극]과 동기 회전 속도 n[rpm]의 사이에는 다음의 관계가 성립한다.

$$n = \frac{120f}{P} \tag{2-7}$$

실제 회전 속도 n'[rpm]은 전동기가 기동할 때 2~5% 정도의 미끄럼(slip)이 발생하여 s값만큼 감소한다.

$$n' = n(1-s) \tag{2-8}$$

|표 2-1| 모터의 동기 회전 속도

극수	50[Hz]	60[Hz]
2	3000	3600
4	1500	1800
6	1000	1200
8	750	900

[예제 2-1]

양정 25m, 송출량 0.72m³/min, 펌프 효율 65%의 원심 펌프에서 필요한 축동력은 얼마인가? 물의 밀도는 1000kg/m³로 하고 관로의 손실은 무시한다.

[풀이]

Q=0.72[m³/min], H=25[m], η=0.65를 식(2-4)에 대입하면,

$$P_s = \frac{0.163QH}{\eta} = \frac{0.163 \times 0.72 \times 25}{0.65} = 4.51[\text{kW}]$$

[예제 2-2]

세로 8m, 가로 4.5m, 높이 6m의 수조에 물이 가득 차 있다. 이 수조의 2/3만큼 물을 펌프를 사용해서 120m 높이까지 1시간 20분 동안 양수하려고 한다. 펌프의 축동력은 얼마인가? 펌프 효율을 80%로 하고 관로의 손실은 무시한다.

[풀이]

수조 내 물의 체적은 8×4.5×6×2/3=144[m³]. 이것을 1시간 20분(80분) 동안 양수하는 것이므로 송출량(유량)은 $Q = \frac{144}{80} = 1.8[\text{m}^3/\text{min}]$ 이다.

H=120[m], η=0.8을 식(2-4)에 대입하면

$$P_s = \frac{0.163QH}{n} = \frac{0.163 \times 1.8 \times 120}{0.8} = 44[\text{kW}]$$

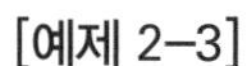

[예제 2-3]

내경 380mm, 길이 720m의 관로를 따라 $16.5m^3/min$의 물을 40m 높이로 퍼 올리려고 한다. 이때의 축동력을 구하여라. 펌프 효율은 80%, 관마찰계수는 0.028로 한다.

[풀이]

펌프의 배출 속도 $v_d = \dfrac{Q}{A} = \dfrac{Q}{\dfrac{\pi}{4}d^2} = \dfrac{\left(\dfrac{16.5}{60}\right)}{\dfrac{\pi}{4}\times(380\times10^{-3})^2} = 2.43[m/s]$

직관의 마찰 손실수두는 식(1-67)로부터

$$h_l = \lambda\frac{l}{d}\cdot\frac{v_d^2}{2g} = 0.028\times\frac{720}{380\times10^{-3}}\times\frac{2.43^2}{2\times9.8} = 16[m]$$

송출 속도수두 $\dfrac{v_d^2}{2g} = \dfrac{2.43^2}{2\times9.8} = 0.3[m]$

따라서, 식(2-4)에서

$$P_s = \frac{0.163QH}{\eta} = \frac{0.163\times16.5\times(40+16+0.3)}{0.8} = 189.3[kW]$$

문제 2-1 전양정 12m, 송출량 $2.2m^3/min$일 때, 축동력 5.5kW가 소요되었다. 펌프 효율을 구하여라.

문제 2-2 내경 100mm, 길이 10m의 관로로 유량 $1m^3/min$의 물을 실양정 5m 지점에 양수하려고 한다. 직관, 곡관을 포함한 전체 손실계수를 25, 펌프 효율을 80%으로 할 때 펌프 축동력을 구하여라.

문제 2-3 지하 7m의 물을 펌프로 지상 35m의 수조까지 매분 $2.4m^3$만큼 퍼 올리려고 한다. 이에 필요한 축동력과 펌프를 운전하는 원동기 출력을 구하여라. 펌프 효율 70%, 감속기 효율 100%(펌프와 원동기는 직결), 여유율 0.2, 관로의 전체 손실수두는 8m로 한다.

2-2 원심 펌프

1 원심 펌프의 양수 원리

비오는 날 우산을 돌리면 회전 운동에 의해 빗물은 멀리 흩날리게 된다. 또한, 육상 경기에서 해머 던지기는 팔의 회전 운동을 이용하여 해머를 멀리 날리는 종목이다. 이러한 회전 운동에 의해서 사물이 중심에서 멀어져가려고 하는 힘을 원심력이라고 한다. 원심 펌프의 송출 작용도 이러한 원심력에 의해 이루어진다.

그림 2-5에 원심 펌프의 양수 원리를 (a)~(d)의 순서로 나타냈다.

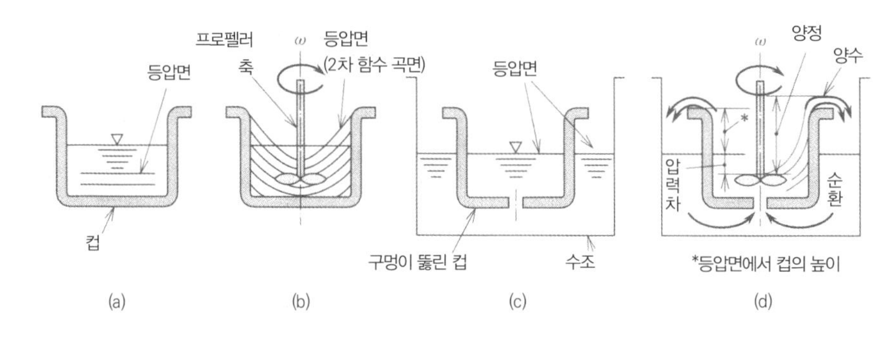

|그림 2-5| 원심 펌프의 양수 원리

(a) 비교적 바닥이 깊은 컵에 물을 넣는다. 수면은 대기와 접촉하고 있다.

(b) 날개가 달린 축(프로펠러 축)을 컵 중심에 수직으로 두고 회전하면 물도 동시에 회전하고, 수면은 중심에서 가장 낮으며, 컵 주위에서 높아지면서 2차 함수 곡면을 그린다. 이것은 회전에 의해 생긴 원심력 때문에 물이 밖으로 밀려 나와 중심 압력이 내려가고 바깥쪽의 압력이 올라가기 때문이다.

(c) 수조에 물을 넣고 그 안에 바닥에 구멍이 뚫린 컵을 넣는다. 수조와 컵의 수위는 같다.

(d) 컵의 중심에 둔 프로펠러 축을 돌리면, (b)와 마찬가지로 수면은 2차 함수 곡면을 그리면서 솟아오르고 물은 컵에서 넘쳐 수조 안으로 떨어진다. 반면 저압이 된 중심은 컵 구멍으로 수조의 물을 빨아들인다. 즉, 양수와 넘치는 물이 흡입되는 순환이 이루어지고, 순환되는 수량은 날개의 지름과 회전 속도에 비례한다.

원심 펌프는 펌프 내에서 원심력이 작용하면 펌프 중심부는 거의 진공 상태가 되고, 수면에는 대기압이 작용하기 때문에 물은 펌프 안으로 밀어 올려진다. 이처럼 원심 펌프는 흡입된 물을 케이싱으로 보내 연속적으로 송출하는 것이다.

또한, 프로펠러를 회전시켜 물을 축 방향으로 흘려보내고, 그 반력으로 양수하는 것을 축류 펌프라고 한다. 이에 대해서는 다음 절에서 설명한다. 그림 2-6은 원심 펌프와 축류 펌프의 흐름 차이를 나타낸 것이다.

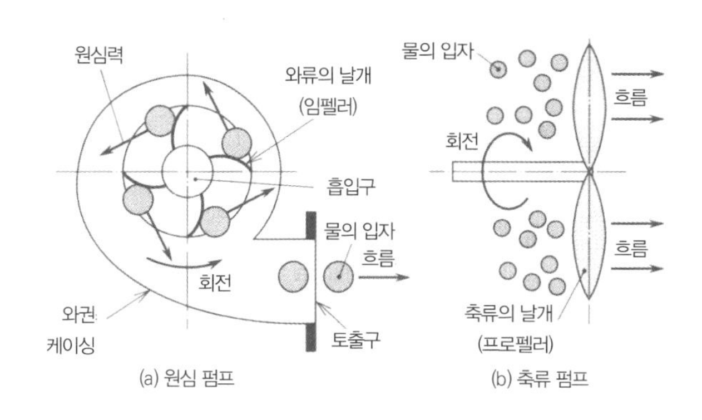

|그림 2-6| 원심력 펌프의 흐름과 축류 펌프의 흐름

2 원심 펌프의 구조

원심 펌프는 케이싱, 임펠러(회전차), 베어링, 케이싱 커버, 베어링 프레임 등으로 구성된다. 케이싱은 와류실이 있으며 이 외에 공기를 빼는 구멍, 드레인 배출 구멍, 마중물용 구멍, 압력을 빼내는 구멍 등이 있다. 임펠러와 케이싱의 접동부(미끄럼 접촉 부분)에는 라이너 링이 설치되고 축봉부에는 그랜드 패킹(gland packing) 또는 미캐니컬 실(mechanical seal)이 이용된다. 이 부품들을 기능별로 나누면 표 2-2와 같이 여섯 가지로 나눌 수 있다.

|표 2-2| 원심 펌프의 구성

<table>
<tr><th rowspan="2">구성명</th><th rowspan="2">기능</th><th colspan="2">구성부품</th></tr>
<tr><th>회전부</th><th>고정부</th></tr>
<tr><td>수력 성능부</td><td>유체에 에너지를 전달하는 부분</td><td>임펠러</td><td>볼류트
디퓨저</td></tr>
<tr><td>압력 용기부</td><td>퍼 올린 액체를 외부와 차단하는 부분</td><td></td><td>케이싱
케이싱 커버</td></tr>
<tr><td rowspan="2">축봉부</td><td rowspan="2">압력 용기와 축 사이의 틈새에서 퍼 올린 액체가 새거나 공기가 침입하는 것을 막기 위한 밀봉 부분</td><td></td><td>그랜드 패킹</td></tr>
<tr><td colspan="2">미캐니컬 실</td></tr>
<tr><td>접동부</td><td>회전부와 고정부가 아주 작은 간격을 두고 슬라이딩하는 부분</td><td>축 슬리브</td><td>라이너 링</td></tr>
<tr><td>동력 전달부</td><td>원동기에서 동력을 펌프 주축으로 전달하는 부분</td><td>주축
축 커플링
키
임펠러 너트
볼베어링</td><td>볼베어링
베어링 메탈
베어링 프레임</td></tr>
<tr><td>그 외 부품</td><td>펌프 운전상 필요한 부분</td><td></td><td>마중물 조임부
O링
공통 베드</td></tr>
</table>

여기에서는 편흡입 원심 펌프 구조(그림2-7)에 대해서 기술한다. 또한, 양흡입 원심 펌프의 구조를 그림 2-8에, 다단 디퓨저 펌프의 구조를 그림 2-9에 나타내었다.

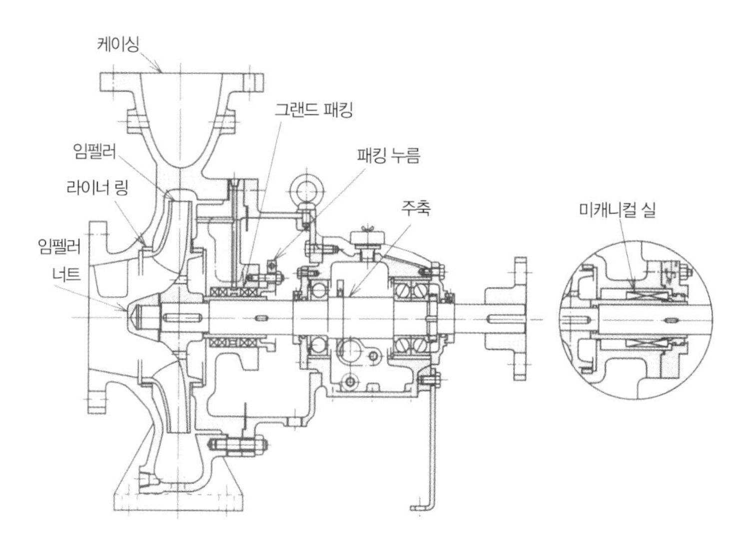

|그림 2-7| 편흡입 원심 펌프의 구조 예(덴교샤기계제작소)

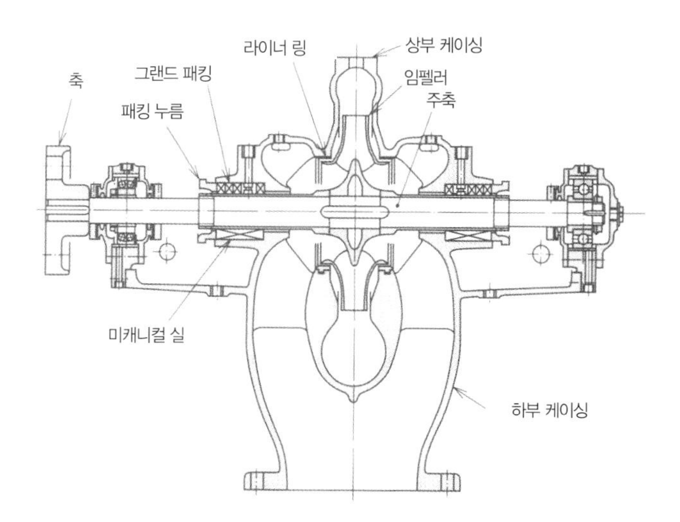

|그림 2-8| 다단 디퓨저 펌프의 구조 예(덴교샤기계제작소)

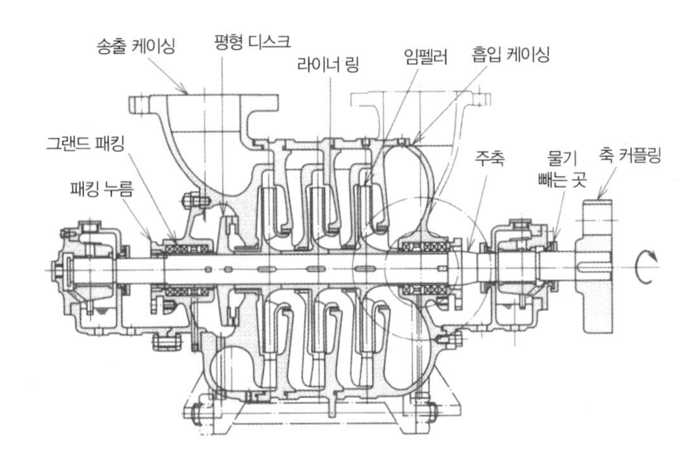

|그림 2-9| 양흡입 원심 펌프의 구조 예(덴교샤기계제작소)

(1) 임펠러

물에 원심력을 주는 핵심적인 부분. 일반적으로 채택되고 있는 임펠러(회전차)에는 밀폐형(closed type)과 반개방형(semi opened type)이 있다. 이것을 비교하면 표 2-3과 같다.

|표 2-3| 밀폐형과 반개방형

	밀폐형	반개방형
형상		
성능	성능이 안정적이며, 효율이 좋음.	밀폐형에 비해 성능의 안정성이 낮음.
막힘	이물질이 있으면 막힘. 맑은 물 전용.	약간의 이물질도 막힘없이 배출 가능함.

밀폐형에는 편 라이너 형식과 양 라이너 형식이 있으며, 양 라이너 형식에는 밸런스 홀이 있다(그림 2-10). 편흡입 원심 펌프는 운전 중에 축 스러스트(축 방향 하중: 케이싱 내부와 흡입구의 압력차로 발생하는 힘, 임펠러를 흡입구 방향으로 누르는 힘)가 임펠러에 작용하므로, 그 힘의 균형을 유지하는 방법의 하나로 밸런스 홀(balance hole)이 설치되어 있다.

압력이 낮은 소형 펌프에서는 축 방향 하중도 작고, 베어링으로 충분히 받을 수 있기 때문에 양 라이너 형식이 채용되고 있다. 압력이 높은 펌프에서는 축 방향 하중이 커져서 베어링으로 모두 지지할 수 없으므로 양 라이너 형식을 채택하여 케이싱 내에서 힘의 평형을 유지하고 있다. 또한, 축 방향 하중의 밸런스를 유지하는 방법으로서 밸런스 디스크 시트를 이용한 것과 양흡입 원심 펌프와 같이 임펠러의 배열을 바꾼 것도 있다.

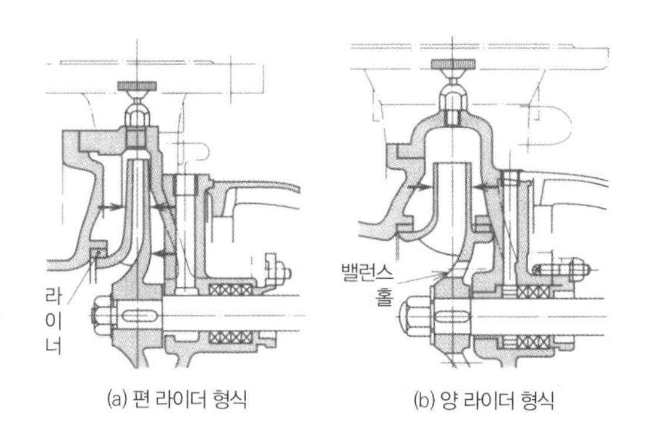

(a) 편 라이더 형식　　(b) 양 라이더 형식

|그림 2-10| 밀폐형의 형태(에바라제작소)

(2) 케이싱

임펠러에서 발생한 원심력을 유효하게 압력에너지로 바꾸는 부분. 그림 2-11에 나타낸 것과 같이 싱글 볼류트와 더블 볼류트가 있다.

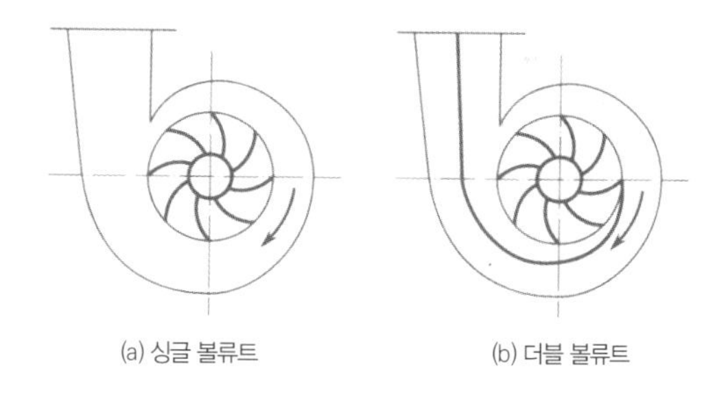

(a) 싱글 볼류트　　(b) 더블 볼류트

|그림 2-11| 원심 펌프의 케이싱

원심 펌프는 운전 중에 케이싱 내에서 흐름의 요동에 의한 레이디얼 스러스트(축에 직각 방향으로 작용하는 힘)가 작용한다. 단단 펌프에서는 이 레이디얼 스러스트가 작고, 베어링으로 충분히 지지할 수 있으므로 싱글 볼류트가 채택된다. 다단 펌프에서는 단수에 비례하여 레이디얼 스러스트가 커지므로 더블 볼류트가 채택된다.

더블 볼류트 케이싱은 케이싱 내부를 2개의 동일한 볼류트로 분할하여 180° 떨어진 위치에 배열한 것이다. 좌우 대칭이기 때문에 볼류트 내에서 발생한 하중은 서로 상쇄된다.

(3) 디퓨저

반경류형 다단 펌프에서는 임펠러의 바깥 둘레에 설치한 몇 개의 디퓨저(가이드 베인, 안내 날개라고도 한다)에 의해 유동 에너지로 변환한다. 사류 펌프 또는 축류 펌프와 같은 볼(bowl) 케이싱의 펌프는 날개 뒤쪽에 설치된 디퓨저에 의해 유동 에너지를 변환하는 디퓨저 펌프가 있다[그림 2-12 (b)].

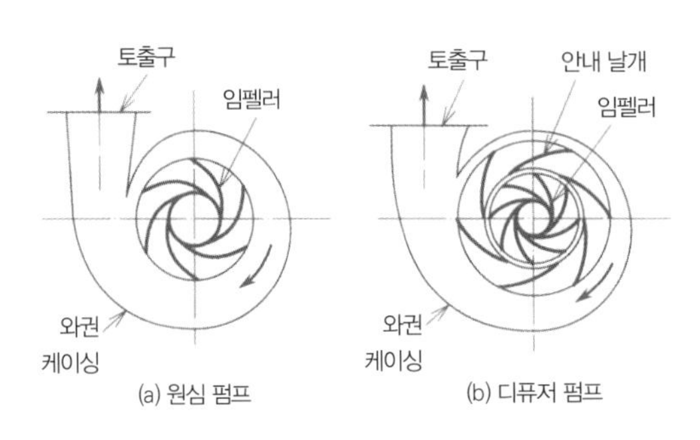

|그림 2-12| 원심 펌프 케이싱 내에서의 유동

(4) 주축

원동기의 회전을 임펠러에 전달하는 부분. 주축에는 복잡한 힘이 작용하므로 이러한 영향을 충분히 고려하여 설계된다. 재질은 스테인리스강이나 탄소강이 일반적이다.

(5) 베어링

주축이나 임펠러의 하중, 운전 중에 발생하는 힘을 받는 부분. 일반적으로 볼베어링이 사용된다. 특히 최근에는 윤활용 그리스를 봉입하여 급유의 수고를 덜은 밀봉형 볼베어링이 사용되고 있다.

(6) 라이너

링 케이싱의 임펠러 입구부에 설치되어 있다. 임펠러와의 사이에 약간의 틈새를 유지하여 고정되면서, 토출 측에서의 압력수가 흡입부로 새는 것을 최소화한다.

(7) 축봉 장치

주축이 케이싱을 관통하는 곳에 장치되어 케이싱 내의 압력수가 외부로 새는 것을 방지한다. 축봉 장치(그림 2-13)에는 다음과 같이 두 가지가 있다.

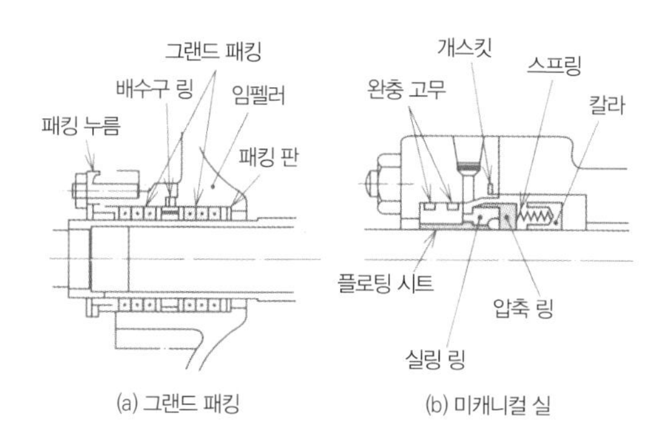

|그림 2-13| 축봉 장치(에바라제작소)

① 그랜드 패킹

재질은 석면에 유지나 흑연을 스며들게 한 것이 일반적이며 주축과의 마찰을 충분히 견딜 수 있는 것이 사용된다.

② 미캐니컬 실

회전면과 고정면을 축에 직각 방향으로 마주보게 하여 접촉시킨 것. 진동 등에 의해 양쪽이 떨어지지 않도록 회전면을 날개로 밀어 붙이고 있다. 미캐니컬 실은 압력수의 누출을 완전하게 방지할 수 있고, 축이 마모되지 않아 운전 중에 조정이 필요 없는 등의 장점이 있다.

(8) 축 커플링

펌프 주축과 원동기(모터) 축을 연결하는 부분. 펌프, 모터 축 끝에 장착되어, 이음매 볼트를 통해 모터 회전을 펌프에 전달한다. 펌프의 구동 방법에는 이와 같은 모터 직결형 외에 모터 축에 직접 펌프의 임펠러를 설치하여 펌프와 모터를 일체화시킨 모터 일체형이 있다.

(9) 퍼어즈 밸브(물 깔대기)

펌프를 운전하기 전에는 펌프와 흡입관 내를 만수 상태로 만든다. 이를 마중물이라고 한다. 내부가 빈 상태라면 임펠러를 회전시켜도 원심력이나 진공이 발생하지 않는다. 따라서, 퍼어즈 밸브(purge valve)를 열어 펌프 및 흡입관 내의 공기를 빼면서 물 깔대기로 마중물을 넣어 만수 상태로 한다.

3 축 스러스트

(1) 축 스러스트 발생

그림 2-14에 나타낸 바와 같이 양수 중인 임펠러는 입구 부분에 흡입 압력, 출구부에 송출 압력이 작용한다. 여기서, 송출 압력수는 봉수부, 라이너 링을 통해 임펠러 입구부로 다시 돌아간다. 이 봉수부에 상당하는 면적($A_1 - A_2$)에 대해 임펠러의 전면 슈라우드(front shroud)와 후면 슈라우드(back shroud)의 정압 차이로 배압이 가해지면서 임펠러 입구를 향해 축 방향으로 일정한 힘 T가 발생한다. 이것을 축 스러스트(축 추력: axial thrust force)라고 한다. 축 스러스트는 다음 식으로 구한다.

$$\left.\begin{aligned} T &= (A_1 - A_2)\rho g H_L \\ H_L &= H \times 0.75 \end{aligned}\right\} \qquad (2-9)$$

여기서, H : 전양정 [m], A_1 : 라이너 링보다도 안쪽의 면적 [m^2], A_2 : 주축의 단면적 [m^2].

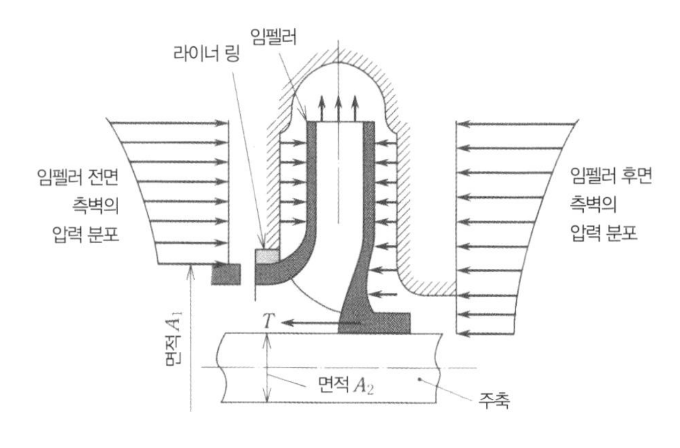

|그림 2-14| 축 스러스트의 발생

(2) 축 스러스트의 밸런스 잡는 방법

다음과 같은 다섯 가지 방법이 채택되고 있다.

① 양흡입형

임펠러의 방향 배열을 바꿔 축 스러스트를 제거하는 방법(그림 2-15). 양흡입 원심 펌프에 적용된다. 순간적으로 축 스러스트의 변동이 발생하기 때문에 스러스트 베어링이 필요하다.

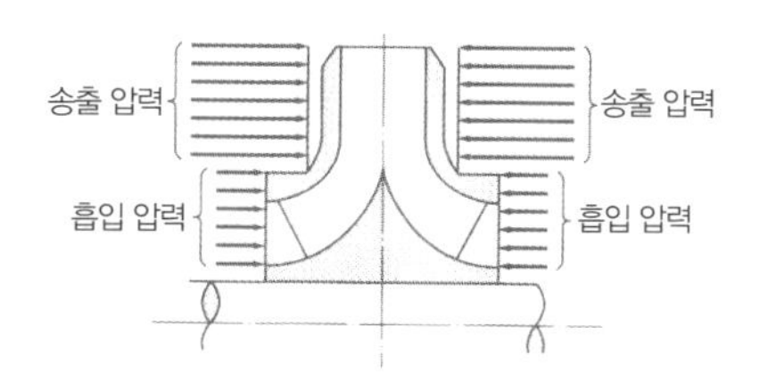

|그림 2-15| 양흡입형 임펠러의 축 추력 평형(에바라제작소)

② 밸런스 홀

라이너 링 안쪽의 면적 A_1에 해당하는 면적 A_2가 되도록 임펠러의 후면 측벽에 라이너 링을 설치하여 밸런스 홀에 의해 배압과 흡입 압력이 같아지도록 한다(그림 2-16). 소형·중형 원심 펌프에 적용된다.

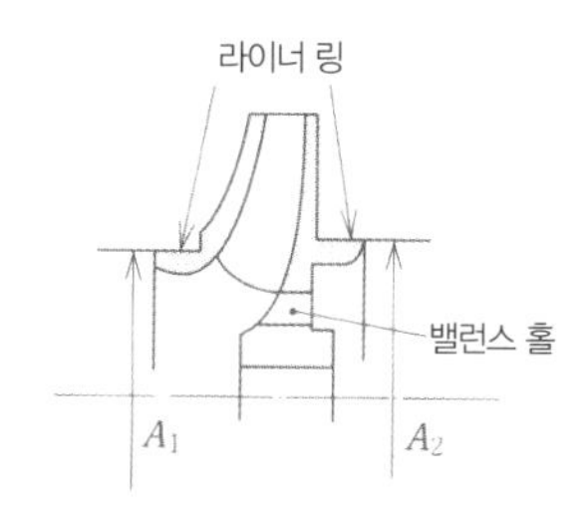

|그림 2-16| 편흡입형 임펠러의 밸런스 홀(에바라제작소)

③ 방사상 리브

임펠러의 후면 슈라우드에 방사 형태로 리브(rib)를 붙이면 임펠러의 회전으로 안쪽 면의 압력이 감소하여 밸런스가 유지된다(그림 2-17). 이물질에 의한 접동부의 마모 발생이 없는 펌프, 개방형 임펠러에 적용한다.

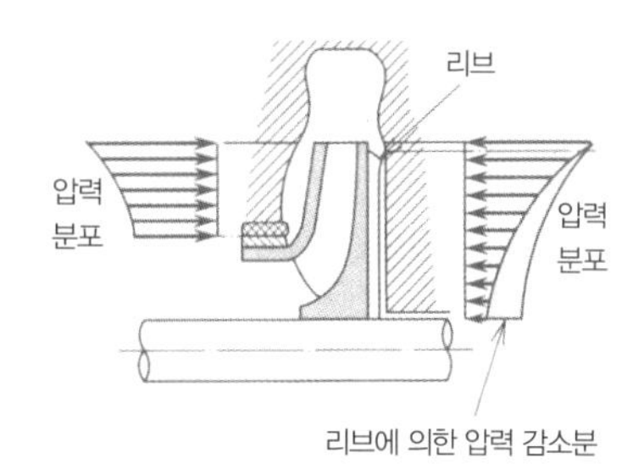

|그림 2-17| 편흡입형 임펠러의 리브(에바라제작소)

④ 다단 펌프의 임펠러 방향 조합

각 단에 양흡입형 임펠러를 사용하는 방법(그림 2-18). 중용량 고압다단 펌프에 적용되지만 동체의 유로 구조가 복잡해진다.

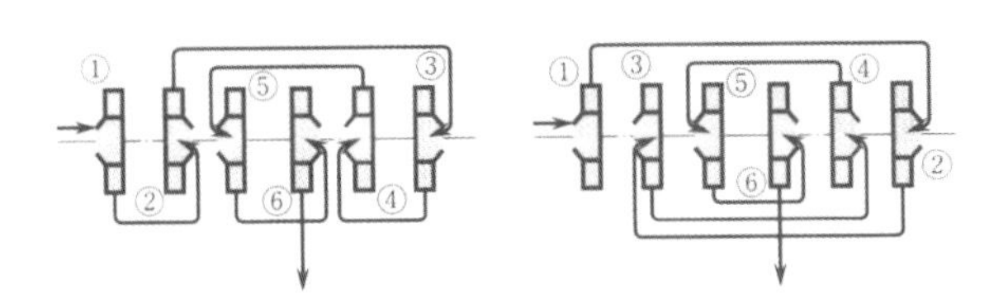

|그림 2-18| 다단 펌프의 임펠러 방향 조합(에바라제작소)

⑤ 밸런스 디스크

밸런스 디스크는 최종단의 임펠러에 인접하여 주축과 일체가 되어 회전하며, 정지부와의 사이에 작은 틈새 a, b를 유지한다(그림 2-19). 밸런스 디스크의 후면부는 배관을 통해 대기 또는 흡입 측에 연결되어 저압 상태로 된다.

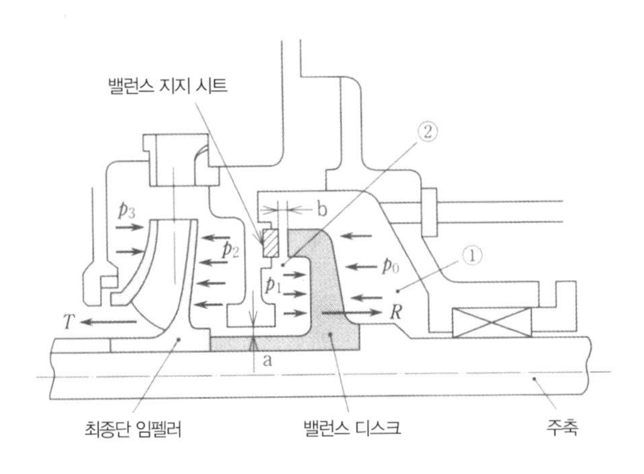

|그림 2-19| 밸런스 디스크

그림 2-19에서 최종단 임펠러의 압력 p_2에 의해서 임펠러에는 축 스러스트 T가 작용하지만, p_2의 압력수는 저압실 ①으로도 흐르기 때문에 p_2는 틈새 a를 흐르는 사이에 감압되고, 공간 ②에서는 압력 p_1이 된다. 또한, 틈새 b를 흐르면서 더욱 감압되어, 저압실 ①에서는 압력 p_0로 낮아진다.

따라서, 밸런스 디스크에는 압력차 p_1-p_0에 의해 오른쪽 방향으로 반발력 R이 발생하면서 주축이 이동하여 $R=T$가 되는 위치에서 밸런스가 유지된다. $T>R$ 상태가 되면 밸런스 디스크는 왼쪽으로 이동하기 때문에 틈새 b는 더욱 작아지고 p_1이 상승하여 반발력 R이 증가하면

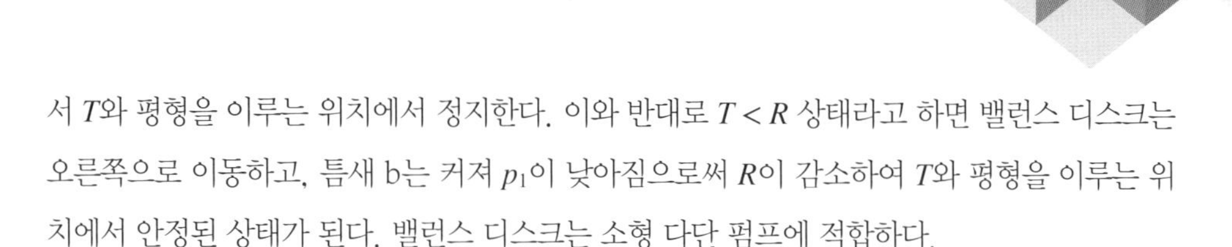

서 T와 평형을 이루는 위치에서 정지한다. 이와 반대로 $T < R$ 상태라고 하면 밸런스 디스크는 오른쪽으로 이동하고, 틈새 b는 커져 p_1이 낮아짐으로써 R이 감소하여 T와 평형을 이루는 위치에서 안정된 상태가 된다. 밸런스 디스크는 소형 다단 펌프에 적합하다.

4 원심 펌프의 재료

펌프의 재료는 주로 펌프가 취급하는 액체의 질(수질)과 압력에 의해 결정된다. 액체의 질을 크게 나누면 맑은 물(빗물, 하천수, 수도원수, 정화수), 오수(하수), 해수, 특수액(슬러리액, 강산·강알칼리액, 고온액, 극저온액) 등으로 구분된다. 따라서, 액체와 접하는 부분의 재료도 다양한 종류가 쓰인다. 일반적으로 맑은 물을 취급하는 편흡입 원심 펌프의 경우는 KS에서 규정된 각 부품의 재료 표(2-4), 또는 그 이상의 고품질 재료를 사용하는 것으로 하고 있다.

|표 2-4| 맑은 물을 취급하는 펌프의 재료(예시)

부품명	재료
펌프 재료	FC 150(회주철)
임펠러	BC 6(청동 주물), FC 150, SUS 304(냉간 압연 스테인리스 강판)
베어링	FC 150
주축	S 30 C (기계구조용 탄소강재) SUS 403 (스테인레스 강봉)
키	S 45 C, SUS 403
라이너 링	BC 6, YB_SC 2(황동 주물), FC 150
임펠러 너트	BC 6, YB_SC 2, SUS 403 C 3604 B(동합금봉) SS 400(일반 구조용 압연 강재)
패킹 너트	BC 6, YB_SC 2, SUS 403
패킹 너트 볼트 너트	C 3604 B, YB_SC 2, SUS 403
마중물 깔대기	FC 150, SS 400, 합성수지

코크류	BC 6, YBsC 2, C 3604 B
공통 베드	FC 150, SS 400
축 커플링	FC 200

5 원심 펌프 임펠러의 작용

그림 2-20은 임펠러 입구와 출구의 속도선도(속도 삼각형)이다.

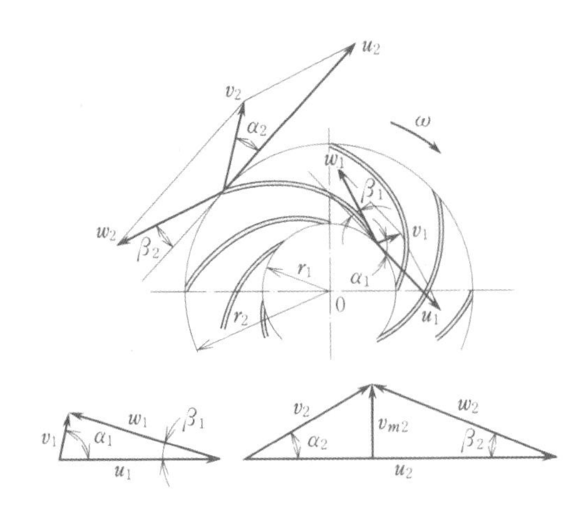

|그림 2-20| 임펠러 입구와 출구의 속도 삼각형

임펠러 입구와 출구의 주속도를 u_1, u_2[m/s], 물의 절대 속도를 v_1, v_2[m/s], 상대 속도를 w_1, w_2[m/s], 반경을 r_1, r_2[m], 입구와 출구와의 물의 유입 · 유출 각도를 α_1, α_2, 입구와 출구와의 날개 각도를 β_1, β_2, ρ를 유체의 밀도 [kg/m^3], Q를 송출량 [m^3/s]이라고 하면 유체가 갖는 임펠러의 유입 직전과 유출 직후의 단위 시간당 각 운동량의 차이는 임펠러가 유체에 주는 토크 T[N·m] = [J]와 같다.

$$T = \rho Q\left(r_z v_2 \cos\alpha_2 - r_1 v_1 \cos\alpha_1\right) \qquad (2-10)$$

v, u, w는 벡터 삼각형을 형성하므로 속도 삼각형이라고 한다. 임펠러가 초당 한 일(동력) L[J/s]=[W]은 다음 식에 따라 주어진다.

$$L = T\omega = \rho\omega Q\ (r_2 v_2 \cos\alpha_2 - r_1 v_1 \cos\alpha_1)$$

$u_1 = r_1\omega,\ u_2 = r_2\omega$ 이므로

$$L = \rho Q(u_2 v_2 \cos\alpha_2 - u_1 v_1 \cos\alpha_1) \tag{2-11}$$

손실이 없는 이상적인 펌프의 전양정(이론양정)을 H_{th}[m]이라고 하면 발생하는 동력은 $L=\rho gQH_{th}$이다. 이것과 식(2-11)이 같다고 하면, 다음 식이 구해진다.

$$H_{th} = \frac{(u_2 v_2 \cos\alpha_2 - u_1 v_1 \cos\alpha_1)}{g} \tag{2-12}$$

식(2-12)를 오일러 수두 또는 펌프의 기초식이라고 한다. 식(2-12)에서 $\alpha_1=90°$, 즉 $\cos\alpha_1=0$일 때, 양정은 최대가 된다. 이것을 H_{max}[m]으로 하면

$$H_{max} = \frac{u_2 v_2 \cos\alpha_2}{g} \tag{2-13}$$

또한, 속도 삼각형(그림 2-20)에서 $v_2\cos\alpha_2=u_2-w_2\cos\beta_2$이므로, H_{max}는 다음 식이 된다.

$$H_{max} = \frac{u_2(u_2 - w_2 \cos\beta_2)}{g} \tag{2-14}$$

[예제 2-4]

출구 지름 420mm, 출구 유출각 25°의 임펠러를 편흡입 원심 펌프가 각속도 180rad/s, 임펠러 출구의 상대 속도 12m/s로 8.4m³/min의 물을 토출하고 있다. 유입각이 90°일 때 최대 이론 양정을 구하여라.

[풀이]

회전 속도 n[rpm]과 각속도 ω[rad/s]의 사이에는 $\omega = \frac{2\pi n}{60}$의 관계가 있다. 따라서

$$n = \frac{60\omega}{2\pi} = \frac{60\times180}{2\pi} = 1720[\text{rpm}]$$

다음으로 임펠러 출구의 주파수 u_2[m/s]는 임펠러 출구 직경을 D_2[mm]라고 하면

$$u_2 = \frac{\pi D_2 n}{60\times1000} = \frac{\pi\times420\times1720}{60\times1000} = 37.8[\text{m/s}]$$

$w_2=12$[m/s], $\beta_2=25°$를 식(2-14)에 대입하면,

$$H_{max} = \frac{u_2(u_2 - w_2\cos\beta_2)}{g} = \frac{37.8\times(37.8-12\cos25°)}{9.8} = 103.8[\text{m}]$$

6 원심 펌프의 특성

(1) 펌프 특성 곡선

펌프의 특성은 송출량(토출량)을 가로축으로 해서 작성한 양정 곡선, 축동력 곡선, 효율 곡선 등 세 가지로 나타낸다(그림 2-21).

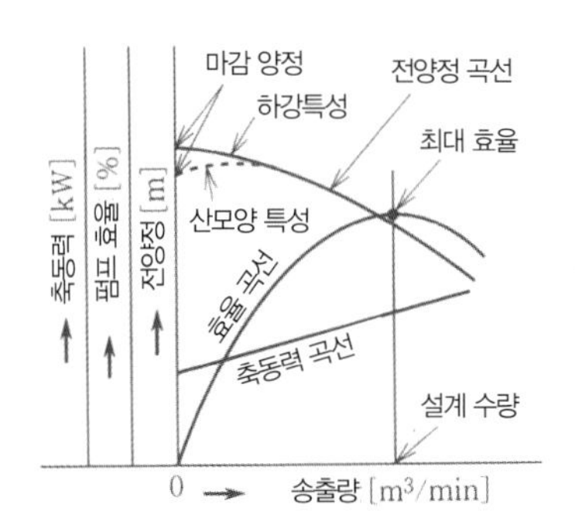

|그림 2-21| 원심 펌프의 특성 곡선(에바라제작소)

또한, 필요에 따라 NPSH 곡선(흡입 성능), 온도 상승 곡선 등을 동시에 표시할 때도 있다.

① 양정 곡선

원심 펌프는 송출량이 변화하면, 전양정도 변화한다. 일반적으로 송출량이 제로일 때의 전양정(마감 양정)이 최대이며 송출량의 증가와 함께 양정은 낮아지는 하강 특성을 나타낸다. 또한, 마감 양정보다 약간 송출량이 증가한 상태에서 전양정이 최대가 되는 산 모양 특성의 것도 있다.

② 동력 곡선

원심 펌프에서는 송출량이 제로일 때의 축동력이 최소로, 송출량의 증가와 함께 축동력이 증가하는 우측 상승 곡선이 된다. 특수한 설계에 의해, 우측 상승의 축동력 곡선이 일정한 값을 넘지 않고 포화 상태로 되는 것을 제한 부하(limit load) 특성이라고 한다. 이것은 어떠한 송출량의 운전에서도 모터의 과부하가 발생하지 않는다.

③ 효율 곡선

펌프의 효율은 각 송출량의 축동력에 대한 수동력의 비율이며 퍼센트 [%]로 나타낸다.

(2) 회전 속도의 변화에 의한 특성

같은 펌프라도 가변속 모터를 사용하여 펌프의 회전 속도를 변화시키거나 게이트 밸브의 개도를 바꾸어 송출량을 증감시키는 것은 생산 현장이나 펌프 시험에서 흔히 있는 일이다.

변화 전후 상태를 하첨자 1, 2로 나타내면, 회전 속도를 N_1에서 N_2로 바꿀 경우, 송출량 Q[m³/min], 전양정 H[m], 축동력 P[kW]는 다음 식으로 나타낸다(그림 2-22).

$$Q_2 = \frac{N_2}{N_1} \cdot Q_1 \quad H_2 = \left(\frac{N_2}{N_1}\right)^2 \cdot H_1 \quad P_2 = \left(\frac{N_2}{N_1}\right)^3 \cdot P_1 \tag{2-15}$$

(3) 임펠러 외경 변화에 따른 특성

임펠러의 외경이 커지면(임펠러 출구 폭이 일정한 경우), 송출량, 양정도 증가한다. 펌프의 일이 증가하므로 당연히 축동력도 증가한다. 임펠러 외경을 D_1에서 D_2로 바꿀 경우 송출량 Q_2[m³/min], 전양정 H_2[m], P_2[kW]는 다음 식으로 나타난다(그림 2-23).

$$Q_2 = \left(\frac{D_2}{D_1}\right)^2 \cdot Q_1 \quad H_2 = \left(\frac{D_2}{D_1}\right)^2 \cdot H_1 \quad P_2 = \left(\frac{D_2}{D_1}\right)^4 \cdot P_1 \tag{2-16}$$

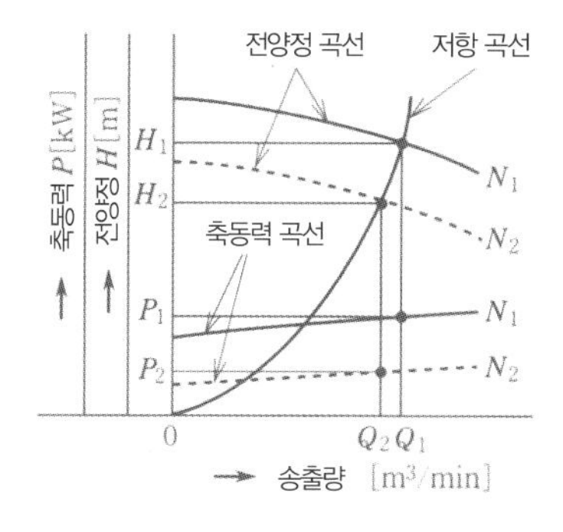

|그림 2-22| 회전 속도 변화에 따른 특성(에바라제작소)

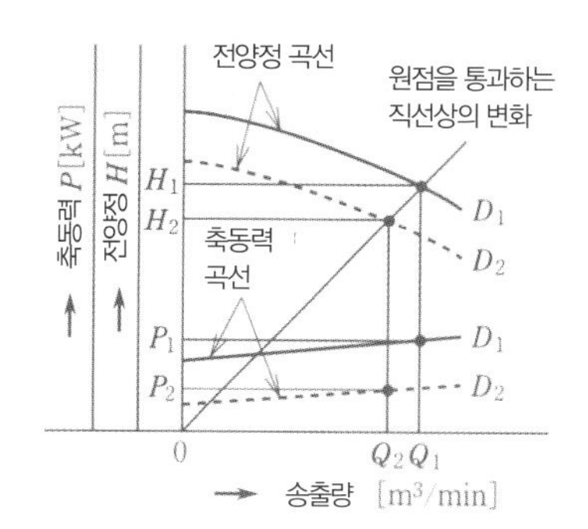

|그림 2-23| 임펠러 외경 변화에 따른 특성(에바라제작소)

(4) 날개깃 매수의 변화에 따른 특성

임펠러의 날개깃(blade) 매수에 따라서도 성능이 변화한다. 다단 원심 펌프의 경우, 양정을 높이기 위해 임펠러의 날개깃 매수를 늘리고, 직렬 배열로 한다. 또한, 양흡입 원심 펌프의 경

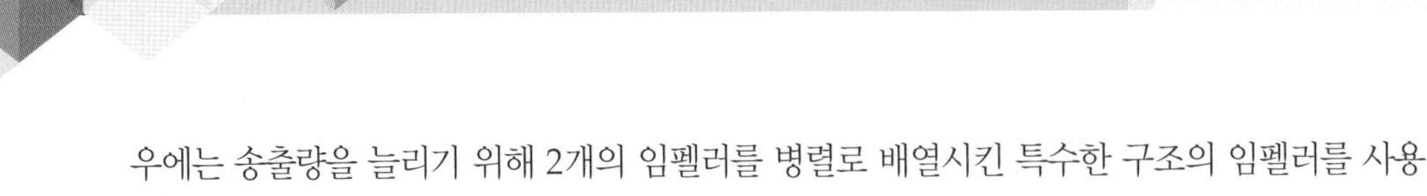

우에는 송출량을 늘리기 위해 2개의 임펠러를 병렬로 배열시킨 특수한 구조의 임펠러를 사용하고 있다.

임펠러의 날개깃 매수를 Z_1에서 Z_2로 바꾼 경우, 임펠러를 직렬로 배열했을 때

$$Q_2 = Q_1 \quad H_2 = \frac{Z_2}{Z_1} \cdot H_1 \quad P_2 = \frac{Z_2}{Z_1} \cdot P_1 \tag{2-17}$$

또한, 임펠러를 병렬로 배열했을 때

$$Q_2 = \frac{Z_2}{Z_1} \cdot Q_1 \quad H_2 = H_1 \quad P_2 = \frac{Z_2}{Z_1} \cdot P_1 \tag{2-18}$$

7 펌프의 운전점

펌프의 운전점이란 펌프의 전양정 곡선과 관로 저항 곡선의 교점을 말한다.

펌프로 물을 송출할 경우, 펌프는 실양정 외에 배관의 유체 마찰 및 밸브류, 기타 기기의 손실을 극복할 수 있는 양정을 내야 한다. 이러한 손실수두는 송수량(관내 유속)의 제곱에 비례하고, 관내경의 5승에 반비례한다.

즉, 식(1−67)에서

$$\left.\begin{aligned} h_l &= \lambda \frac{l}{d} \cdot \frac{v^2}{2g} = \lambda \frac{l}{d} \cdot \frac{Q^2}{\left(\frac{\pi}{4} d^2\right)^2} \cdot \frac{1}{2g} = \lambda \frac{l}{d} \cdot \frac{16Q^2}{\pi^2 d^4} \cdot \frac{1}{2g} \\ &= K \cdot \frac{Q^2}{d^5} \\ K &= \frac{16\lambda l}{2g\pi^2} = \frac{8\lambda l}{g\pi^2} \end{aligned}\right\} \tag{2-19}$$

따라서, 관경을 작게 하면 관로 저항 곡선은 R_1이 R_2가 된다.

설계 송출량 Q를 얻기 위해서는 관로 계통의 손실수두($h_{ls}+h_{ld}$)와 송출 속도 손실수두 $v_d^2/2g$를 반영한 A점이 B점이 되고, 설계 양정이 H_1에서 H_2로 바뀐다(그림 2−24).

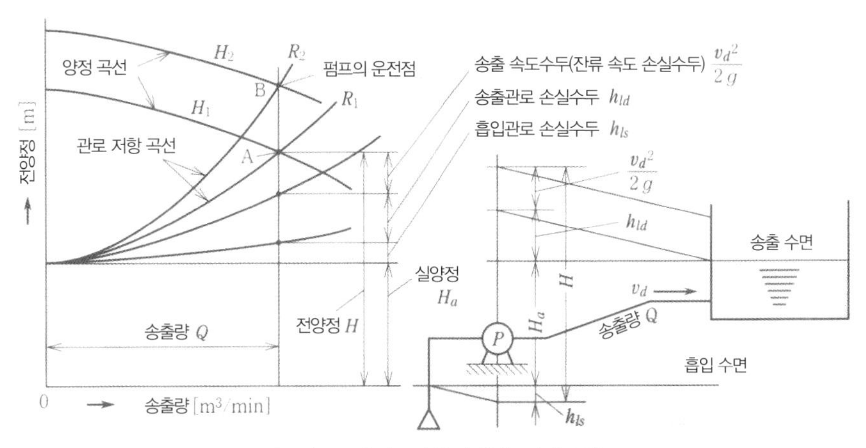

|그림 2-24| 펌프의 운전점(에바라제작소)

저항 곡선은 송수량과 이를 송출하는데 필요한 양정의 관계를 나타낸 것으로, 양정 곡선과의 교점이 펌프의 운전점이 된다. 펌프 설비의 부하가 변동하거나 실양정이 변화하면 양정 곡선과 저항 곡선의 교점이 이동하며 펌프의 운전점도 달라진다.

이처럼 펌프의 운전점은 펌프 특성만으로 결정되는 것이 아니라 배관 저항과 펌프 특성을 함께 고려해서 결정된다.

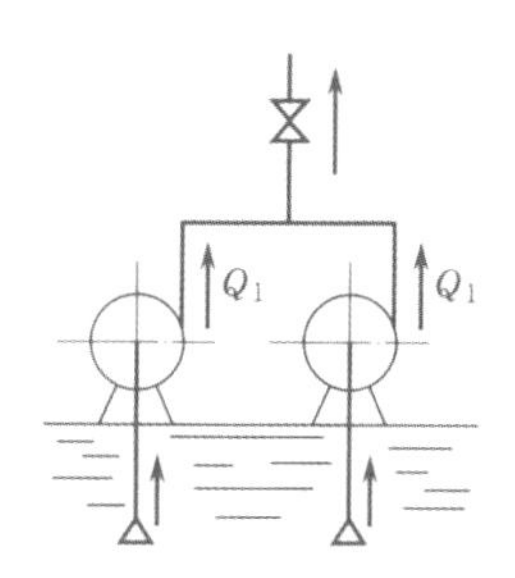

|그림 2-25| 펌프의 병렬운전

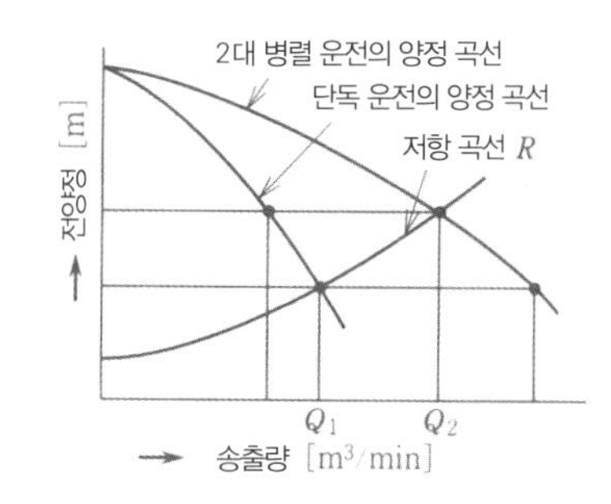

|그림 2-26| 펌프의 병렬 운전에 대한 특성 곡선(덴교샤기계제작소)

8 연합 운전에 따른 펌프 특성

(1) 병렬 운전

동일 특성의 펌프를 2대 병렬 운전한 경우(그림 2-25)의 병렬 특성은 동일 양정점에서 송출량이 2배가 된다. 하지만 실제로는 병렬 특성 곡선과 저항 곡선의 교점에서 운전되므로 송출량은 2배가 되지 않는다. 병렬 운전은 저항 곡선이 완만할수록 보다 효과적이다(그림 2-26).

(2) 직렬 운전

동일 사양의 펌프를 2대 직렬 운전할 경우(그림 2-27)의 직렬 특성은 동일 송출량의 정점에서 양정이 2배가 된다. 그러나 실제로는 직렬 특성 곡선과 저항 곡선의 교점에서 운전되므로 양정은 2배가 되지 않는다. 직렬 저항 곡선은 저항 곡선이 급상승할수록 보다 효과적이다(그림 2-28).

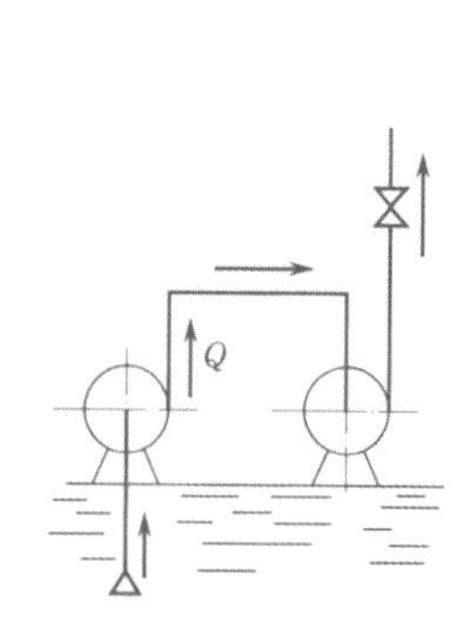

|그림 2-27| 펌프의 직렬 운전

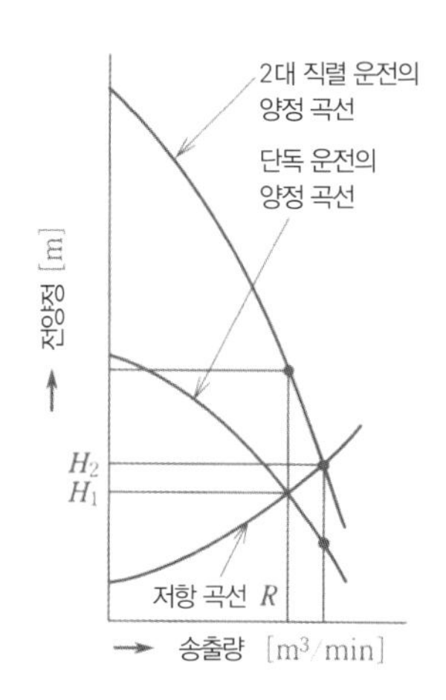

|그림 2-28| 펌프의 직렬 운전의 특성 곡선(덴교샤기계제작소)

9 펌프의 비속도(형식수·임펠러)

실물 펌프와 기하학적 상사로 만들어진 펌프가 양정 1m에서 1m³/min을 양수할 때 필요한 분당 회전 속도를 실물 펌프의 비속도라고 한다.

펌프의 비속도는 펌프의 임펠러에 대한 성능을 연구하거나 양정을 선택할 경우에 사용된다. 펌프의 비속도 n_s는 다음 식으로 주어진다.

$$n_s = \frac{n\sqrt{Q}}{H^{\frac{3}{4}}} \tag{2-20}$$

여기서, n_s : 비속도 [rpm, m³/min, m], n : 회전 속도 [rpm], Q : 송출량 [m³/min](양흡입형 펌프에서는 해당 펌프의 1/2), H : 전양정 [m](다단 펌프에서는 1단에 해당).

임펠러 설계에 사용되는 n_s의 범위는 약 100~2500이다. 임펠러의 형상은 n_s가 커질수록 외경에 대한 출구 폭의 비가 커진다. 또한, 임펠러의 내부를 지나는 흐름의 방향도 n_s가 커짐에 따라 축에 대해 직각으로 토출되는 원심형에서 사류형이 되고 나아가 축류형으로 바뀌게 된다.

그림 2-29에서 단면 형상과 n_s의 관계를 나타내었고 그림 2-30은 n_s와 펌프 종류의 관계를 나타낸 것이다. 그림 안에서 나타내는 범위는 대략적인 것이며, 엄밀하게 정해져 있지는 않다. 또한, 동일한 n_s에서 다른 펌프(예를 들어, n_s=500의 원심 펌프와 사류 펌프 양쪽)를 설계하는 것이 가능하다.

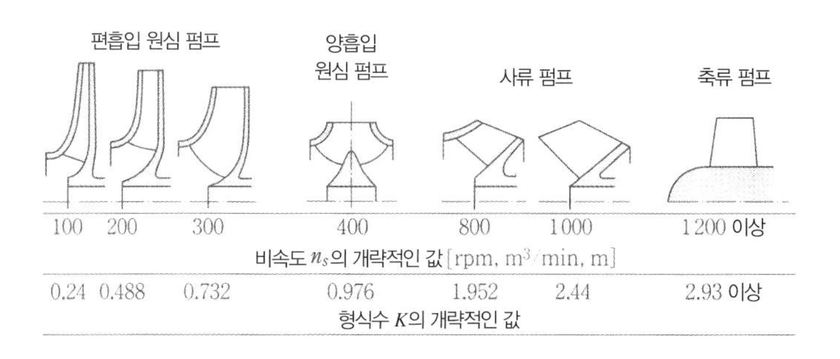

|그림 2-29| 터보형 펌프의 임펠러 형상 · 비속도 · 형식수

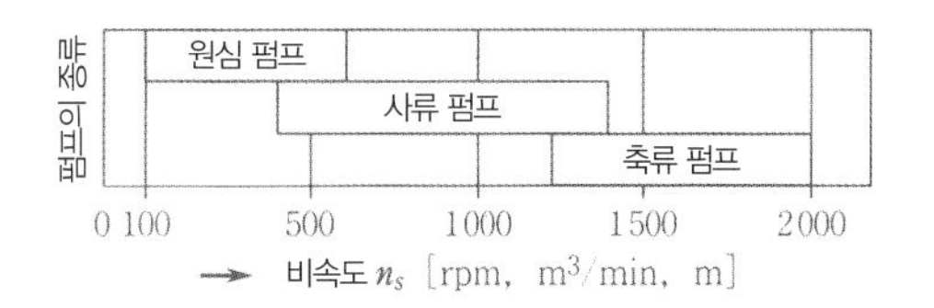

|그림 2-30| 터보형 펌프와 비속도

SI 단위에서는 새롭게 n_s를 대신하여 형식수를 정하고 있다.

$$K = \frac{2\pi n\sqrt{Q}}{60^{\frac{3}{2}} \times (gH)^{\frac{3}{4}}} = \frac{2\pi}{60^{\frac{3}{2}} \cdot g^{\frac{3}{4}}} \cdot \frac{n\sqrt{Q}}{H^{\frac{3}{4}}} = 2.44 \times 10^{-3} \cdot n_s \qquad (2\text{-}21)$$

여기서, K : 형식수 [−] , n : 회전 속도 [rpm].

[예제 2-5]

양정 95m, 송출량 10m³/min, 회전 속도 1750rpm으로 운전되는 (1)~(3) 펌프의 비속도와 형식수를 구하여라.

(1) 편흡입 단단펌프 (2) 편흡입 2단 펌프 (3) 양흡입 단단펌프

[풀이]

(1) 편흡입 단단펌프

$$n_s = \frac{n\sqrt{Q}}{H^{\frac{3}{4}}} = \frac{1750 \times \sqrt{10}}{95^{\frac{3}{4}}} = 181.9[\text{rpm, m}^3 / \text{min, m}]$$

$$K = 2.44 \times 10^{-3} \cdot n_s = 2.44 \times 10^{-3} \times 181.9 = 0.444$$

(2) 편흡입 2단 펌프

$$n_s = \frac{n\sqrt{Q}}{H^{\frac{3}{4}}} = \frac{1750 \times \sqrt{10}}{\left(\frac{95}{2}\right)^{\frac{3}{4}}} = 305 \cdot 8[\text{rpm, m}^3 / \text{min, m}]$$

$$K = 2.44 \times 10^{-3} \cdot n_s = 2.44 \times 10^{-3} \times 305.8 = 0.746$$

(3) 양흡입 단단펌프

$$n_s = \frac{n\sqrt{Q}}{H^{\frac{3}{4}}} = \frac{1750 \times \sqrt{10/2}}{95^{\frac{3}{4}}} = 128.6[\text{rpm, m}^3 / \text{min, m}]$$

$$K = 2.44 \times 10^{-3} \cdot n_s = 2.44 \times 10^{-3} \times 128.6 = 0.314$$

10 펌프의 흡입 성능

(1) 캐비테이션

펌프를 수면보다 높은 위치에 설치했을 때, 물을 빨아올릴 수 있는 이유는 대기압이 작용해서 수면을 끌어올리기 때문이다. 이 압력은 물기둥으로 할 때 약 10m에 해당한다. 따라서, 아무리 우수한 성능의 펌프라도 대기압 이하 상태에서는 흡입 양정을 10m 이상(물의 경우)으로 할 수 없다.

실제로는 흡입 배관 중의 마찰 손실과 속도 손실수두 등으로 인해 이 압력의 일부가 사용되므로, 10m도 빨아올리는 것은 불가능하다. 이 높이 이상으로 물을 빨아올리게 되면, 흐르는 물 안에서 국부적으로 높은 진공이 생긴다. 그러면, 물은 기화하여 미세한 기포가 다수 발생하여 비등 현상을 일으킨다. 이것을 캐비테이션(cavitation)이라고 한다. 발생 초기에는 펌프

에 거의 영향을 미치지 않지만 흡입 압력이 낮아져 캐비테이션이 발달하면 기포가 임펠러의 경로를 막아 효율이나 전양정이 저하되고 결국에는 전양정이 급격히 낮아져 양수가 불가능해진다.

또한, 발생한 기포가 압축되어 터지기 때문에 펌프에서 소음이나 진동이 발생한다. 이 상태에서 장시간 운전하면 기포 소멸 시에 발생하는 충격 압력에 의해 임펠러나 케이싱의 표면이 캐비테이션 손상을 입게 된다.

(2) NPSH

펌프의 흡입 압력이 캐비테이션에 대하여 안전한지를 검토하기 위해 NPSH(Net Positive Suction Head, 흡입 수두)의 개념이 일반적으로 이용되고 있다.

NPSH에는 available NPSH(h_{sv})와 required NPSH(H_{sv})가 있다. h_{sv}는 펌프에서 이용할 수 있는 NPSH(유효 흡입 수두)로 임펠러의 입구 직전 압력이 그 흡입 액체의 포화증기 압력보다 얼마나 높은지를 나타내는 값이며 펌프의 설치 조건에 의해 결정된다. 반면 H_{sv}는 펌프가 필요로 하는 NPSH(필요 흡입 수두)로 펌프가 캐비테이션을 발생시키지 않기 위해 필요한 압력이며 펌프마다 고유한 값을 가진다.

캐비테이션은 펌프에 매우 유해하기 때문에 사용할 때 충분한 검토가 필요하다. 펌프가 캐비테이션에 의해 성능 저하를 일으키지 않고 운전할 수 있는 범위는 실용적으로 정상 운전시의 전양정에 대해 3% 이하의 저하률에 있는 경우이다. 흡입 액면에 대기압이 작용하고 있는 경우는 다음 식으로 구한다.

$$h_{sv} > H_{sv} + \frac{D}{2} + \alpha[\mathrm{m}] \qquad (2-22)$$

여기서, D : 임펠러 입구 지름(≒펌프 흡입구 직경) [m], α : 흡입 수두의 여유(통상 0.5m).

$$h_{sv} = h_0 - h_v \pm H_{as} - h_{ls} \qquad (2-23)$$

여기서, h_0 : 대기압 [mH_2O], h_v : 흡입 액체의 온도에 해당하는 포화 증기압 [mH_2O].

표 2-5에 맑은 물의 비중과 포화 증기압을 나타냈다. H_{as} : 흡입 실양정 [m](흡입 액면에서 임펠러 기준면까지의 높이). 펌프 기준면이 흡입 액면보다 높은 경우(흡상)는 (−), 낮은 경우는 (+)로 한다. h_{ls} : 흡입 관내 손실수두 [m].

|표 2-5| 맑은 물의 비중과 포화 증기압(에바라제작소)

온도[℃]	비중	포화 증기압 hv	
		[mH_2O]	[kPa]
0	1.000	0.0623	0.6109
5	1.000	0.0889	0.8718
10	1.000	0.1251	1.2268
20	0.998	0.2383	2.337
30	0.996	0.4325	4.241
40	0.992	0.7520	7.375
50	0.998	1.2578	12.335
60	0.983	2.0313	19.920
70	0.978	3.178	31.165
80	0.972	4.829	47.356
90	0.965	7.149	70.108
100	0.958	10.332	101.332
110	0.951	14.609	143.265
120	0.943	20.246	198.545
130	0.935	27.546	270.104
140	0.926	36.85	361.375
150	0.917	48.55	476.113

H_{sv}의 계산에 많이 이용되는 식에는 다음 두 가지가 있다.

① 토마의 캐비테이션 계수

토마는 실험적으로 다음 식을 도출하였다.

$$H_{sv} = \sigma H \tag{2-24}$$

여기서, σ : 토마의 캐비테이션 계수, H : 임펠러 1단당 효율 최고점에서의 전양정 [m].

또한, σ는 비속도 n_s에 4/3승 비례하여 일반적으로 그림 2-31과 같은 관계가 된다. 이 그림과 같이 n_s로부터 σ를 구하고, 식(2-24)에서 H_{sv}를 구할 수 있다.

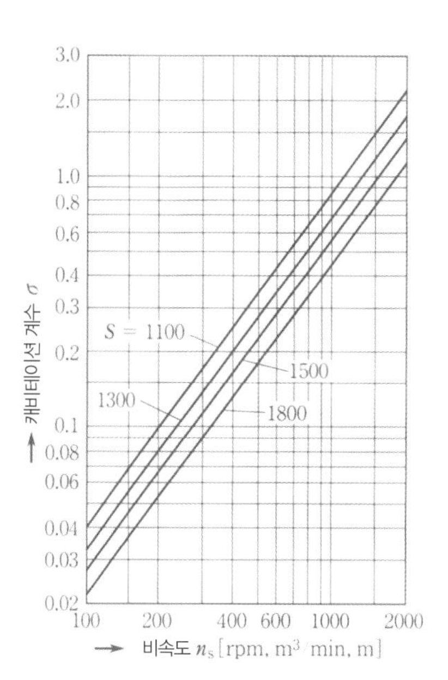

|그림 2-31| n_s와 σ의 관계(덴교샤기계제작소)

② **흡입 비속도**

임펠러 입구 부근의 형상이 비슷하거나 물의 유입 상태가 비슷하다면, 임펠러의 외경 치수나 펌프 양정이 바뀌어도 캐비테이션의 발생점은 같다는 개념에서 도출된 것으로, 다음 식으로 나타낸다.

$$S = \frac{n\sqrt{Q}}{H_{sv}^{\frac{3}{4}}} \qquad (2-25)$$

여기서, S : 펌프 흡입 비속도(표 2-6), Q : 송출량 [m^3/min](양흡입의 경우는 $Q/2$로 한다), n : 회전 속도 [rpm], H_{sv} : required NPSH [m].

|표 2-6| 펌프 형식과 흡입 비속도 S

형식	S[rpm, m^3/min, m]
소형 범용 원심 펌프	1100~1400
원심 펌프	1200~1700
사류 펌프	1200~1400
축류 펌프	1100~1300

또한, σ와 S사이에는 다음 관계가 있다.

$$\sigma = \left(\frac{n_s}{S}\right)^{\frac{4}{3}} \qquad (2-26)$$

펌프의 효율 최고점 유량에서 캐비테이션을 일으키는 한계 S값(3% 양정 저하점)은 일반적으로 펌프의 형성과 관계없이 거의 일정하므로 다음 값으로 한다.

원심 펌프(n_s=150~600)	S=1500
축류 펌프(n_s=1600)	S=1200
사류 펌프(n_s=900)	S=1300

(3) 펌프의 운전 범위

펌프는 일반적으로 특정 설계점에서만 운전되는 경우가 거의 없다. 어느 범위의 송출량 또는 전양정의 폭에서 운전된다. 펌프의 흡입 성능은 효율 최고점 부근에서 가장 좋고, 이것을 벗어나면 나빠진다. 따라서 흡입 높이 범위에서 운전하는 펌프라도 운전 유량에 따라서는 캐비테이션을 일으킬 수 있다(그림 2-32).

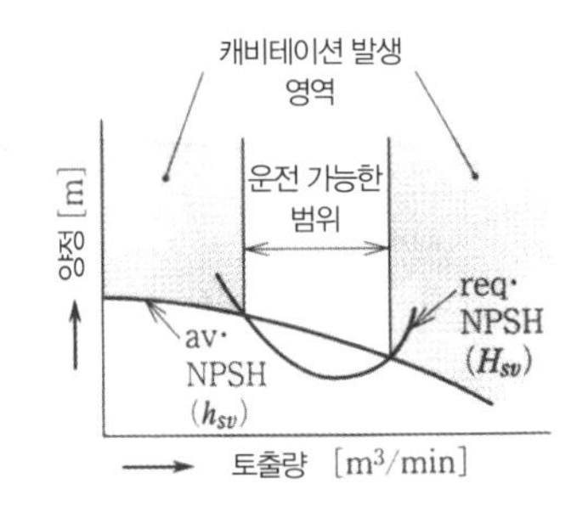

|그림 2-32| 캐비테이션의 발생 영역(에바라제작소)

[예제 2-6]

2-33과 같은 펌프 설치 상태에서의 av · NPSH(h_{sv})를 계산하시오. 수온 20°C, 흡입 관내 전손실수두를 0.8m로 한다.

[풀이]

대기압 h_0=10.33[mH_2O], 20°C일 때, 포화 증기압 h_v=0.2383[mH_2O](표 2-5를 참조), 흡입실양정 H_{as}=3[m], 흡입관내 전손실수두를 h_{ls}=0.8m로 한다.

이 경우, 그림 2–33에서 펌프 기준면이 흡입 액면보다 위에 있으므로

$$h_{sv}=h_0-h_v-H_{as}-h_{ls}$$
$$=10.33-0.2383-3-0.8$$
$$=6.3[\mathrm{m}]$$

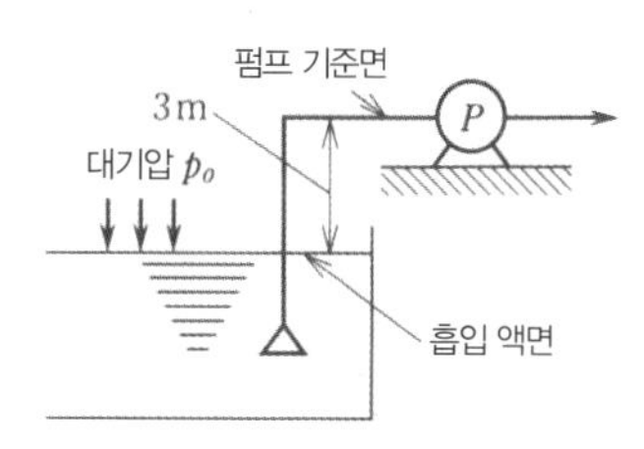

|그림 2–33| 예제 2–6의 그림

[예제 2–7]

그림 2–34와 같은 펌프 설치 상태에서의 av · NPSH(h_{sv})를 계산하시오. 수온 20°C, 흡입 관내 전손실수두를 0.6m로 한다.

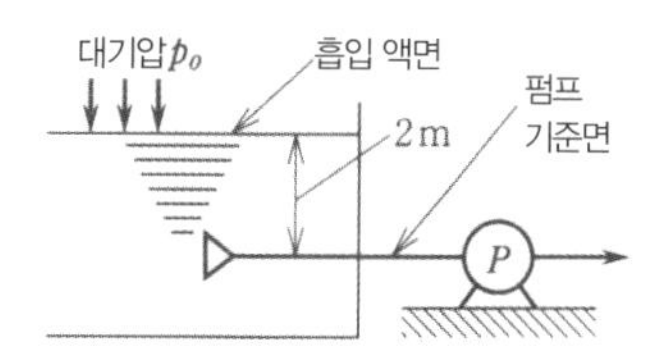

|그림 2–34| 예제 2–7의 그림

[풀이]

이 경우는 펌프 기준면이 흡입 액면보다도 아래에 있으므로

$$h_{sv}=h_0-h_v+H_{as}-h_{ls}$$
$$=10.33-0.2383+2-0.6=11.5[\mathrm{m}]$$

[예제 2–8]

다음과 같은 사양과 설치 상태에서 펌프의 av · NPSH(h_{sv}), req · NPSH(H_{sv}), 캐비테이션에 대해 검토하여라(그림 2–35).

펌프 사양 : 형식/횡축 사류 펌프, 구경 D=1500[mm], 전양정 H=5[m],

송출량 Q=300[m^3/min], 회전 속도 n=175[rpm], 출력 P_s=370[kW],

흡입 비속도 S=1300, 비속도 n_s=900[rpm, m^3/min, m].

설치 조건 : 대기압(해발 0m로 함) h_0=10.33[mH$_2$O], 포화 증기압(수온을 25°C로 한다) h_v=0.32[mH$_2$O], 흡입 실양정 H_{as}=3[m], 설계 송출량의 흡입관 전손실수두 h_{ls}=0.1[m].

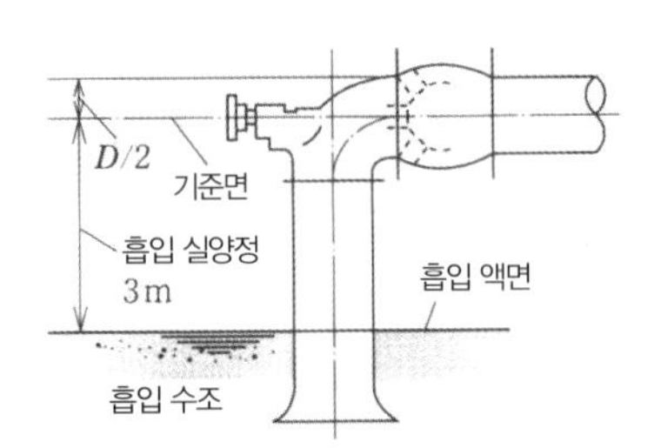

|그림 2-35| 예제 2-8의 그림

[풀이]

펌프 기준면이 흡입 액면보다 위에 있으므로

$$h_{sv}=h_0-h_v-H_{as}-h_{ls}=10.33-0.32-3-0.1=6.91[\text{m}]$$

또한, n_s=900[rpm, m^3/min, m]에 대한 σ는 S=1300[rpm, m^3/min, m]로 한다.

그림 2-31에서, σ=0.62, H=5[m]이므로

$$h_{sv}=\sigma H=0.62\times5=3.1[\text{m}]$$

임펠러 입구(펌프 흡입 구경) D=1.5[m], 흡입 수두의 여유 α=0.5[m]를 식(2-22)에 대입하면

$$H_{sv}+\frac{D}{2}+\alpha=3.1+\frac{1.5}{2}+0.5=4.35[\text{m}]$$

따라서 $h_{sv} \geqq H_{sv}+\frac{D}{2}+\alpha$로 캐비테이션은 발생하지 않는다.

문제 2-4 원심 펌프의 임펠러 출구 직경이 470mm, 임펠러 출구의 유출각이 27°, 임펠러 출구의 상대 속도가 14.2m/s일 때, 최대 이론 양정을 구하여라. 펌프의 구동 모터는 3상, 극수 4, 주파수 50Hz, 미끄러짐 5%, 출력 5.5kW이다.

문제 2-5 양정 100m, 송출량 1.2m^3/min, 회전 속도 1500rpm인 5단 디퓨저 펌프의 n_s와 K는 얼마인가?

문제 2-6 다음과 같은 사양과 설치 상태에서 펌프의 av · NPSH(h_{sv}), req · NPSH(H_{sv}), 캐비테이션에 대하여 검토하여라(그림 2-36).

펌프 사양 : 형식/횡축 축류 펌프, 구경 D=1500[mm], 전양정 H=3[m], 송출량 Q=300[m^3/min], 회전 속도 n=200[rpm], 출력 P_S=230[kW], 흡입 비속도 S=1200 , 비속도 n_S=1520[rpm, m^3/min, m].

설치 조건 : 대기압(해발 0m로 한다) h_0=10.33[mH_2O], 포화 증기압(수온 25°C로 한다) h_v=0.32[mH_2O], 흡입 실양정 H_{as}=3[m], 설계 송출량의 흡입관 전손실수두 h_{ls}=0.1[m].

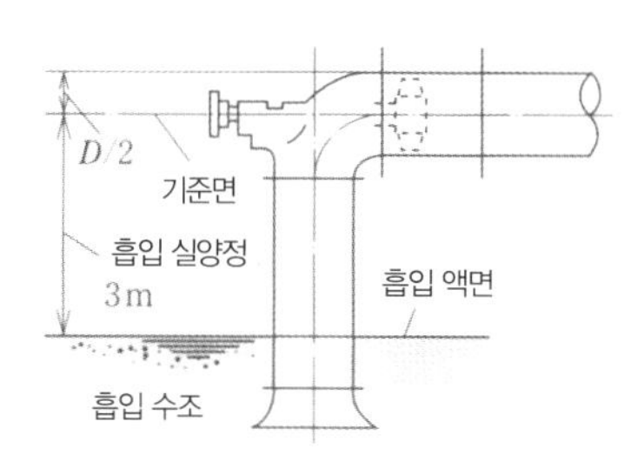

|그림 2-36| 예제 2-6의 그림

2-3 축류 펌프

축류 펌프에는 주축에 내통(원통형 몸체)을 설치하여 날개깃을 단 임펠러가 있고 후면에 안내 날개가 있다. 안내 날개는 날개깃에서 나온 원주 방향 성분의 흐름을 축 방향으로 바꾸어 흐르게 하는 역할을 한다(그림 2-37).

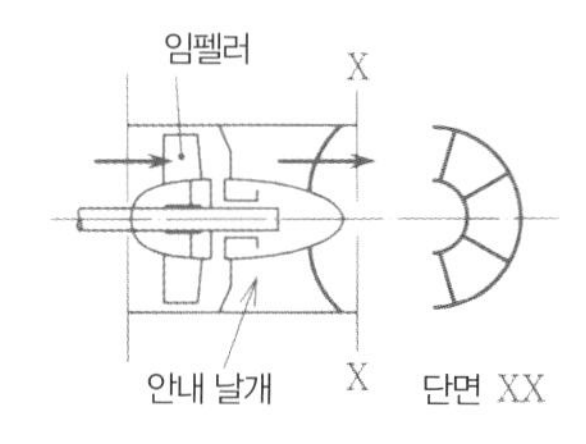

|그림 2-37| 축류 펌프 케이싱 내의 흐름

임펠러에는 원통형 몸체에 2~6장의 날개깃이 부착되어 있고, 가변식은 유량이 변동하면 임펠러의 각도가 바뀌므로 효율이 저하되지 않고 안정적으로 운전할 수 있다. 펌프의 양정은 날개깃이 물에 미치는 양력에 의해 발생한다고 생각할 수 있다.

축류 펌프는 저양정(10m 이하)으로 대유량에 적합하며 농업 양수용, 관개 양수용, 상하수도용, 빗물 배수용으로 널리 이용된다. 그림 2-38에는 구조를, 그림 2-39에는 성능 곡선을 나타내었다.

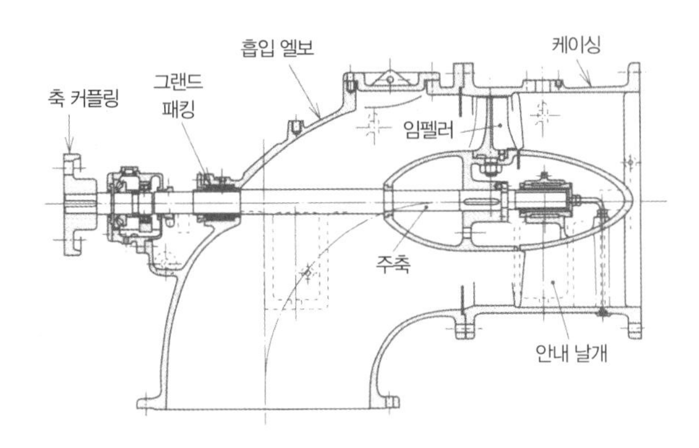

|그림 2-38| 횡축 축류 펌프의 구조(덴교샤기계제작소)

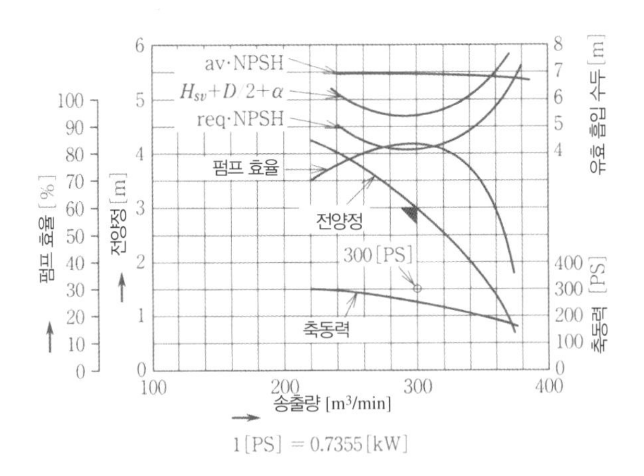

|그림 2-39| 횡축 축류 펌프의 성능 곡선 예(덴교샤기계제작소)

2-4 사류 펌프

사류 펌프는 원심 펌프와 축류 펌프의 중간 특성을 가지고 있다. 양정은 3~20m 정도이다. 안내 날개 대신 와권 케이싱을 가지고 있는 와권 사류 펌프와 안내 날개에서 흐름을 축 방향으로 유도하는 사류 펌프가 있다(그림 2-40).

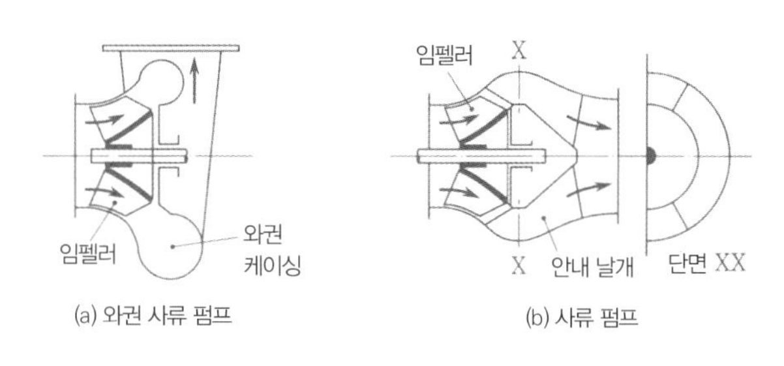

|그림 2-40| 사류 펌프 케이싱 내에서의 흐름

사류 펌프는 축류 펌프와 마찬가지로 관개용, 빗물 배수용, 농업 양수용, 상하수도용 등으로 사용된다. 그림 2-41, 그림 2-42에 구조를 그림 2-43에 성능 곡선을 나타내었다.

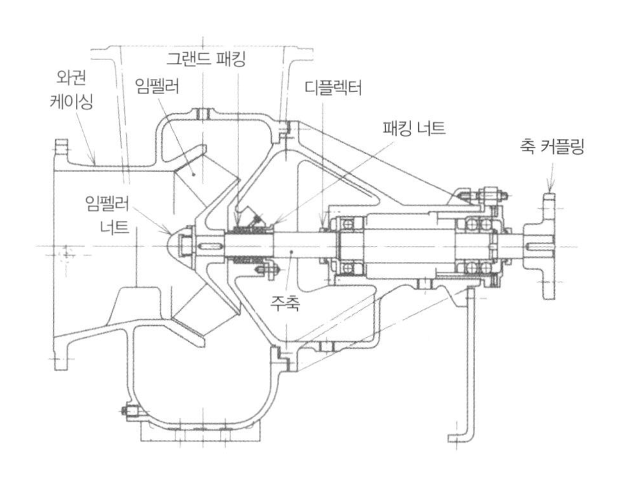

|그림 2-41| 횡축 와권 사류 펌프의 구조(덴교샤기계제작소)

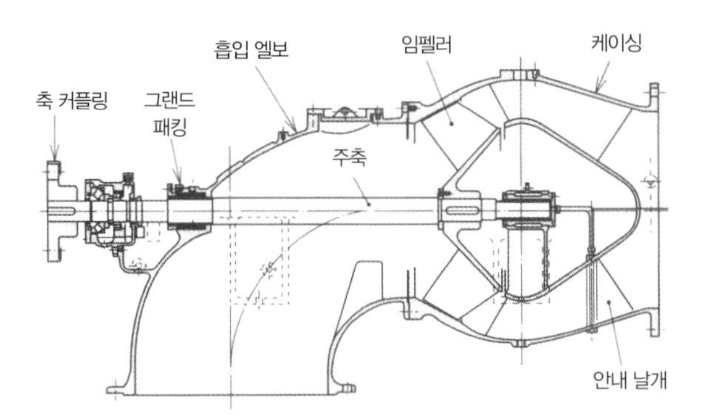

|그림 2-42| 횡축 사류 펌프의 구조(덴교샤기계제작소)

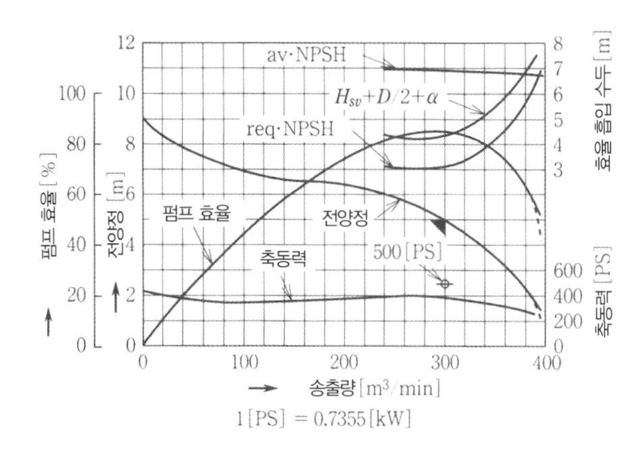

|그림 2-43| 횡축 사류 펌프의 성능 곡선(덴교샤기계제작소)

2-5 튜블러 펌프

이중 실린더 형상의 케이싱 내부에 펌프, 기어 감속기 및 모터를 동일한 축에 정렬시킨 구조를 가지며, 축류 펌프와 사류 펌프가 있다. 흡입구로부터 송출구까지 구부러짐이 없는 배관이 되므로 저항 손실이 적고 양수 효율이 높다. 또한, 펌프 설치 장소에 대한 구조가 단순하고 설치 면적도 작아 특별한 격납고도 필요하지 않다. 구동 부분이 케이싱 내부에 들어 있기 때문에 소음이 적다.

그림 2-44는 사류 튜블러 펌프의 구조를 나타낸 것이다.

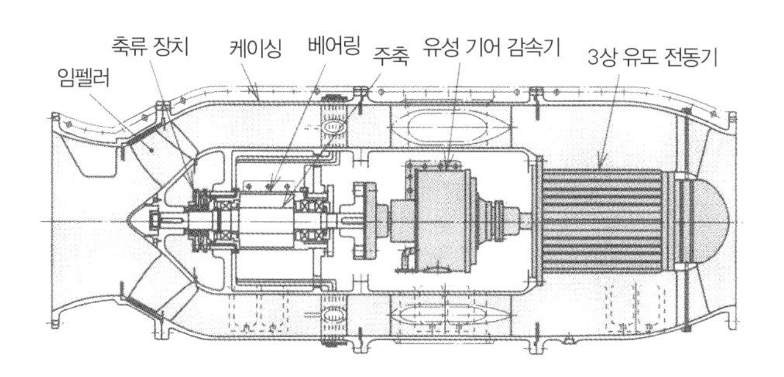

|그림 2-44| 사류 튜블러 펌프의 구조(덴교샤기계제작소)

2-6 수중 모터 펌프

수중 모터 펌프는 펌프와 모터를 일체형(그림 2-45)으로 하고, 수중에 가라앉게 해서 사용하는 펌프로 용도에 따라 심정(깊은 우물)용과 설비 배수용이 있다. 모터의 구조로 분류하면 크게 수봉식, 유봉식, 건식으로 분류된다. 수봉식은 모터 내에 물을 봉입한 구조로, 캔드형과 내수 절연식이 있다. 캔드형(canned type)은 소용량에 많고 농형(바구니 형상) 모터의 고정자 권선을 봉수에 접촉하지 않도록 통조림 상태로 마감하였다. 내수 절연식은 권선에 특수 절연처리를 하여 수중에서 사용할 수 있도록 제작된 모터로, 중용량 이상이 많다. 심정용 펌프는 수봉식이 대부분이다. 유봉식은 모터 내에 터빈유 등을 봉입한 구조로 구름 베어링을 사용할 수 있다. 모터 침수에 대해서는 이중의 실 구조를 채택하고 있다.

수중 모터 펌프의 용도는 다음과 같다.

① **수도·공업 분야** : 수도, 공장, 병원, 빌딩 등의 용수
② **농림·수산분야** : 양식, 농사, 목장, 양돈 등의 용수
③ **환경개선시설 분야** : 제설, 분수, 수영장, 스프링클러, 긴급재해 시 용수.

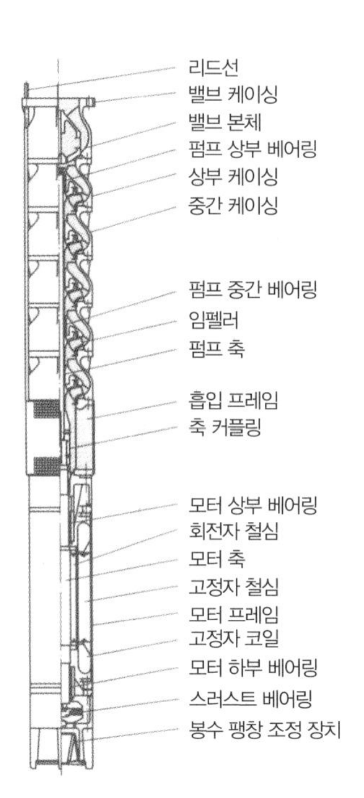

|그림 2-45| 심정용 수중 모터 펌프(덴교샤기계제작소)

2-7 스크류 펌프

충분한 강성을 가진 강관제 원통에 부채꼴의 강판을 나선형으로 연속 용접하여 프로펠러를 만든다. 이것을 경사지게 설치한 U자형 강판, 또는 콘크리트로 만든 홈 안에서 회전시켜 양수하는 펌프이다(그림 2-46). 구조상으로도 불순물이 펌프 내에 막힐 우려가 없고 또한 개방형이기 때문에 보수 점검이 쉽다. 하수 · 오수 처리, 관개 배수, 슬러지 수송 등에 적합하다.

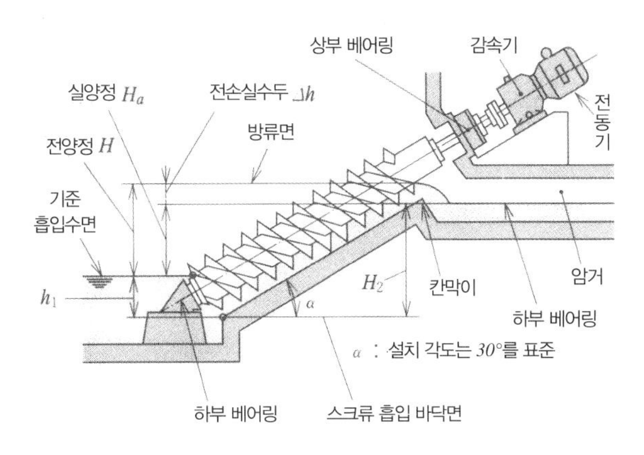

|그림 2-46| 스크류 펌프의 구조 예(니시지마제작소)

2-8 펌프의 형식과 크기의 선정

일반적으로 펌프를 설치할 때는 취급하는 액체의 종류, 필요로 하는 전양정 및 송출량을 판단한다. 이것들을 기준으로 해서 펌프의 형식과 크기가 결정된다. 그중 전양정은 실양정과 배관 내 관로 저항 등에 인한 손실수두를 고려해서 결정한다.

펌프의 형식 결정은 전양정과 송출량을 기준으로, 그림 2-47 같은 형식 선정도를 이용한다. 또한, 펌프의 크기는 펌프의 적용 도표 등을 통해 결정한다.

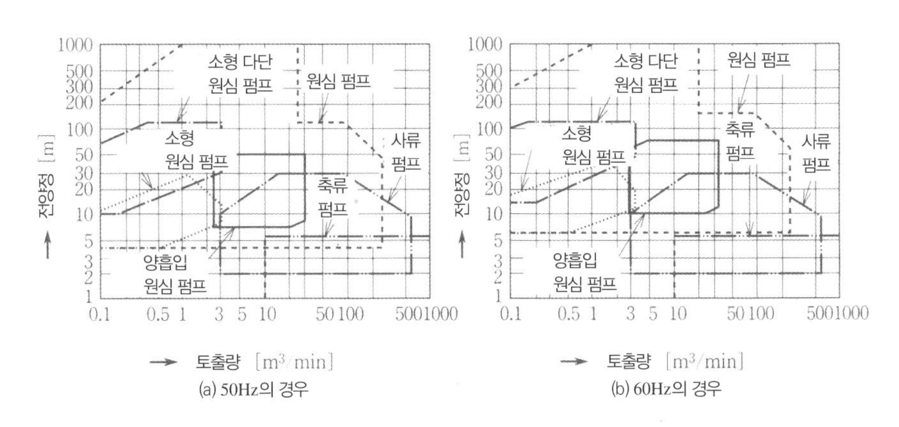

|그림 2-47| 펌프 형식 선정도

그림 2-48에 양흡입 원심 펌프의 적용 도표의 예를 나타냈다.

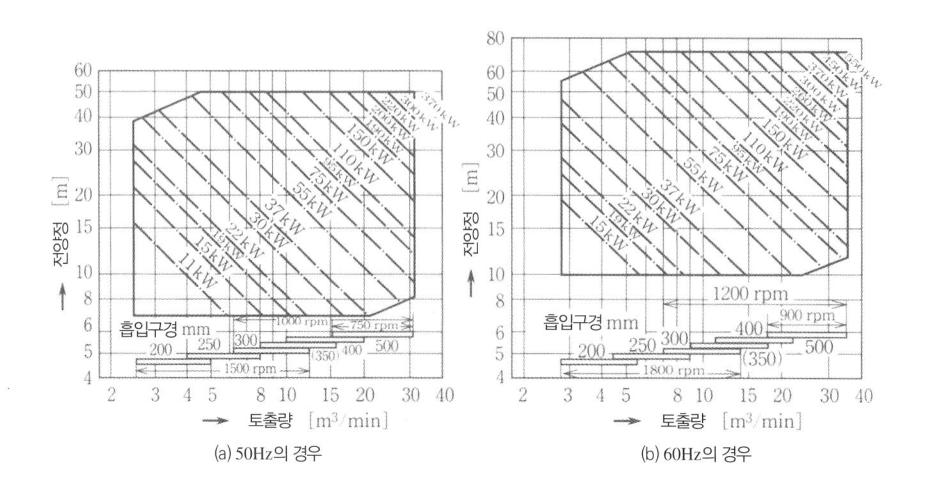

|그림 2-48| 양흡입 원심 펌프의 적용 도표

2-9 용적형 유압 펌프

1 피스톤 펌프

피스톤 펌프는 플런저 펌프라고도 하며 여러 가지 유형이 있다. 그림 2-49에 사축식 액시얼 피스톤 펌프의 작동을 나타내었다. 축 방향으로 몇 개의 실린더 블록이 구동축의 주축 플레이트에 대하여 각도 α만큼 경사지게 장착되어 있다. 구동축이 회전하면 각 피스톤은 경사각에 따른 스트로크로 상호 왕복 운동을 한다. 피스톤의 수는 5, 7, 9로 홀수이다. 피스톤 운동에 의한 기름의 흡입과 송출은 실린더 블록 끝에 설치된 밸브 플레이트를 통해 이루어진다. 실린더 블록과 구동축의 경사각 α를 조정함으로써 피스톤 스트로크가 바뀐다. 따라서 가변 송출량 펌프로 할 수도 있다. 또한, 동일한 회전 속도에서 송출량을 제로에서 최대까지 임의로 바꿀 수도 있다.

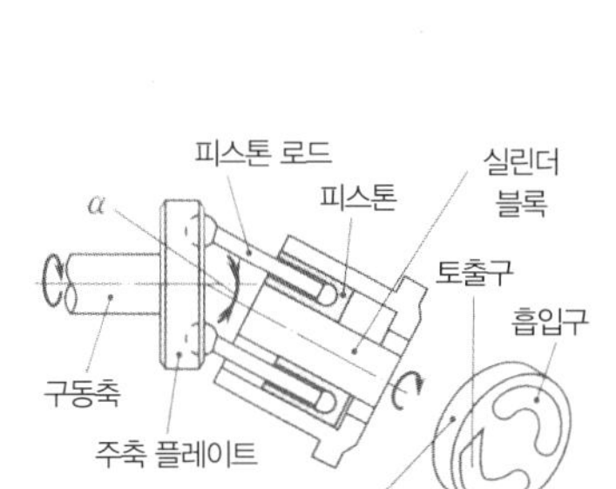

|그림 2-49| 사축식 액시얼 피스톤 펌프의 작동(이세키농기)

2 기어 펌프

유압용 펌프에서는 일반적으로 기어 펌프가 많이 사용되고 있다. 그림 2-50에 외접 기어 펌프를 나타내었다. 톱니수가 같은 2개의 기어(구동 기어 A, 종동 기어 B)가 케이싱 안쪽에서 맞물려 화살표 방향으로 회전하고 있다. 기어 A의 톱니 공간에 있는 α에 있는 기름은 기어의 회전에 따라 a~a'~a''…a와 송출구로 운반된다. 기어 B에 대해서도 b~b'~b''…b로 송출구로 이동된다.

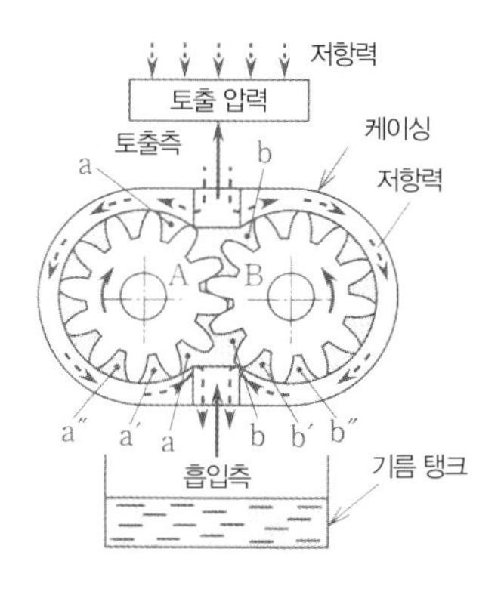

|그림 2-50| 외접 기어 펌프의 작동(이세키 농업)

그림 2-51에 유압 회로의 기본 구성을 나타내었다. 기어 펌프의 흡입 측 기름은 토출 측에서 유출되고 유압의 기본 구성에 따라 유압 액추에이터를 작동시켜 일을 한다.

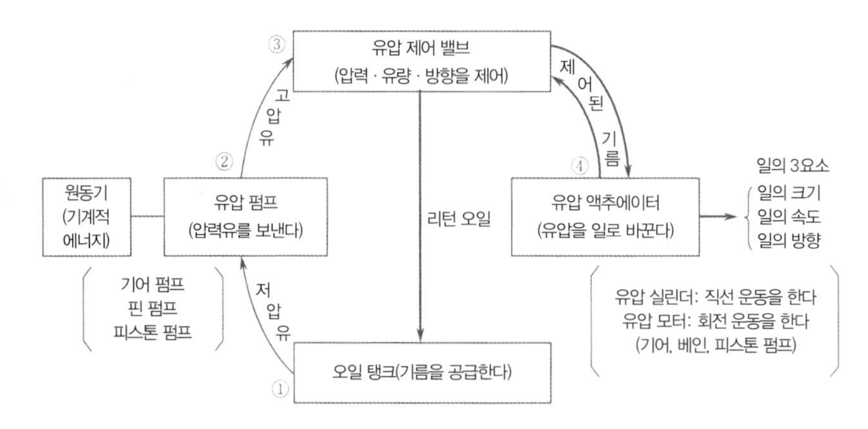

|그림 2-51| 유압 회로의 기본 구성

기어 펌프의 토출 압력은 토출 측의 저항력에 따라 변화한다. 저항력이 커지면 토출 압력도 커진다. 저항력이 매우 커지면, 토출하려는 기름이 케이싱과 기어 외주를 따라, 흡입 측으로 역류하려고 한다(그림 2-50). 이때의 압력이 기어 펌프의 최고 압력이다. 케이싱과 기어 외주의 기밀도가 높을수록 고압에 견딜 수 있다. 따라서 케이싱과 기어 바깥쪽의 마모 또는 케이싱에 이물질이 붙으면 최고 압력은 현저히 낮아지게 된다.

그림 2-52는 특수한 톱니 모양의 내접 기어를 이용한 일종의 정용량형 펌프이다. 톱니 모양에는 트로코이드(trochoide) 곡선이 사용된다. 내부 로터는 외부 로터보다 톱니수가 1개 적다. 내부 로터의 톱니 끝이 항상 외부 로터의 톱니면과 미끄럼 접촉을 하고 있기 때문에 톱니면 압력이 커서 고압화가 어렵다. 그러나, 상대 속도가 작아 폐입(기어의 맞물림 부분에 일부 기름이 갇혀서 토출 측에서 흡입 측으로 되돌아간다)이 없기 때문에 소음이 작다. 윤활유용, 연료 공급용 등 비교적 저압 분야에서 사용되고 있다.

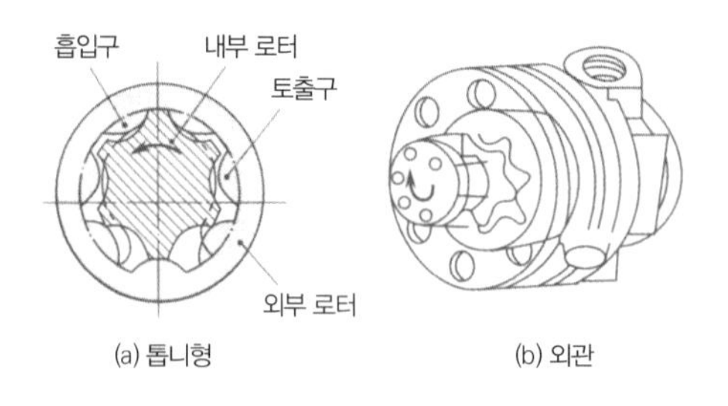

(a) 톱니형　　(b) 외관

|그림 2-52| 트로코이드 펌프의 작동(이세키농기)

3 베인 펌프

그림 2–53에 베인 펌프의 구조를 나타내었다.

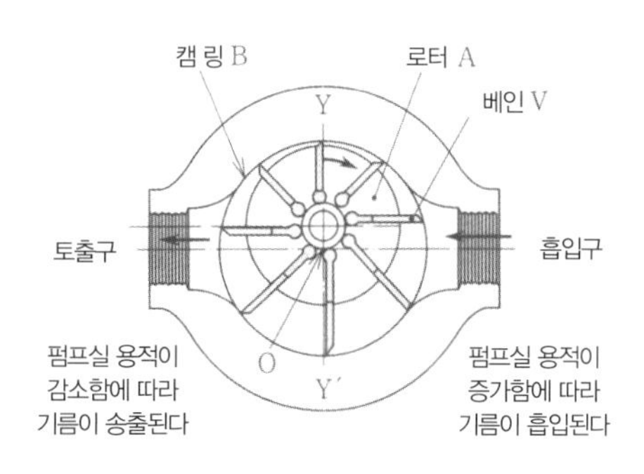

|그림 2–53| 베인 펌프의 작동(이세키농기)

로터에 방사상으로 설치된 홈에 삽입된 베인(날개)이 캠 링에 내접하여 회전함으로써 베인 사이의 기름을 흡입하는 측에서 토출 측으로 기름을 수송한다. 이 그림에서 A, B의 편심원 중, A가 B의 중심 O로 회전한다. A에는 중심을 향해 베인 V를 몇 개 설치하면 A의 회전으로 V는 반경 방향으로 자유롭게 미끄럼 접촉한다. 중심선 YY′보다도 오른쪽에서는 베인과 B의 용적은 증가하므로 기름을 흡입한다. 또한, 중심선 YY′의 왼쪽에서는 B의 용적이 감소하므로 기름을 토출한다. 베인 수를 늘리면 기름의 흡입과 토출을 원활하게 연속적으로 할 수 있다.

4 나사 펌프

중심 구동 나사와 이에 맞물리는 양쪽 2개의 종동 나사에 의해 밀봉된 공간이 나사의 회전에 따라 축 방향으로 이동하면서 기름을 연속적으로 축 방향으로 토출하는 구조를 가지고 있다. 나사의 축수에 따라 2축형과 3축형이 있다. 유압용으로는 3축형이 주로 이용된다(그림 2–54). 나사 펌프는 토출 흐름의 맥동이 없고 운전 소음도 유압 펌프 중에서는 가장 작다. 기름 안에 있는 이물질의 영향을 받기 어렵고 신뢰성이 높기 때문에 유압 엘리베이터의 유압원으로 사용되고 있다.

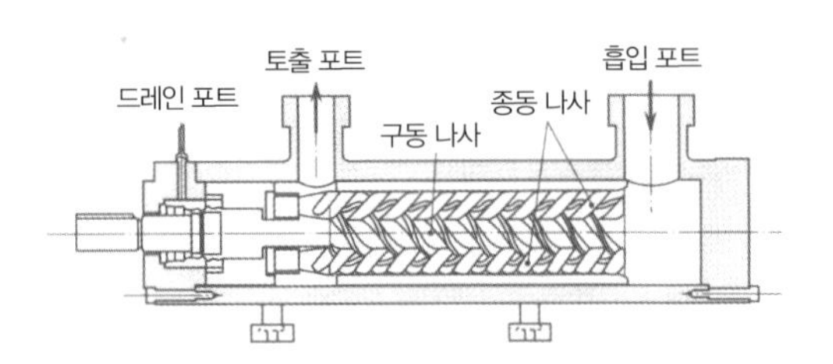

|그림 2-54| 나사 펌프의 구조

5 각 펌프의 성능과 특징

기어 펌프는 맥동이 있지만 구조가 간단하기 때문에 작동유의 오염이나 온도 상승 등 가혹한 운전 조건에서도 사용할 수 있다. 피스톤 펌프는 왕복 운동부의 질량이 작기 때문에 고속 운동이 가능하다. 또한 맥동이 적고 고압에 비해 소형이며 효율도 좋다. 또한, 쉽게 가변 용량형으로 만들 수 있다. 베인 펌프는 맥동이 적고 기어 펌프 다음으로 저렴하다. 그러나, 작동유가 오염되면 캠 링이 마모되기 때문에 성능이 저하된다. 나사 펌프는 비교적 저압이지만 맥동이 거의 없어 운전이 조용하다.

표 2-7에 주요 유압 펌프의 성능과 용도를 정리하였다.

|표 2-7| 주요 유압 펌프의 성능과 용도

종류	압력 [MPa]	토출량 [l/min]	최고 회전수 [rpm]	전효율 [%]	주요 용도
기어 펌프	2~17	7~250	1800~7000	75~90	건설, 단압, 농기
액시얼 피스톤 펌프	7~35	2~1700	600~6000	85~95	토목, 건설기계, 차량, 선박, 하역
레이디얼 피스톤 펌프	5~25	20~700	700~1800	80~92	
베인 펌프	2~17	2~950	2000~4000	75~90	공작기계, 차량
나사 펌프	1~17	3~5600	1000~3500	70~85	윤활 · 연료 펌프

6 유압 펌프의 동력과 효율

유압 펌프로 전달되는 기름이 보유한 에너지를 유동력이라고 한다. 토출 압력 p[MPa], 실토출량 Q_a[l/min]라고 하면, 유동력 P_0[kW]는

$$P_0 = \frac{pQ_a}{60} \tag{2-27}$$

다음으로 축동력 P_s[kW]는

$$P_s = \frac{P_0}{\eta_t} = \frac{pQ_a}{60\eta_t} \tag{2-28}$$

$$\eta_t = \eta_v \cdot \eta_m \tag{2-29}$$

여기서, η_t : 펌프 효율, η_v : 체적 효율, η_m : 기계 효율.

[예제 2–9]

토출 압력 7000kPa, 실토출량 0.07m^3/min, 펌프 전효율을 70%로 했을 때, 유압 펌프의 축동력은 얼마인가? 또한, 체적 효율을 82%로 할 때의 기계 효율과 이론 토출량을 구하여라.

[풀이]

p=7000[kPa]=7[MPa], Q_a=0.07[m^3/min], 70[l/min], η_t=0.7을 식(2–28)에 대입하면

$$P_s = \frac{pQ_a}{60\eta_t} = \frac{7\times70}{60\times0.7} = 11.6[\text{kW}]$$

식 (2–29)에서

$$\eta_m = \frac{\eta_t}{\eta_v} = \frac{0.7}{0.82} = 0.85 = 85[\%]$$

또한, 이론 송출량

$$Q_{th} = \frac{Q_a}{\eta_v} = \frac{70}{0.82} = 85[l/\text{min}]$$

2-10 왕복형 펌프

왕복형 펌프는 용적형 펌프에 속한다. 피스톤 또는 플런저를 실린더 안에서 왕복 운동시켜서 양액을 흡입 · 토출한다. 구동 방식에서는 크랭크식과 다이어그램 식으로, 작동 방식에서는 단동과 복동으로 분류된다.

그림 2-55는 크랭크식 왕복형 펌프의 작동 도면이다. 흡수 밸브, 배수 밸브를 갖추고 피스톤 압축량(배수량)만큼의 물을 간헐적으로 양수할 수 있다. 이 주기적인 배수 현상을 펌프의 맥동이라고 한다.

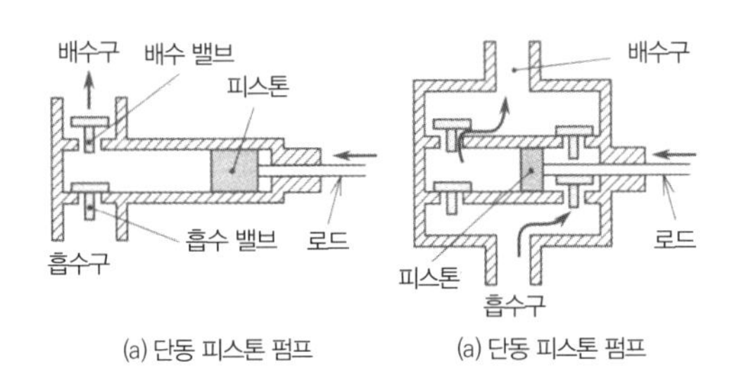

|그림 2-55| 피스톤 펌프의 작동

왕복형 펌프는 이론적으로 토출 측의 압력에 관계없이 높은 압력을 낼 수 있다. 이는 원심 펌프로 얻을 수 없는 고양정에 적합하다. 또한, 흡상 상태도 원심 펌프보다 우수하다. 그림 2-55에서 피스톤 1왕복 당 이론 배수량 Q_{th}[m³/min]은

$$\text{단동식의 경우 } Q_{th} = \frac{\pi}{4}D^2Lnz \tag{2-30}$$

$$\text{복동식의 경우 } Q_{th} = \frac{\pi}{4}(2D^2 - d^2)Lnz \tag{2-31}$$

여기서, D : 실린더 지름 [m], L : 피스톤 스트로크 [m], n : 크랭크축의 회전 속도 [rpm], z : 실링 수, d : 피스톤 로드 지름 [m].

펌프의 실제 배수량 Q[m³/min]은 체적 효율을 η_v로 하면 다음과 같다.

$$Q = Q_{th} \cdot \eta_v \tag{2-32}$$

일반적으로 η_v=0.85~099로 대형 펌프가 될수록 η_v는 좋아진다.

[예제 2-10]

단동 피스톤 펌프의 피스톤 지름 120mm, 스트로크 220mm, 크랭크축의 회전 속도를 180rpm으로 할 때, 펌프의 이론 배수량은 얼마인가? 또한, 펌프의 체적 효율을 0.95로 할 때, 실제 배수량은 얼마인가?

[풀이]

D=120[mm]=0.12[m], L=220[m]=0.22[m], n=180[rpm], z=1을 식(2-30)에 대입하여

$$Q_{th} = \frac{\pi}{4} D^2 Lnz = \frac{\pi}{4} \times 0.12^2 \times 0.22 \times 180 \times 1 = 0.447[\mathrm{m^3/\,min}]$$

$$Q = Q_{th} \cdot \eta_v = 0.447 \times 0.95 = 0.425[\mathrm{m^3/min}]$$

펌프 전효율 η_t=0.75, 전양정 H=10[m]로 했을 때 구동 원동기의 동력을 구하면 식(2-4)에서

$$P_s = \frac{0.163 Q_{th} H}{\eta_t} = \frac{0.163 \times 0.447 \times 10}{0.75} = 0.97[\mathrm{kW}]$$

2-11 기타 펌프

1 재생 펌프

(1) 재생 펌프의 양수 원리

그림 2-56과 같이 원판 바깥쪽에 다수의 홈을 가진 임펠러를 이것과 동심원상의 유로가 있는 펌프 본체(그림 2-57) 안에서 고속으로 회전시킨다. 그러면 홈 주위의 물은 점성을 가지고 있기 때문에 함께 회전하기 시작한다. 물은 흡입구에서 한 번 회전하여 송출구에서 압력을 높이면서 배출된다. 흡입구 부근의 물이 임펠러의 회전으로 이동하면 그 후에 생긴 진공부(저압부)를 채우기 위해서 흡입구에서 물이 들어오기 때문에 연속적으로 흡수하여 양수 작용이 이루어진다.

재생 펌프는 캐스케이드 펌프, 마찰 펌프 등으로도 불린다. 구조가 간단하기 때문에 소형 보일러의 급수, 가정용 우물 펌프 등에 사용된다.

|그림 2-56| 재생 펌프의 임펠러(이와타니제작소)

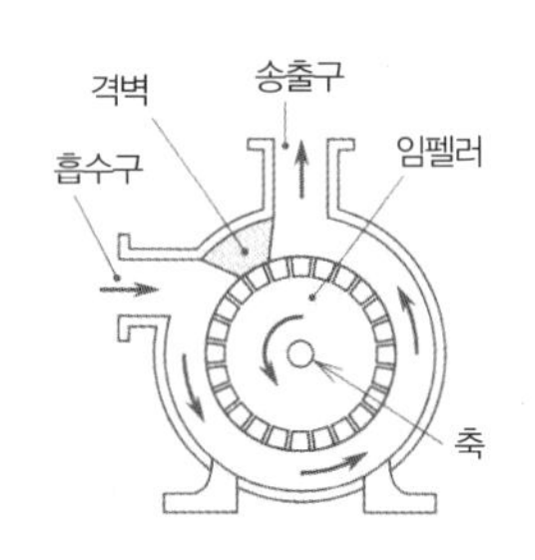

|그림 2-57| 재생 펌프의 본체(이와타니제작소)

(2) 재생 펌프의 구조

그림 2-58과 같이 케이싱과 축에는 미캐니컬 실이 삽입되고 고정핀으로 고정되어 있다. 임펠러는 키에 의해 회전이 전달된다. 케이싱 커버는 임펠러의 매우 작은 틈새를 유지하도록 조립되어 있다.

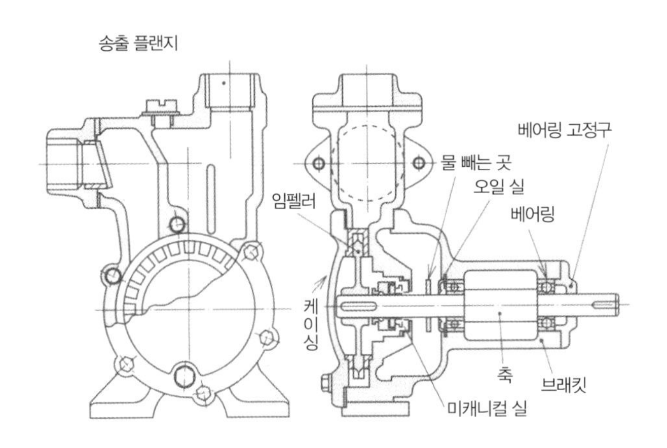

|그림 2-58| 재생 펌프의 구조(덴교샤기계제작소)

(3) 재생 펌프의 특성

그림 2-59는 재생 펌프의 특성 곡선이다. 원심 펌프의 특성 곡선(그림 2-21 참조)과는 완전히 대조적이다.

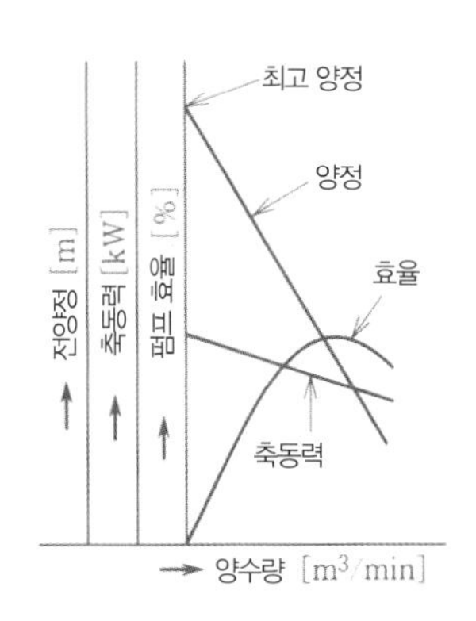

|그림 2-59| 재생 펌프의 특성 곡선

표 2-8에 양쪽을 비교하였다. 특히 주의할 것은 최고 양정(마감점)일 때 원심 펌프는 최대 축출력이 되기 때문에 모터가 소손될 우려가 있다는 점이다. 반대로 원심 펌프는 최저 양정일 때에 최대 축출력이 된다.

|표 2-8| 재생 펌프와 원심 펌프의 비교

항목		재생 펌프	원심 펌프
최대 양정량		적다	많다
최고 양정		높다	적다
축동력	최고 양정	크다	작다
	최저 양정	작다	크다
최대 펌프 효율		낮다	높다
운전 소음		높다	낮다

2 분사 펌프

(1) 분사 펌프의 양수 원리

그림 2-60과 같이 앞쪽이 좁은 관의 선단 노즐 A에서 고속수를 뿜어내면 목 부분 B의 압력은 대기압보다 낮아지고(벤투리관의 원리) 흡입관에서 물을 빨아올린다. 디퓨저 C에서는 분사수와 흡입수가 혼합되면서 서서히 속도가 낮아지고 압력은 상승하여 양수 작용을 한다. 또한, 분사 펌프는 분류 펌프, 제트 펌프라고도 불린다.

|그림 2-60| 분사 펌프의 원리(이와타니제작소)

(2) 전동 펌프와 분사 펌프의 조합

그림 2-61에서 지상에 설치한 전동 펌프의 실용 흡상 높이는 약 8m이다. 이 상태로는 심정용(깊은 우물용)으로 사용할 수 없다. 그래서 지상에 설치한 펌프의 실용 흡상 높이 8m까지 지하수를 올리기 위해서 제트 펌프(분사 펌프)를 우물 속에 설치할 필요가 있다. 이 두 펌프의 조합은 가정용 심정 펌프로서 많이 사용되고 있다. 여기서, 우물의 깊이 30m, 지상의 펌프 흡상 능력 8m, 손실수두 3m로 했을 때 제트 펌프의 필요 압상 높이는 30−8+3=25[m]가 된다.

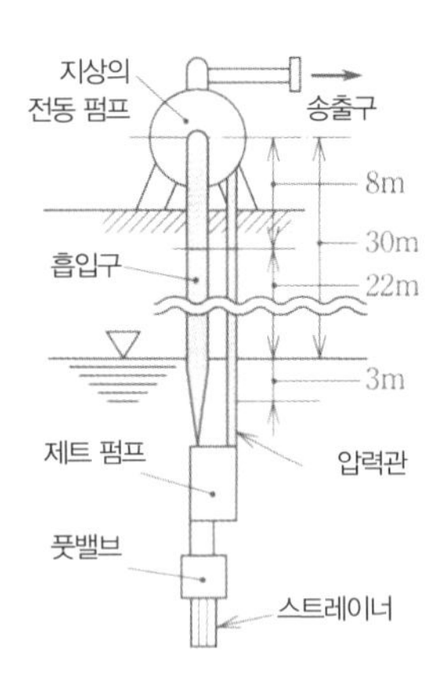

|그림 2-61| 원심 펌프와 제트 펌프의 조합(이와타니제작소)

3 기포 펌프

그림 2-62에 나타낸 것처럼 공기탱크에서 고압의 압축 공기가 양수관 아래에 설치된 노즐에서 분출되면 양수관 내의 물에 공기가 혼입된다. 이 물은 평상시의 물보다 비중이 작아지

고 가벼워진다. 그에 따라 수면이 상승하여 결국 지상으로 분출된다. 이것을 기포 펌프(air lift pump)라고도 한다.

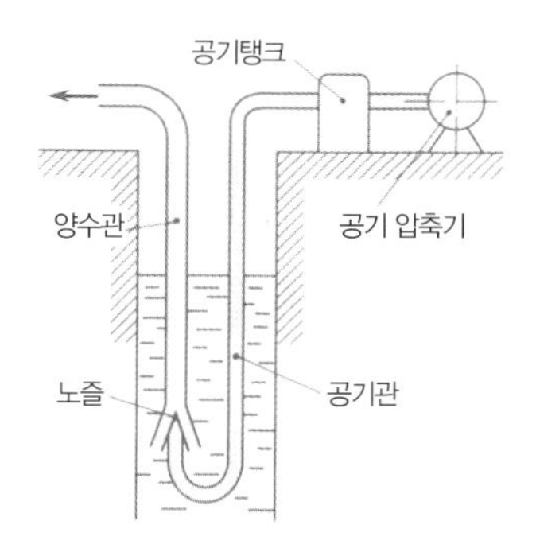

|그림 2-62| 기포 펌프의 원리(이와타니 제작소)

문제 2-7 송출 압력 10MPa, 실송출량 30l/min, 전체 효율 80%일 때, 유압 펌프의 구동에 필요한 동력(축동력)을 구하여라.

문제 2-8 실린더 내경 150mm, 피스톤 로드 지름 12mm, 크랭크 반경 120mm의 복동 펌프가 매분 120 회전할 때의 이론 배수량은 얼마인가? 또한, 펌프의 체적 효율을 95%라고 하면, 실제 배수량은 얼마인가? 또한, 펌프 효율을 75%라고 하고, 양정 5m일 때 필요한 동력은 얼마인가?

2-12 수압 절단 장치

1 워터 제트 절단

초고압수의 에너지를 이용하여 각종 재료를 절단하는 방법이 실용화되어 있다. 워터 제트 절단에서는 초고압수 발생 장치를 원동기, 유압 펌프, 쿨러, 급수 펌프, 증압기 유닛, 초고압 어큐뮬레이터 등으로 구성한다.

먼저, 유압 펌프로부터 토출된 기름에 의해 복식 증압기의 왕복 작동으로 2차 측에 초고압수(100~400MPa)를 토출하고, 0.1~0.3mm의 가는 노즐로부터 음속을 넘는 초고압수 제트를 분사시킨다. 그 충격에너지에 의해 피절단재를 절단 가공한다(그림 2-63).

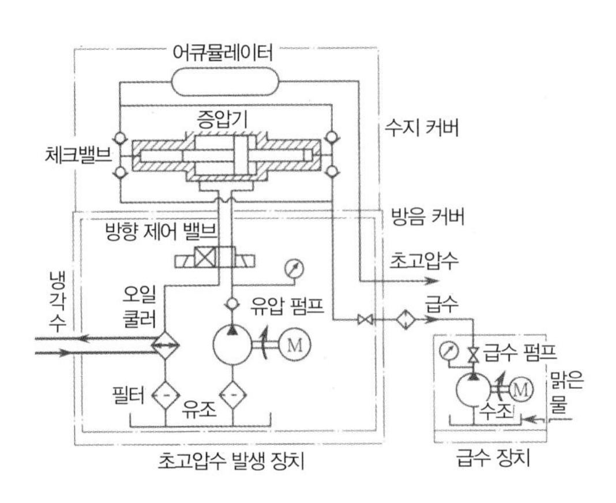

|그림 2-63| 초고압수 발생 장치의 구성(덴교샤기계제작소)

이는 금속을 제외한 대부분의 재료에 사용할 수 있다. 예를 들면, 신소재, 고무류, 종이, 섬유류, 플라스틱류 등을 임의의 형태로 절단할 수 있다. 또한 NC 장치, 로봇 등과 조합하여 각종 재료의 절단, 오려내기, 칩 제거 가공 등에 채택되어 급속히 응용 범위가 넓어져 보급되고 있다.

2 어브레이시브 제트 절단

어브레이시브 제트 절단(abrasive water jet system)은 연마재(어브레이시브)가 혼입된 초고압수를 절단재에 분사시킨 후 고압수 분류의 에너지와 연마재의 연삭 효과를 이용하여 재료를 절단하는 방법이다. 따라서, 앞에서 설명한 초고압수만의 워터 제트 절단기에 비해 훨씬 높은 절단 능력을 가지고 있으므로 워터 제트에 의한 절단으로는 불가능했던 재료도 쉽게 절단할 수 있다. 워터 제트는 비금속의 절단에 적합한 반면, 어브레이시브 제트에 의한 절단은 금속류, 유리류, 콘크리트류의 절단에 적합하다.

어브레이시브 제트 절단의 원리를 그림 2-64에 나타내었다. 어브레이시브 제트가 형성되는 순서는 다음과 같다.

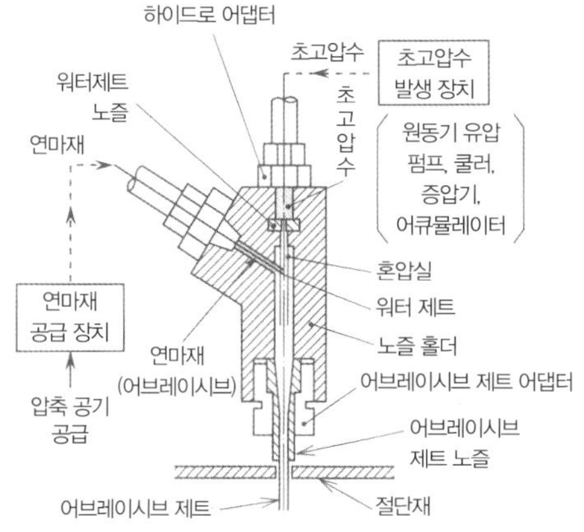

|그림 2-64| 어브레이시브 제트의 절단 원리

① 워터 제트 노즐에서 분사되는 고압수 제트는 혼합실의 공기를 흡입하여 어브레이시브 제트 노즐에 들어간다.

② ①에 의해 혼합실에는 부압이 발생한다.

③ 연마재 공급 장치에서 송출되는 연마재는 혼합실의 부압으로 흡인할 수 있다.

④ 흡인된 연마재는 고압수 제트로 흡입된다.

⑤ 어브레이시브 제트 노즐 내에서 연마재가 가속화되고 혼합된 어브레이시브 제트가 형성된다.

⑥ 제트가 노즐에서 분사되어 피절단재에 닿는다.

또한, 어브레이시브(연마재)의 종류에는 규사(비커스 경도 Hv900, 비중 2.6, 메시 15), 가넷(비커스 경도 Hv1600, 비중 3.8, 메시 36), 주철 그릿(비커스 경도 Hv650, 비중 7.8, 메시 40)이 있다. 다음에 어브레이시브 제트 절단의 일곱 가지 특징을 나열하였다.

① 절단 시의 열이 발생하지 않으므로 재료에 열균열이나 열변형이 발생하지 않는다.

② 절단부에 작용하는 힘이 적기 때문에 재료에 변형 · 갈라짐 등이 발생하지 않는다.

③ 먼지, 가스, 이상한 냄새의 발생이 적다.

④ 절단 후 남는 부분이 적기 때문에 경제적인 재료를 잡을 수 있다.

⑤ 비접촉 절단이므로, 2차원 · 3차원 절단이 가능하다.

⑥ 노즐의 반력이 적기 때문에 단순한 로봇, NC 장치에 의한 고정밀 자동 절단이 가능하다.

⑦ 대부분의 재료에 대하여 절단이 가능하다. 앞서 말한 재료 이외에 화강석, 스테인리스, 티타늄, 에폭시 수지, 프레스보드 등이 있다.

2-13 유압 전동 장치

기계적 에너지를 유체의 에너지로 변환한 후 다시 기계적 에너지로 복원시키는 동력 전달 장치를 유압 전동 장치라고 한다.

1 유체에 의한 동력의 전달

예를 들면, 2대의 선풍기를 서로 마주 보고 두고 한쪽 선풍기를 회전시키면, 다른 쪽 선풍기도 회전을 시작한다. 이것은 유체(공기)가 동력을 전달하는 예이다. 그림 2-65 (a)와 같이, 용기에 유체(물)를 넣고 용기를 회전하면 용기 안의 물도 회전한다. 그러면 용기 안의 물은 가장자리는 높고 중심은 오목한 상태가 된다. 여기서, 회전 속도를 더 올리면 물은 원심력에 의해 용기의 가장자리를 넘치게 된다.

다음으로 그림 2-65 (b)에 나타낸 바와 같이, 회전하는 용기에 같은 형태의 용기를 상하로 마주보게 매달아놓는다. 물의 원심력 영향으로 위에 매달린 용기가 아래의 용기와 같은 방향으로 회전을 시작한다. 이러한 예와 같이 유체에 운동에너지를 주는 구동측(원동측)을 펌프(pump)라고 하고, 유체의 운동에너지를 동력으로 전환하는 피동측(종동측)을 터빈(turbine)이라고 한다.

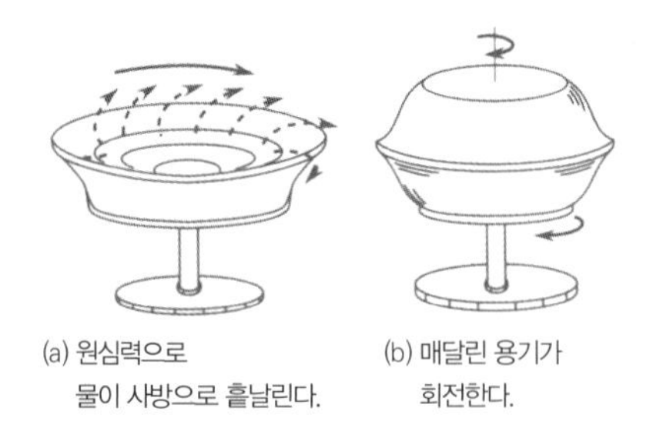

|그림 2-65| 유체가 동력을 전달하는 원리

2 유체 커플링

그림 2–66에서 설명하면, 원동기(예를 들면, 모터)에 의해 원심 펌프를 회전시켜 하수조의 유체를 상수조로 퍼 올리면, 상수조에서는 유체의 낙차를 이용해서 터빈 수차를 돌릴 수 있다. 펌프는 터빈과 분리되어 있기 때문에 완전히 독립적으로 유체를 퍼 올릴 수 있다.

한편, 터빈은 부하의 상태에 따라 자동적으로 회전 속도를 무단계로 바꿀 수 있다. 원동기는 부하와 무관하게 운전할 수 있고, 부하는 무단변속 운전이 가능하다.

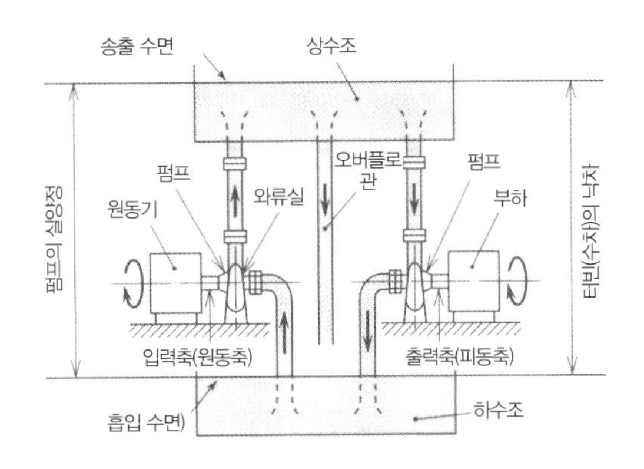

|그림 2–66| 유체 커플링의 작동

그림 2–66에서 펌프에 주어진 기계적 에너지는 유체의 속도에너지와 압력에너지로 바뀌고 터빈에서 다시 기계적 에너지가 된다. 이 관계를 동력 전달 장치에 이용할 경우에는 펌프에서 터빈으로 유체를 직접 보내면 압력에너지의 변환, 관로의 손실을 방지할 수 있으므로 동력의 전달 효율이 향상된다.

원동기로 구동되는 펌프 임펠러는 펌프 작용으로 유체에 원심력을 주어 바깥쪽으로 보내고 마주 보고 있는 터빈 러너에서는 바깥쪽에서 안쪽으로 유체를 보낸다. 러너는 이 유체가 가진 충격력과 반동력으로 터빈을 회전시킨다. 러너를 통과한 유체는 다시 펌프 안쪽의 흡입 측으로 돌아와 순환을 계속한다. 그림 2–67에 유체 커플링의 구조를 나타내었다.

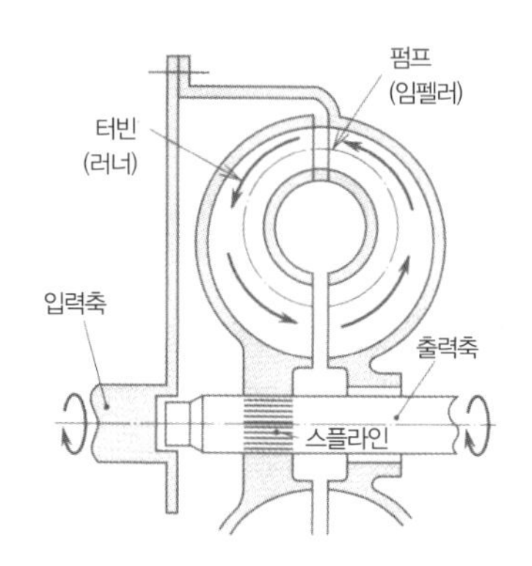

|그림 2-67| 유체 커플링(유체 클러치)의 구조

3 토크 컨버터

그림 2-68에 토크 컨버터의 구조 예를 나타냈다.

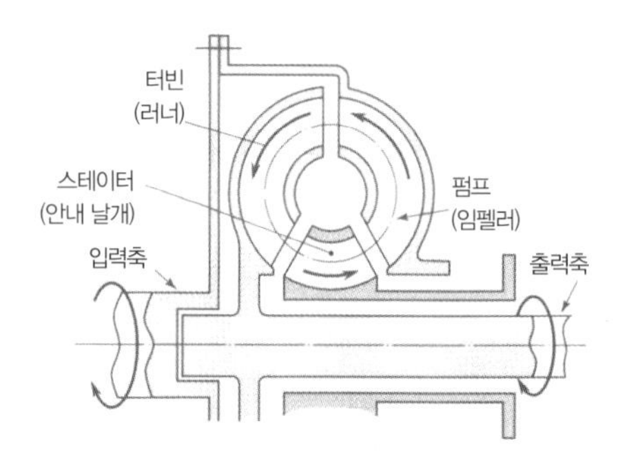

|그림 2-68| 토크 컨버터의 구조 예

유체 커플링의 작동과 다른 점은 임펠러와 러너 사이에 스테이터(리액터 또는 안내 날개)를 설치하여 토크를 변환(증대)할 수 있다는 점이다. 앞에서 서술한 유체 커플링은 토크를 증대할 수 없다. 그림 2-69와 같이 임펠러의 형상은 유체 커플링이 직선 방사상 형태인 반면, 토크 컨버터는 곡선 방사상 형태이다. 펌프와 터빈에서는 날개의 커브가 반대 방향으로 되어 있다. 이것은 커브에 의해 기름의 유입과 유출을 원활하게 하여 기름이 가지고 있는 에너지를 가능한 한 많이 흡수하기 위해서이다.

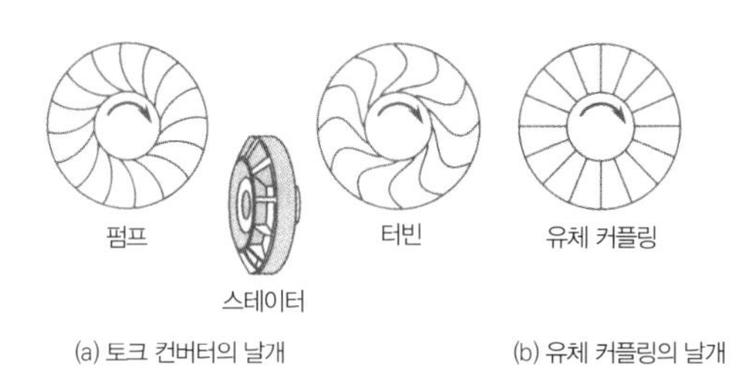

|그림 2-69| 날개의 형상

(1) 토크 컨버터의 작동

그림 2-70에 토크 컨버터 내 기름의 흐름을 나타냈다.

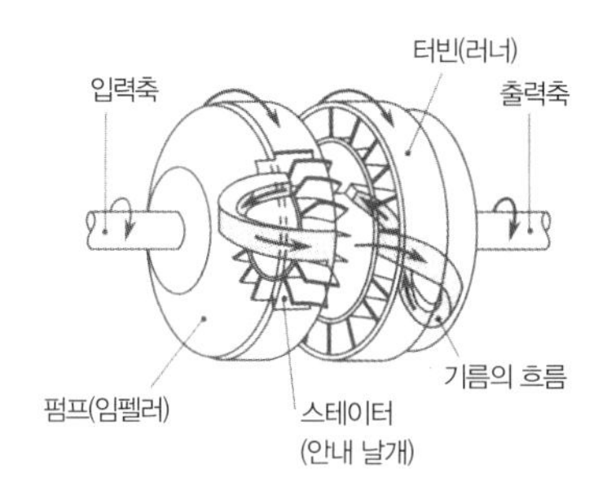

|그림 2-70| 토크 컨버터의 외관

같은 그림에서 펌프 임펠러가 회전하면 토크 컨버터 내의 기름은 펌프의 회전 방향에 따라 회전 흐름이 발생한다. 이 때문에 원심력에 의해 펌프와 터빈의 사이를 순환하는 와류(소용돌이)가 만들어진다. 이 흐름은 그림 2-71처럼 스테이터가 없는(유체 커플링) 경우, 터빈을 나온 기름이 펌프에 들어갈 때, 펌프 회전 방향과 반대가 되어 펌프의 회전을 방해하도록 흐른다.

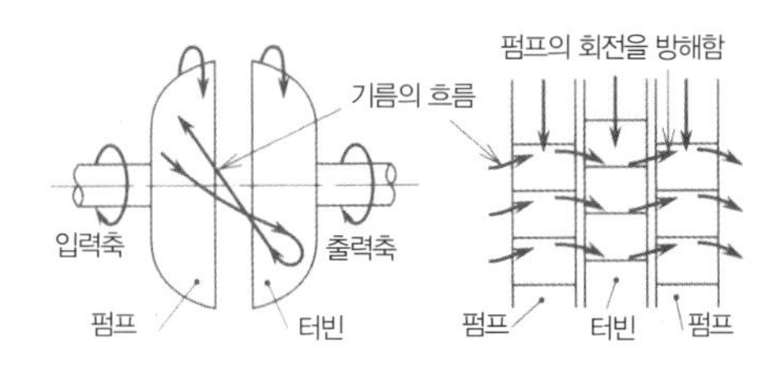

|그림 2-71| 유체 커플링 내에서 기름의 흐름

이 흐름의 방향을 바꾸기 위해 그림 2-72와 같이, 토크 컨버터에는 스테이터가 설치되어 있다. 이 경우는 터빈으로 돌아오는 기름이 스테이터로 방향을 바꾸고 펌프의 후면에 접촉하는 흐름은 펌프의 회전 방향과 같아진다. 따라서, 순환하는 기름이 속도를 떨어뜨리지 않고 펌프의 회전을 돕도록 작용하여 터빈에 전달하는 토크가 커지게 된다.

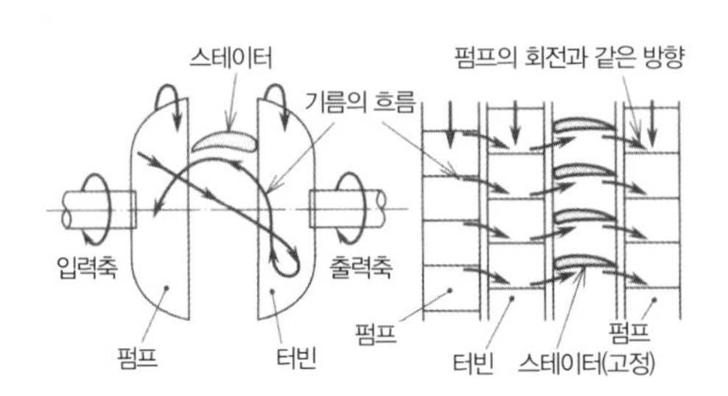

|그림 2-72| 토크 컨버터 내에서 기름의 흐름

(2) 토크 컨버터의 특성

그림 2-73은 토크 컨버터와 유체 커플링의 성능 곡선이다. 토크 컨버터의 토크비 t(출력 토크 T_2 / 입력 토크 T_1)는 터빈이 정지한 상태(스톨 시 $n_2=0$)에서 최대로, 이때의 토크비를 스톨 토크비라고 한다. 같은 그림에서 $t=4$로 되어 있다. 효율 η'는 펌프와 터빈의 회전 속도가 가까워짐에 따라 좋아진다. 같은 그림에서는 속도비 $e=n_2/n_1=0.6$일 때 가장 높다. 이 점을 지나면 효율은 낮아진다. 유체 커플링은 속도비에 관계없고, 토크비는 항상 1(토크의 증대는 없다)이며, 효율은 0~100% 부근까지 직선적으로 변화한다.

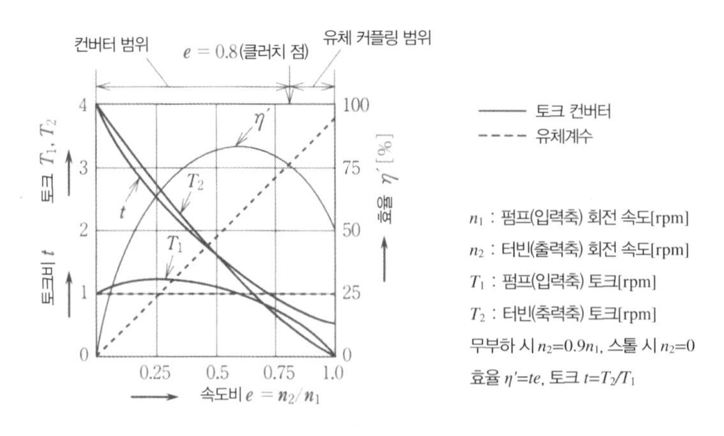

|그림 2-73| 유체 커플링과 토크 컨버터의 성능 곡선(니가타컨버터)

제 3 장

송풍기 · 압축기

3-1 송풍기·압축기의 개요

3-2 원심 송풍기·압축기

3-3 축류 송풍기·압축기

3-4 용적형 송풍기·압축기

3-5 서징

3-6 진공 펌프

3-7 압축 공기 기계

임펠러의 회전에 의해 공기나 기타 기체를 승압 또는 송풍하는 기계 장치를 송풍기(fan, blower)라고 한다. 또한, 공기나 기타 기체를 압축해서 압력을 높이는 기계를 압축기(compressor)라고 한다.

3-1 송풍기·압축기의 개요

1 송풍기·압축기의 분류

송풍기 및 압축기를 분류할 때 기체(가스)를 압축하는 정도 및 기밀성의 관점에서는 상승압력(압력비)으로 분류되며, 승압 기구, 날개의 형태에 따라서도 분류된다. 그림 3-1에 작동 원리에 따른 송풍기 · 압축기를 분류한 것을 나타내고, 압력을 기준으로 분류한 것을 표 3-1에 나타내었다.

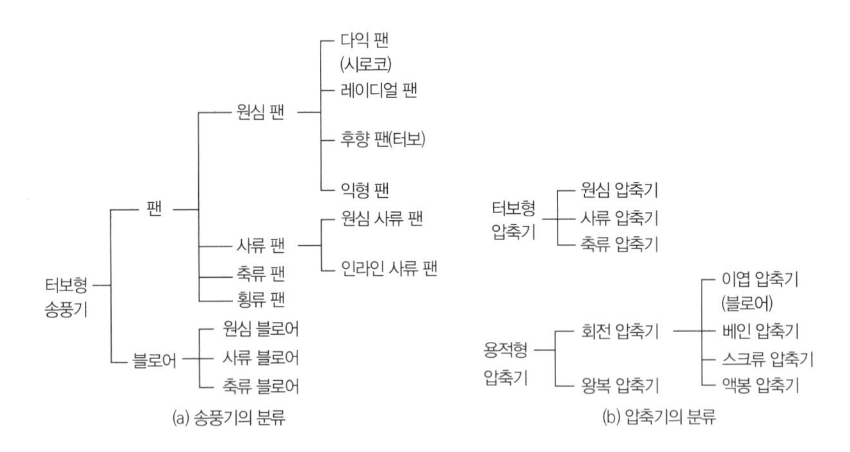

|그림 3-1| 작동 원리에 따른 송풍기 · 압축기의 분류

|표 3-1| 압력에 의한 송풍기 · 압축기의 분류(에바라제작소)

명칭			송풍기		압축기
			팬	블로어	
종별		압력	10kPa($1mH_2O$) 미만	10kPa($1mH_2O$) 이상 100kPa($10mH_2O$) 미만	100kPa($10mH_2O$) 이상
터보형	축류식	축류			
	사류식	사류			—
	원심식	다익		—	—
		레이디얼			
		터보			
	횡류식	횡류		—	—
용적형	회전식	이엽로터	—		—
		베인	—	—	
		나사	—	—	
	왕복식	왕복	—	—	

토출 압력(절대)과 흡입 압력(절대)의 비(압력비)에 의한 분류는 반드시 명확하게 맞는 것은 아니다. 일반적으로 압력 기압 1.1 미만, 또는 대기압을 흡입 압력으로 하여 압력 상승이 10kPa 이하인 것을 팬(fan), 압력비 1.1 이상 2.0 미만의 흡입 압력에서 압력 상승이 10~100kPa인 범위의 것을 블로어(blower)라고 하며, 이것들을 합하여 송풍기로 하고 있다. 그리고 압력비 2 이상, 또는 압력 상승이 100kPa 이상인 것을 압축기(compressor)라고 한다.

압력비 1.1(승압 $1mH_2O$)은 이 압력을 경계로 케이싱 등의 기밀 구조가 달라지는 기준 압력이기도 하다. 또한, 압력비 2(승압 $10mH_2O$)는 기체의 압축성이 두드러지게 나타나고 압축열 등에 대한 고려가 필요하므로, 각종 용적형 압축기가 적용되기 시작하는 압력비이다.

송풍기 및 압축기는 압축 기구에 의한 분류에서는 터보형과 용적형으로 크게 나뉜다. 터보형은 임펠러 안을 통과하는 기체에 작용하는 원심력 또는 운동에너지를 이용해서 압력 상승을 얻는 것으로 비교적 압력이 작고 풍량이 큰 영역에 적합하다. 용적형은 어떤 용적 내로 유입된 기체를 용적의 크기로 축소하는 과정에서 가압 · 압축하기 때문에 비교적 용이하게 고압을 얻을 수 있다. 이와 같이, 승압 기구에 따라 적용할 수 있는 풍량 · 압력이 달라진다.

그림 3-2는 터보형과 용적형에서 임펠러 및 로터의 형상에 따르는 적용 범위를 나타낸 예다.

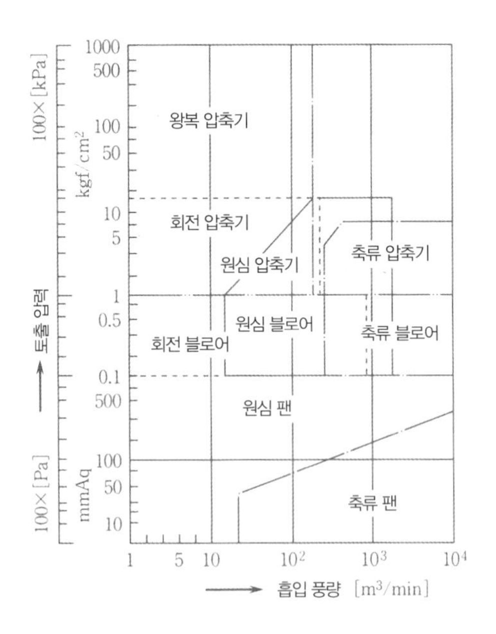

|그림 3-2| 송풍기 · 압축기의 적용 범위(다카기철공소)

송풍기 · 압축기의 기타 분류로는 다음과 같은 것이 있다.

① 흡입구 수(원심형의 경우, 그림 3–3)

편흡입형 : 축의 한쪽에서 빨아들인다[그림 3–3 (a)].

양흡입형 : 축의 양쪽에서 빨아들인다[그림 3–3 (b)].

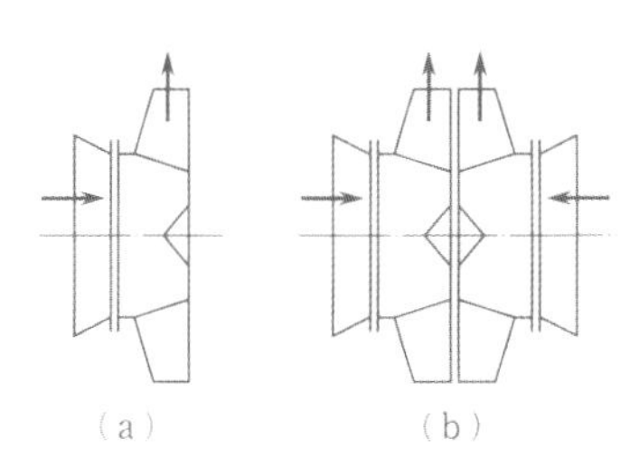

|그림 3–3| 편흡입형과 양흡입형

② 임펠러 지지 방법

편지형 : 2개의 베어링이 임펠러의 한쪽에서 축을 지지하고 있다.

양지형 : 2개의 베어링이 임펠러의 양쪽을 각각 지지하고 있다.

③ 주축의 방향에 따라 횡축과 종축이 있다

④ 구동 방법에 따른다

V 벨트 걸이 : 원동기 회전을 V 벨트로 전달한다.

직동형 : 원동기축에 임펠러를 직접 장착한다.

직결형 : 축 커플링에 의해 원동기와 직결한다.

⑤ 용도에 따라 분류하면 급기·배기·환기·배연 등의 건축 설비용과 공장 내의 공기원·고온 가스나 부식 가스 배출 등의 산업용이 있다

2 송풍기의 개요

여기서는 주로 송풍기에 대해 다룬다. 2장에서 설명한 펌프가 주로 액체를 다루는 기계라면 송풍기는 기체를 다룬다. 따라서, 펌프와 송풍기는 물과 공기의 물리적 성질의 차이에 따라 구조도 다소 차이가 있다. 그러나 원심력으로 기체(펌프의 경우 액체)를 연속적으로 밀어내려는 원리는 같다(그림 3–4).

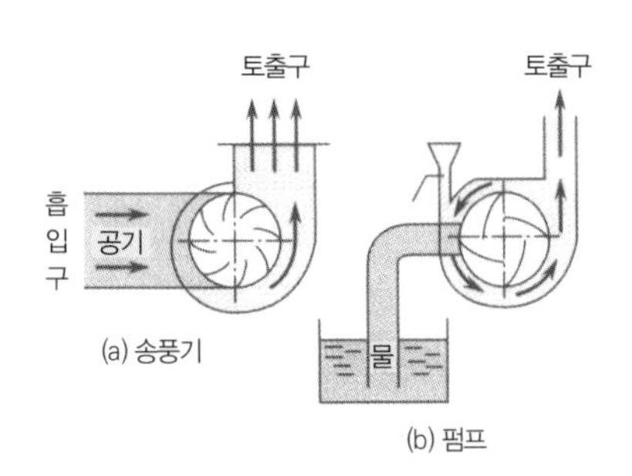

|그림 3-4| 송풍과 양수

(1) 송풍 저항

관에 물을 보낼 때 배관 저항(손실 저항)이 생기는 것은 1장 1-6절의 2항에서 설명하였다. 이와 마찬가지로 덕트(기체를 통과시키는 통로)에 공기가 흐르는 경우에도 저항이 생긴다.

먼저, 덕트의 곧은 부분에서는 공기와 덕트 벽면 사이에 마찰에 의한 저항을 일으킨다. 또한, 굽어진 부분이나 분기점에서는 공기의 소용돌이가 발생하기 때문에 저항이 일어난다. 공기 압력은 이러한 저항들로 인해 덕트의 앞쪽으로 갈수록 점차 약해진다. 이 저항이 송풍 저항(그림 3-5)이다. 공기를 보내기 위해서는 송풍 저항을 이겨낼 만큼의 압력에너지를 공기가 가지고 있어야 한다. 즉, 이러한 압력에너지를 공기에 전달하는 역할을 하는 것이 송풍기이다.

풍속(풍량)과는 관계없이 송풍기의 저항(그림 3-6)에는 일정한 저항 A와 풍속의 제곱에 비례하여 증감하는 저항 B가 있다. 참고로 저항 A는 펌프에서 실양정이라고 불리는 저항이다. 송풍기에서는 일정한 압력의 탱크에 가스를 보내는 경우를 제외하고, 이 저항 A는 고려할 필요가 없다. 저항 B는 펌프에서는 관마찰 저항(관로 손실)에 해당한다. 송풍기에서는 덕트 손실이라고 부르고, 송풍기는 이 저항 B만을 고려한다. 저항 B를 송풍기에서는 덕트의 저항 곡선이라고 한다.

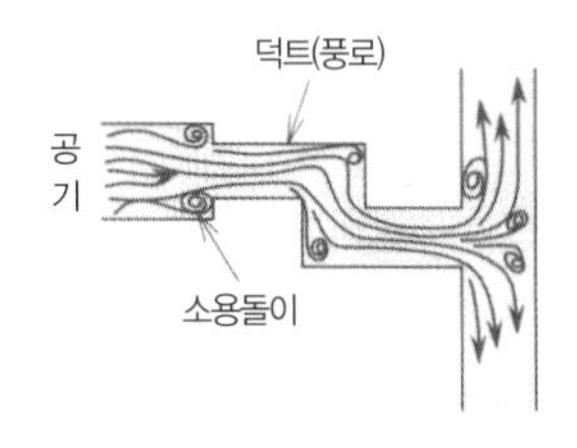

|그림 3-5| 송풍 저항

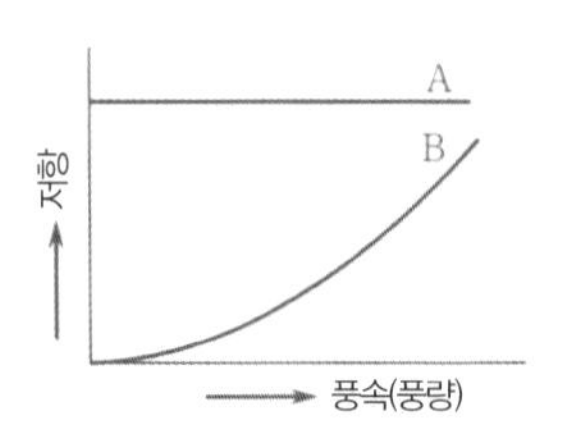

|그림 3-6| 송풍기의 저항

(2) 송풍 압력

덕트의 저항에 대한 공기의 압력은 정압 · 동압 · 전압의 세 가지가 있다(그림 3–7). 이 중에서, 송풍 저항을 이겨내는 압력이 정압이다. 각각에 대한 설명은 다음과 같다.

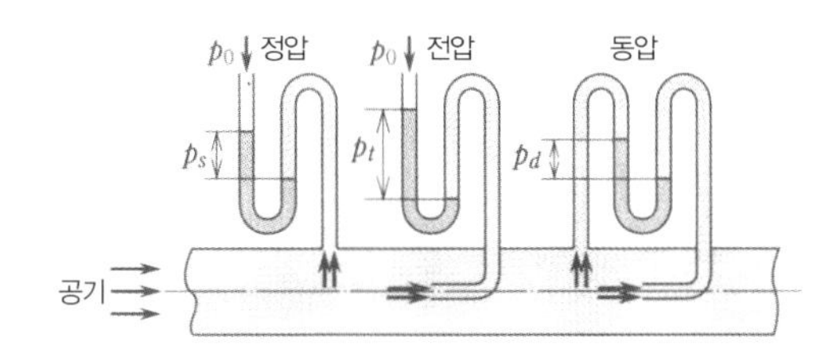

|그림 3–7| 송풍기의 정압 · 전압 · 동압의 관계

① 정압

흐름에 평행한 물체의 표면에 작용하는 압력. 덕트의 벽면에 대해 수직으로 마노미터를 설치하여 측정하는 압력이 정압 p_s이다. 그림 3–7과 같이 마노미터의 한쪽 끝에는 덕트 내의 공기 압력이, 다른 한쪽 끝에는 대기압이 가해져 있기 때문에 마노미터의 좌우 물기둥에 차이가 생긴다. 이 차압이 덕트 내의 압력을 나타낸다.

② 동압

예를 들면, 풍차는 날개에 바람을 받아 빙글빙글 돈다. 이때, 풍량(풍속)이 클수록 매우 힘차게 돈다. 이렇게 풍속에 의해 생기는 압력, 즉 흐름의 운동에너지에 관계되는 압력이 동압 p_d이다. 이것은 속도의 제곱에 비례한다.

③ 전압

그림 3–7에 나타낸 것과 같이 L자 모양으로 구부린 관(피토관)의 선단에 구멍을 내고 덕트 내에 꽂아 선단 안에 기류를 향하게 해서 압력을 측정하면, 마노미터에 나타내는 압력은 정압보다 높아진다. 이것은 덕트 내의 정압에 기류의 동압이 가해졌기 때문이다. 이와 같이 해서 측정한 압력을 전압 p_t이라고 한다.

이러한 압력과 풍속의 사이에는 다음 관계가 있다.

$$p_t = p_s + p_d \tag{3-1}$$

$$p_d = \frac{\rho}{2} v^2 \qquad (3-2)$$

여기서, p_t : 전압 [Pa], p_s : 정압 [Pa], p_d : 동압 [Pa], ρ : 기체의 밀도 [kg/m³], v : 풍속 [m/s].

(3) 송풍기 풍량

덕트에 송풍기를 설치하여 바람을 보냈다고 가정한다. 그림 3-8은 펌프의 게이트 밸브에 해당하는 댐퍼를 출구 지점에서 서서히 열어 갈 경우 정압과 저항의 관계를 나타내고 있다. 다음 그림 3-9와 같이, 송풍기와 덕트를 연결하여 송풍하면 저항 곡선 R_1과 정압 곡선 p가, 점 P_1에서 교차한다. 이 점 P_1이 덕트의 출구에서 토출되는 풍량 Q_1이 된다. 이 덕트 출구의 일부분을 좁히면, 저항은 R_1에서 R_2로 이동하고 풍량은 Q_2로 감소한다.

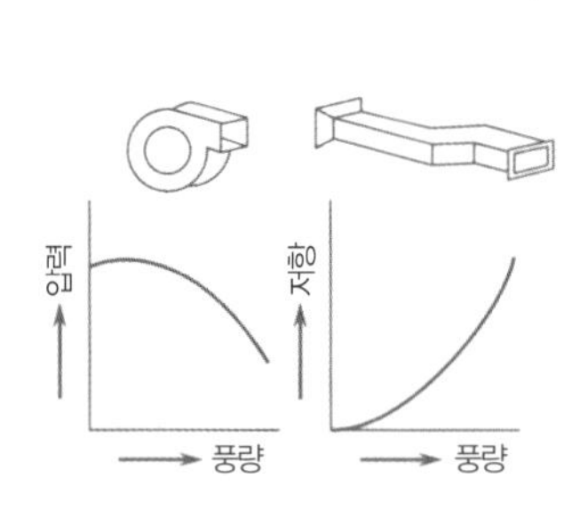

|그림 3-8| 송풍기의 풍량 · 압력 · 저항

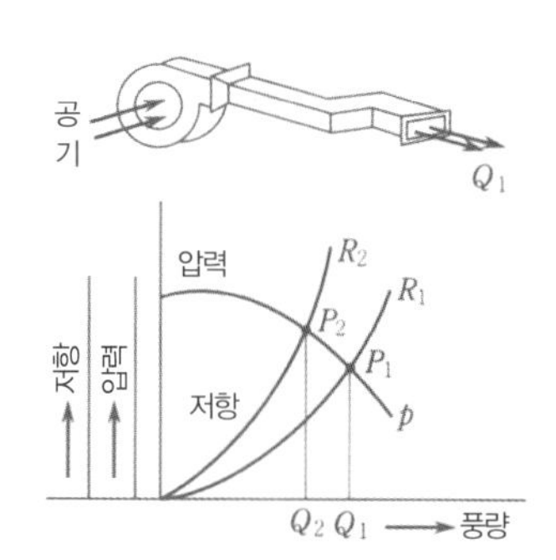

|그림 3-9| 송풍기의 운전점

송풍기의 풍량은 단위 시간에 송풍기로부터 토출되는 기체의 양이며, 흡입 상태 또는 기준 상태로 나타난다. 단, 송풍기의 동력을 생각할 경우에는 흡입 상태로 나타내는 것이 편리하며, 송풍 능력의 요구 사양으로도 흡입 상태의 풍량을 [m³/min], [m³/h], [m³/s]로 나타나는 경우가 많다.

화학반응에 관련된 용도에서는 기체의 질량 유량을 규정할 경우가 있으며, [kg/min]이나 [kg/h], 또는 0°C(273K), 10332mmH_2O의 기준 상태로 환산한 체적 유량 [Nm³/min], [Nm³/h]라는 양으로도 나타낸다. 기준 상태에서 체적 유량으로 나타낼 경우에는, 다시 반응에 무관한 수분을 별도로 다룬 [Nm³/min(DRY)]와 수분을 포함한 [Nm³/min(WET)]이 이용되므로 명시하여 구분할 필요가 있다.

기준 상태에서 나타난 풍량 Q_N(WET)은 흡입 상내의 절내온도 T_1[K]=273+t_1[°C], 설대 압력 p_1[mmH_2O]과 흡입 상태의 풍량 Q_S(WET)의 사이에 다음 식이 성립한다.

$$Q_S = Q_N \frac{10332}{p_1} \cdot \frac{T_1}{273} \tag{3-3}$$

• 표준 상태 : 온도 20℃, 절대 압력 760mmHg(10332mmH_2O, 101.3kPa), 상대습도 65%의 습공기의 상태. 이때의 공기의 밀도는 1.2kg/m^{3}이다.

• 기준 상태 : 온도 0℃, 절대 압력 760mmHg(10332mmH_2O, 101.3kPa)의 건조공기의 상태. 이때의 공기의 밀도는 1.293kg/m^{3}이다.

(4) 축동력과 원동기의 출력

송풍기의 이론 공기 동력(등엔트로피 동력) L_{ad} [kW]는 다음 식으로 계산된다.

압력비 $p_{s2}/p_{s1} < 1.03$인 경우

$$L_{\mathrm{ad}} = \frac{Q}{6\times10^4}\{(p_{s2}-p_{s1})+(p_{d2}-p_{d1})\} \tag{3-4}$$

1.03 < 압력비 < 1.2인 경우

$$L_{ad} = \frac{Q}{6\times10^4}\{(p_{s2}-p_{s1})\times\left(1+\frac{p_{s2}-p_{s1}}{2\chi p_{s1}}\right)+(p_{d2}-p_{d1}) \tag{3-5}$$

압력비 > 1.2로 비냉각인 경우

$$L_{ad} = \frac{\chi}{\chi-1}\cdot\frac{p_{t1}Q}{6\times10^4}\left\{\left(\frac{p_{t2}}{p_{t1}}\right)^{\frac{\kappa-1}{k}}-1\right\} \tag{3-6}$$

여기서, p_{s1}, p_{s2}=흡입구, 토출구의 정압 [Pa abs], Q : 풍량 [m^3/min], p_{d1}, p_{d2} : 흡입구, 토출구의 동압 [Pa abs], χ : 기체의 비열비(정압 비열/정적 비열), p_{t1}, p_{t2} : 흡입구, 토출구의 전압 [Pa abs].

축동력 L[kW]는 이론 공기 동력 L_{ad}[kW]를 전단열효율 η_{tod}로 나눈 것으로,

$$L = \frac{L_{ad}}{\eta_{tad}} \tag{3-7}$$

원동기의 출력 L_m은 축동력 L에 있는 여윳값을 고려한 것으로, 그 여유계수(여유도)를 α라고 하면

$$L_m = \alpha L \tag{3-8}$$

α는 일반적으로는 1.05~1.1로 하지만, 축동력에 대해서는 예상되는 운전 상태에서의 최대 축동력을 취한다.

(5) 압력 손실

어떤 풍량을 흘려 보낼 때의 압력 손실은 덕트(관로)의 길이, 내면의 이음매, 구부러짐, 단면적의 변화 정도 등 덕트 자체의 성질과 내부를 통과하는 공기의 속도로 정해져 다음 식으로 나타낸다.

$$p_r = \xi \frac{\rho v^2}{2} \tag{3-9}$$

여기서, p_r : 필요한 압력(압력 손실) [Pa], ρ : 기체의 밀도 [kg/m^3] (20°C 대기압의 공기 1.2kg/m^3), v : 유속 [m/s] (v=Q/60A), Q : 풍량 [m^3/min], A : 덕트의 단면적 [m^2], ζ : 덕트의 형상에 따른 저항계수(표 3-2), g : 중력의 가속도=9.8[m/s^2]

식(3-9)에서 알 수 있듯이, 압력 손실은 풍량(풍속)의 제곱에 비례한다. 같은 덕트에 흐르는 풍량을 2배로 하려면 4배의 압력이 필요하다. 덕트의 저항계수 ζ를 알면 압력 손실, 즉 필요한 풍량을 흘려보내기 위한 정압을 계산할 수 있다.

또한, 덕트는 원형이라고 한정할 수 없으므로 직사각형 덕트에서 원형 덕트로의 환산은 다음 식으로 한다.

$$D_e = 1.3\left\{\frac{(ab)^5}{(a+b)^2}\right\}^{0.125} \tag{3-10}$$

여기서, D_e : 등가 내경 [m], a : 직사각형 덕트의 폭 [m], b : 직사각형 덕트의 높이 [m].

|표 3-2| 덕트의 형상에 따른 저항계수(에바라제작소)

덕트 부분	형상도	조건		ξ값
직관		아연 도금관		$0.02 \times \frac{L}{D}$
원형의 곡관		R/D		
		=0.5		0.75
		=0.75		0.38
		=1.0		0.26
		=1.5		0.17
		=2.0		0.15
직사각형 단면의 곡관		W/D	R/D	
		0.5	0.5	1.30
			0.75	0.47
			1.0	0.28
			1.5	0.18
		1~3	0.5	0.95
			0.75	0.33
			1.0	0.20
			1.5	0.13
직사각형 단면의 곡관에 안내 날개 부착		W/D	R/D	
		1	0.5	0.70
			0.75	0.16
			1.0	0.13
			1.5	0.12
		2	0.5	0.45
			0.75	0.12
			1.0	0.10
			1.5	0.15
원형관을 서로 붙여서 연결		–		0.87
직사각형관을 서로 붙여서 연결		–		1.25
45°의 곡관		직사각형, 원형안내 날개의 유 · 무		90° 곡선의 1/2
확대관		α=5°		0.17
		=10°		0.28
		=20°		0.45
		=30°		0.59
		=40°		0.73
	ξ는 $\frac{\rho}{2}(v_1^2 - v_2^2)$에 대한 값			

종류	형상	조건	ξ
축소관	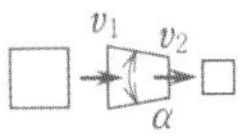 v_1 v_2 α	$\alpha=30°$ $=45°$ $=60°$	0.02 0.04 0.07
		ξ는 $\frac{\rho}{2}v_2^2$ 에 대한 값	
변형관	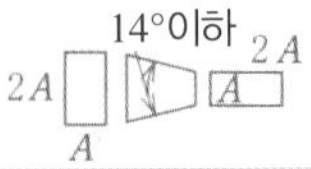 14°이하, $2A$, A, $2A$, A	–	0.15
돌연 축소 입구	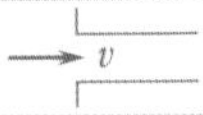 v	–	0.50
급한 출구 (벨 마우스를 포함)	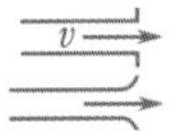 v	–	1.0
벨 마우스 부착 입구	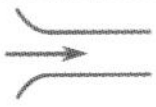	–	0.03
얇은 원형판을 부착한 유수구 (오리피스)	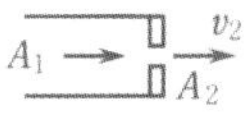 A_1 v_2 A_2	A_2/A_1 $=0$ $=0.25$ $=0.50$ $=0.75$ $=1.0$	 2.8 2.4 1.9 1.5 1.0
		ξ는 $\rho\frac{v_2^2}{2}$ 에 대한 값	
돌연 축소	v_1 v_2 $v_1<v_2$	v_1/v_2 $=0$ $=0.25$ $=0.50$ $=0.75$	 0.50 0.45 0.32 0.18
		ξ는 $\rho\frac{v_2^2}{2}$ 에 대한 값	
돌연 확대	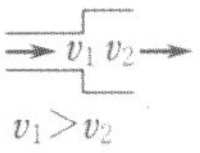 v_1 v_2 $v_1>v_2$	v_1/v_2 $=0$ $=0.20$ $=0.40$ $=0.60$ $=0.80$	 1.0 0.64 0.36 0.16 0.04
		ξ는 $\rho\frac{v_1^2}{2}$ 에 대한 값	
2개가 연속으로 연결된 곡관	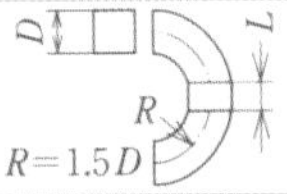 D, L, R, $R=1.5D$	$L=0$ $L=D$ 안내 날개 부착	0.43 0.31 0.15
	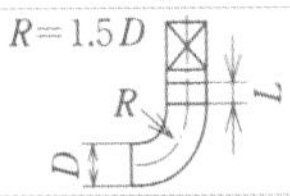 $R=1.5D$, R, L, D	$L=0$ $L=D$ 안내 날개 부착	0.42 0.46 0.21
	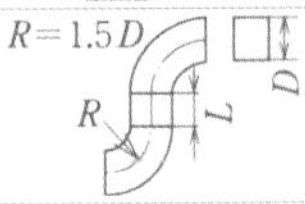 $R=1.5D$, D, R, L	$L=0$ $L=D$ 인내 날개 부착	0.62 0.68 0.19
	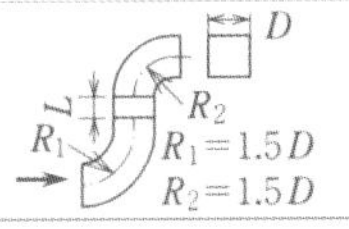 D, L, R_1, R_2, $R_1=1.5D$, $R_2=1.5D$	화살표 방향 역방향	1.15 1.03

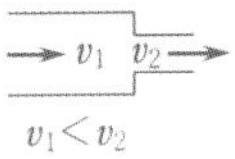

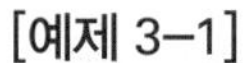

[예제 3-1]

표준 상태에서 내경 500mm 덕트에 80m³/min의 풍량을 보내려고 한다. 100m당 압력 손실은 얼마인가?

[풀이]

$$풍속\ v=\frac{Q}{60A}=\frac{Q}{60\times\frac{\pi}{4}D^2}=\frac{80}{60\times\frac{\pi}{4}\times(500\times10^{-3})^2}=6.8[\mathrm{m/s}]$$

표 3-2에서 $\zeta=0.02\frac{L}{D}=0.02\times\frac{100}{500\times10^{-3}}=4$

ρ=1.2[kg/m³]로 하면 식(3-9)에서

$$p_r=\zeta\frac{\rho v^2}{2}=\frac{1\cdot2\times6.8^2}{2}=111[\mathrm{Pa}]\rightarrow120\mathrm{Pa}(11.7\mathrm{mmH_2O})$$

필요한 송풍기의 사양은 여윳값을 고려하여 풍량 80m³/min, 정압 120Pa(11.7mmH_2O), 온도 20°C로 한다.

[예제 3-2]

표준 상태에서의 동압이 10mmH_2O일 때 풍속은 얼마인가?

[풀이]

1[mmH_2O]=9.80665[Pa]이므로, 10mm [H_2O]=98.0665[Pa]

$p_d=\frac{1}{2}\rho v^2$ 이므로, $v=\sqrt{\frac{2p_d}{\rho}}=\sqrt{\frac{2\times98.0665}{1.2}}=12.7[\mathrm{m/s}]$

[예제 3-3]

배관 단면의 한 변이 0.6m인 정사각형이며, 길이 20m 덕트에 분당 450m³의 공기를 보내려고 할 때 어느 정도의 압력이 필요한가? 표준 상태에서의 공기 밀도를 1.2kg/m³로 한다.

[풀이]

정사각형을 원형으로 환산했을 경우의 등가 내경을 구한다. 식(3-10)에서

$$등가\ 내경\ D_e=1.3\left\{\frac{(ab)^5}{(a+b)^2}\right\}^{0.125}=1.3\left\{\frac{(0.6\times0.6)^5}{(0.6+0.6)^2}\right\}^{0.225}$$

$$=1.3\{4.2\times10^{-3}\}^{0.125}=0.65[\mathrm{m}]$$

$$풍속\ v=\frac{Q}{60A}=\frac{450}{60\times\frac{\pi}{4}\times0.65^2}=22.6[\mathrm{m/s}]$$

저항계수 $\zeta = 0.02\dfrac{L}{D_e} = 0.02 \times \dfrac{20}{0.65} = 0.615$

압력 손실 $p_r = \zeta \dfrac{\rho v^2}{2} = 0.615 \times \dfrac{1.2 \times 22.6^2}{2} = 185.5[\mathrm{Pa}]$

$\rightarrow 200[\mathrm{Pa}](20.4\mathrm{mmH_2O})$

따라서, 필요한 송풍기의 사양은 여윳값을 고려하여 풍량 450m^3/min, 정압 200Pa(20.4mmH_2O), 온도 20°C로 한다.

[예제 3-4]

그림 3-10과 같은 배관으로 도장 공장을 환기시키고 싶다. 표준 상태에서의 필요 풍량은 500m^3/min이라고 한다. 필요한 압력을 계산하여라. 배관은 내경 0.65m로 하고, 공기 밀도를 1.2kg/m^{3}으로 한다.

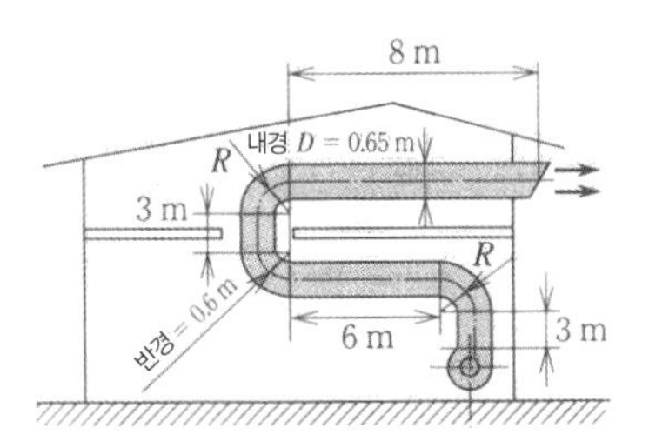

|그림 3-10| 도장 공장의 배관

[풀이]

(1) 저항계수를 구한다. 직관 부분의 길이 $L=3\times2+6+8=20[\mathrm{m}]$, $D=0.65[\mathrm{m}]$, $L=20[\mathrm{m}]$이므로 직관 부분의 저항계수는

$$\zeta_1 = 0.02\frac{L}{D} = 0.02 \times \frac{20}{0.65} = 0.615$$

또한, 곡관 부분은 $R/D=0.6/0.65=0.923$으로, 이것에 대한 ζ_2($R/D=0.75$일 때 $\zeta_2=0.38$로, $R/D=1.0$일 때 $\zeta_2=0.26$)는 비례 계산에 의해 $\zeta_2=0.297$이 된다. 따라서

$$\zeta_2' = 0.297\times3 = 0.891$$

다음으로 토출 부분(급한 출구)은 $\zeta_3=1.00$이다. 따라서, 전저항계수는

$$\zeta = \zeta_1 + \zeta_2' + \zeta_3 = 0.615 + 0.891 + 1 = 2.506$$

(2) 풍속을 구한다.

$$v = \frac{Q}{60A} = \frac{Q}{60 \times \frac{\pi}{4} D^2} = \frac{500}{60 \times \frac{\pi}{4} \times 0.65^2} = 25.1[\mathrm{m/s}]$$

(3) 정압을 구한다.

$$p_r = \zeta \frac{\rho v^2}{2} = 2.506 \times \frac{1.2 \times 25.1^2}{2} = 947.3[\mathrm{Pa}] \rightarrow 950[\mathrm{Pa}] \quad (97\mathrm{mmH_2O})$$

필요한 송풍기의 사양은 여윳값을 고려하여 풍량 500m^3/min, 정압 950Pa(97mmH_2O), 온도 20°C로 한다.

[예제 3–5]

그림 3–11과 같은 송풍기 시험 장치에서 66m^3/min의 풍량으로 흘려보내고 싶다. 필요한 정압은 얼마인가? 20°C에서의 공기 밀도는 1.2kg/m^{3}로 표준 상태로 한다.

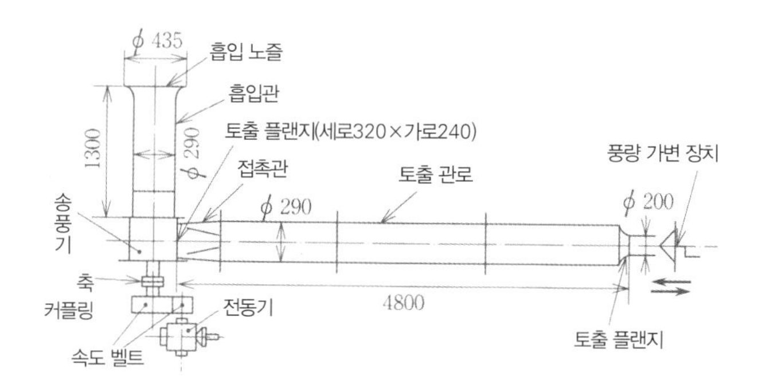

|그림 3–11| 토출관과 흡입관 양쪽을 가지고 있는 송풍기 시험 장치

[풀이]

(1) 흡입 부분의 저항계수는 표 3–2의 벨 마우스 부착 입구에서

$$\zeta_1 = 0.03$$

(2) 직관 부분의 길이는 L=1300+4800=6100[mm]=6.1[m], D=290[mm]=0.29[m]이므로 저항계수는

$$\zeta_2 = 0.02\frac{L}{D} = 0.02 \times \frac{6.1}{0.29} = 0.42$$

(3) 토출 부분은 노즐 부분이 짧고, 구경 200mm로 좁혀져 있으므로 저항계수는 표 3–2의 얇은 원형판을 부착한 유수구(오리피스)를 취하면

$$\frac{A_2}{A_1}=\left(\frac{200}{290}\right)^2=0.476$$

이라고 생각하고, 비례 계산에 따라 $\zeta_3=1.95$

따라서, 전저항계수 $\zeta=\zeta_1+\zeta_2+\zeta_3=0.03+0.42+1.95=2.4$

$$\text{풍속 } v=\frac{Q}{60A}=\frac{66}{60\times\frac{\pi}{4}\times0.29^2}=16.6[\mathrm{m/s}]$$

$$\text{정압(압력 손실) } p_r=\xi\frac{\rho v^2}{2}=2.4\times\frac{1.2\times16.6^2}{2}=396.8[\mathrm{Pa}]$$

$$\rightarrow 400\mathrm{Pa}\ (41\mathrm{mmH_2O})$$

필요한 송풍기의 사양은 여윳값을 고려하여 풍량 66m^3/min, 정압 400Pa(41mmH$_2$O), 온도 20°C로 한다.

또한, 동압 $p_d=\frac{\rho v^2}{2}=\frac{1.2\times16.6^2}{2}=165.3[\mathrm{Pa}]$일 때

$$\text{전압 } p_t=p_d+p_r=165.3[\mathrm{Pa}]+396.8=562.1[\mathrm{Pa}]$$

식(3-4)에서 송풍기 이론 동력 $L_{ad}=\frac{Qp_t}{6\times10^4}=\frac{66\times562.1}{6\times10^4}=0.618[\mathrm{kW}]$

전단열효율이 60%일 때의 축동력 $L=\frac{L_{ad}}{\eta_{tad}}=\frac{0.618}{0.6}=1.03[\mathrm{kW}]$

원동력(모터)의 여유를 20%로 하면, 모터 출력

$$L_m=\alpha L=1.2\times1.03=1.24[\mathrm{kW}]$$

따라서, 출력 1.5kW의 모터를 사용하면 된다.

3 송풍기의 성능

(1) 회전 속도에 따른 성능 변화

회전 속도가 n_1[rpm]에서 n_2[rpm]으로 변화했을 때의 성능 곡선은 그림 3-12와 같이 된다. 이 경우 풍량, 압력, 축동력은 다음과 같다.

$$\text{풍량 } Q_2=\left(\frac{n_2}{n_1}\right)\cdot Q_1,\ \text{압력 } p_2=\left(\frac{n_2}{n_1}\right)^2\cdot p_1,\ \text{축동력 } L_2=\left(\frac{n_2}{n_1}\right)^3\cdot L_1$$

여기서, Q_1, Q_2 : 회전 속도 n_1[rpm], n_2[rpm]일 때의 풍량 [m^3/min], p_1, p_2 : 회전 속도 n_1[rpm], n_2[rpm]일 때의 압력 [Pa], L_1, L_2 : 회전 속도 n_1[rpm], n_2[rpm]일 때의 축동력 [kW].

즉, 풍량, 압력, 축동력 모두 회전 속도에 비례한다.

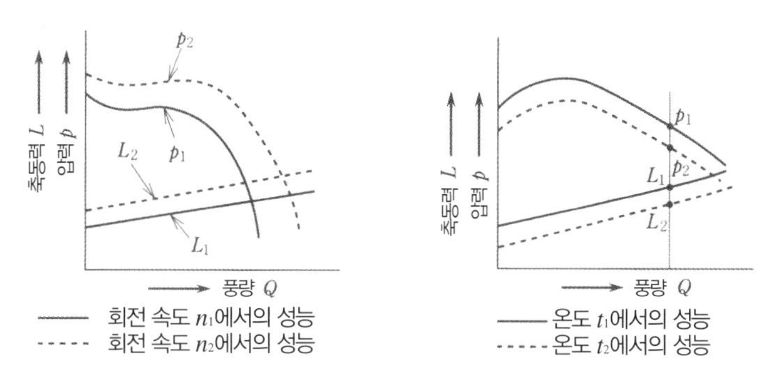

|그림 3-12| 회전 속도에 따른 성능 변화($n_1>n_2$) |그림 3-13| 온도에 따른 성능 변화($t_1>t_2$)

(2) 공기 온도에 따른 성능 변화

온도가 t_1[°C]에서 t_2[°C]로 변화했을 때 성능 곡선은 그림 3-13과 같다. 풍량, 압력, 축동력과 관련된 식은 다음과 같다.

$$\text{풍량 } Q_2=Q_1,\ \text{압력 } p_2=\frac{273+t_1}{273+t_2}\cdot p_1,\ \text{축동력 } L_2=\frac{273+t_1}{273+t_2}\cdot L_1$$

즉, 온도가 높아지면 공기는 가벼워지므로 압력이 발생하지 않는다. 반대로 온도가 낮아지면 공기는 무거워지므로 압력이 발생한다.

축동력도 마찬가지로 변화한다. 온도가 20°C보다 낮은 경우는 축동력의 과잉에 주의하고, 20°C보다 높으면 유효한 압력이 발생되지 않으므로 풍량 부족에 주의한다.

[예제 3-6]

풍량 500m^3/min, 압력 75mmH_2O, 축동력 12kW의 송풍기가 있고 회전 속도 500rpm으로 운전하고 있다. 회전 속도를 400rpm으로 하면 풍량, 압력, 축동력은 얼마인가?

[풀이]

$$\text{풍량 } Q_2=\left(\frac{n_2}{n_1}\right)\cdot Q_1=\left(\frac{400}{500}\right)\times 500=400[\text{m}^3/\text{min}]$$

압력 $p_2 = \left(\frac{n_2}{n_1}\right)^2 \cdot p_1 = \left(\frac{400}{500}\right)^2 \times 75 = 48[\text{mmH}_2\text{O}]$

축동력 $L_2 = \left(\frac{n_2}{n_1}\right)^3 \cdot L_1 = \left(\frac{400}{500}\right)^3 \times 12 = 6.14[\text{kW}]$

[예제 3-7]

40°C의 온도에서 100mmH_2O의 압력을 얻고 싶다. 송풍기의 표준 상태에서의 압력은 얼마인가?

[풀이]

p_2=100mmH_2O, t_2=40°C, t_1=20°C이기 때문에

$$p_1 = \frac{273 + t_2}{273 + t_1} \cdot p_2 = \frac{273 + 40}{273 + 20} \times 100 = 106 \cdot 8[\text{mmH}_2\text{O}]$$

이처럼 온도가 높아지면 약간 높은 압력의 송풍기를 선정할 필요가 있다. 또, 축동력은 운전 시에는 감소하게 된다.

문제 3-1 표준 상태에서 직경 300mm, 길이 50m의 덕트에 분당 50m^3의 공기를 보내려고 할 때 발생하는 손실압력 및 전압력을 구하여라.

문제 3-2 석탄을 1시간에 40kg 연소시키려면 일반적으로 어느 정도의 풍량을 필요로 하는가? 강제통풍식에서 0.45kg의 석탄을 태우는 데 필요한 공기량은 분당 6.5m^3로 한다.

문제 3-3 그림 3-10에 있어서, 한 변이 0.6m인 정사각형 덕트로 할 경우, 필요한 압력을 계산하여라. 표준 상태에서의 공기 밀도는 1.2kg/m^3로 한다.

문제 3-4 그림 3-14와 같이 송풍기 실험 장치에서 50m^3/min의 풍량을 보내려고 할 때 필요한 압력은 얼마인가? 표준 상태에서의 공기 밀도는 1.2kg/m^3으로 한다.

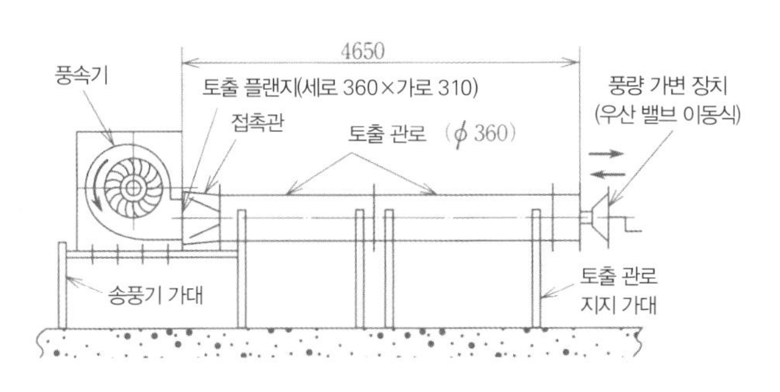

|그림 3-14| 토출관만 부착한 송풍기 시험 장치

문제 3-5 정압 1.47kPa(150mmH_2O), 풍량 50m^3/min인 송풍기를 운전하려면 축출력은 몇 kW가 필요한가? 또, 송풍기를 운전하는 원동기(모터)의 출력은 얼마인가? 덕트 내의 풍속을 20m/s, 공기 밀도를 1.2kg/m^3, 송풍기 효율은 60%로 한다.

문제 3-6 앞에서 나온 예제 3-6에서 회전 속도를 550rpm으로 했을 경우, 풍량, 압력, 축동력을 구하여라.

3-2 원심 송풍기·압축기

1 원심 송풍기

(1) 다익 팬

다익 팬(multi-blade fan)은 회전 방향으로 향한 날개(전향 날개: forward curved blade)를 가진 팬으로 일반적으로는 시로코 팬(sirocco fan)이라고 한다.

다익 팬은 표 3-3에 나타냈듯이 상대 속도와 주행 속도와 이루는 각(상대 유출각) β_2가 90° 이상(120~150°)으로 날개 출구에서 절대 속도가 크다. 따라서 대풍량을 얻을 수 있지만, 소음이 크고 효율은 나쁘다. 흐름의 요동을 작게 하기 위해 날개 사이의 피치를 작게 하고, 날개의 매수(40~64)를 많게 한다. 소음이 문제가 되지 않을 경우 배기 · 통풍에 이용된다. 효율은 45~60% 정도, 팬의 크기는 외경으로 나타내며 원심형의 경우는 외경 150mm를 No.1, 축류형은 100mm를 No.1으로 하고 있다. 날개 폭은 외경의 약 1/2정도의 크기이다.

표 3-3에 원심 팬의 종류, 임펠러의 종류, 그림 3-15에 다익 팬의 성능 곡선을 나타내었다.

|표 3-3| 원심 팬의 임펠러 종류

날개 형상		명칭	날개 수
전향 날개 (β_2>90°)		다익 팬(시로코 팬)	40~64
방사형 날개 (β_2=90°)		레이디얼 팬(플레이트 팬)	6~14
후향 날개 (β_2<90°)		후향 팬(완곡)	16~24
		후향 팬(직선)	
		익형 팬(에어포일 팬)	8~12

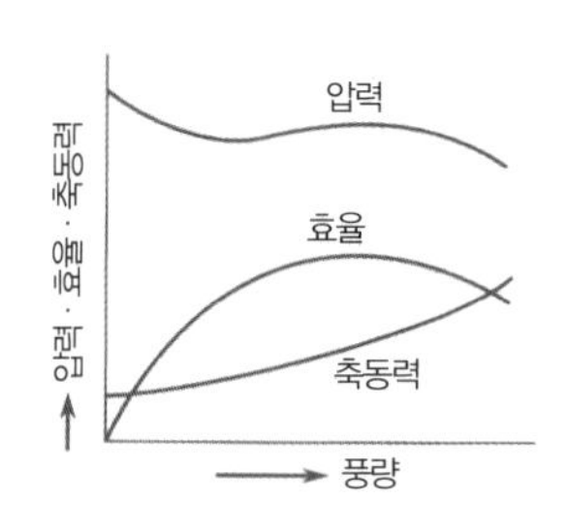

|그림 3-15| 다익 팬의 성능 예

(2) 레이디얼 팬

임펠러의 출구각 β_2가 반경 방향(90°, 일반적으로는 70~110°)를 향하고 있는 것을 방사형 날개라고 한다. 이러한 날개를 가지고 있는 팬이 레이디얼 팬이다. 레이디얼 팬은 기체 중에 포함된 이물질이 유로 내에 부착되어 이를 제거할 필요가 있는 경우, 또는 기체 안에 포함되어 있는 고형물이 날개에 마모를 발생시켜 임펠러를 교환할 필요가 있는 경우에 이용한다. 날개의 매수는 6~14매이며, 효율은 50~70%이다. 그림 3-16에 성능 곡선을 나타내었다.

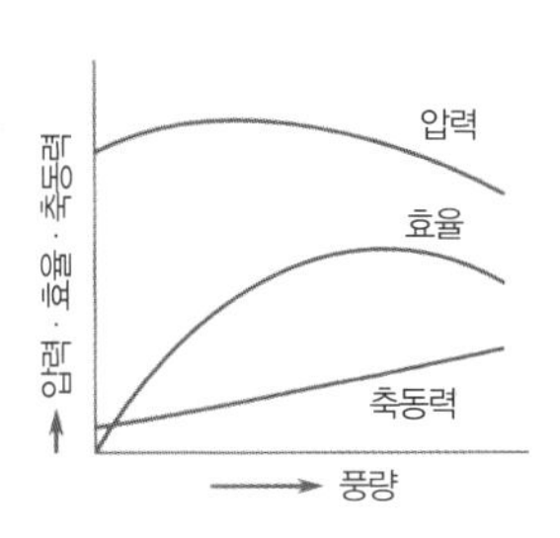

|그림 3-16| 레이디얼 팬의 성능

(3) 터보 팬

다익 팬보다도 높은 압력 상승과 효율을 필요로 하는 경우, 날개의 출구를 회전과 반대 방향으로 향한 것(β_2<90°)을 후향 날개(표 3-3)라고 한다.

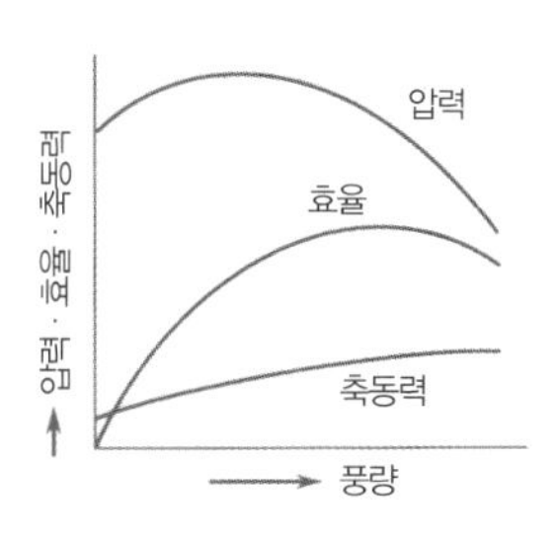

|그림 3-17| 터보 팬의 성능

이 날개를 가진 팬을 터보 팬이라고 한다. 다른 기종에 비해 전압 상승이 가장 작고, 임펠러의 유로 내 흐름도 매끄럽고 소음도 적다. 날개의 매수는 일반적으로 16~24매, 출구 각도 β_2는 30~50° 정도이다. 효율은 높아서 65~80%를 나타낸다. 그림 3-17에 성능 곡선을 나타내었다. 또한, 날개의 단면 형상에 깃(airfoil) 형상을 이용한 익형 팬이 있다.

2 원심 블로어

압력 상승이 10 이상 100kPa 미만의 송풍기를 블로어라고 한다. 압력 상승은 회전 속도의 제곱에 비례하고 임펠러에 가해지는 원심력도 동일하다. 따라서, 임펠러는 큰 원심력을 견디는 구조(그림 3-18)로 해야 한다.

또한, 압력 상승이 큰 것은 임펠러 출구의 기류가 크기 때문에 그것을 유효하게 압력으로 변환하기 위해 임펠러 출구에 디퓨저를 설치한다.

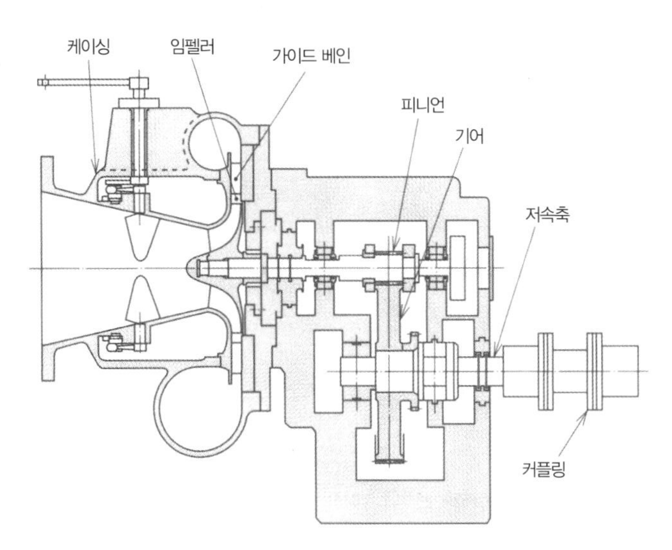

|그림 3-18| 터보 블로어의 구조(덴교샤기계제작소)

3 원심 압축기

압력 상승이 100kPa 이상의 원심 압축기에는 후향 날개를 가진 다단 터보 압축기가 대부분이다. 압력비가 높으므로(2 이상), 온도도 함께 상승한다. 따라서, 단의 중간에 중간 냉각기를 설치하여 기체를 냉각하면서 압축함으로써 축동력을 제어한다. 그림 3-19는 2단 압축 터보 압축기의 구조 예이다.

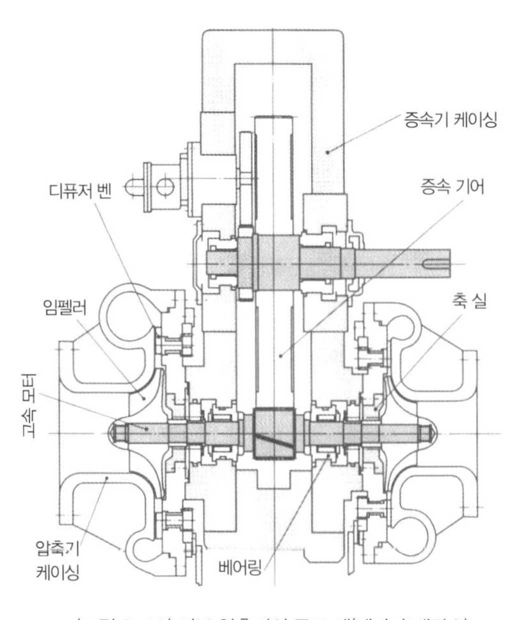

|그림 3-19| 터보 압축기의 구조 예(에바라 제작소)

3-3 축류 송풍기·압축기

축류 송풍기 · 압축기는 축류 펌프와 유사한 구조를 가지며, 작동 원리도 같다.

1 축류 팬

임펠러에 대해 기체를 축 방향으로 유입시켜 축 방향으로 유출하는 팬이다. 회전체의 원통 위에 여러 장에서 수십 장의 가동익으로 양력을 받아 압력을 높이고 그 후에 설치된 고정익 또는 안내 날개에 의해 진행 방향의 성분을 가진 흐름이 축 방향으로 향하게 된다. 고정익의 배치에 의해 가동익의 후방(하류 쪽)에 두는 것을 후치 정익형(그림 3-20), 전방(상류 쪽)에 두는 것을 전치 정익형이라고 한다.

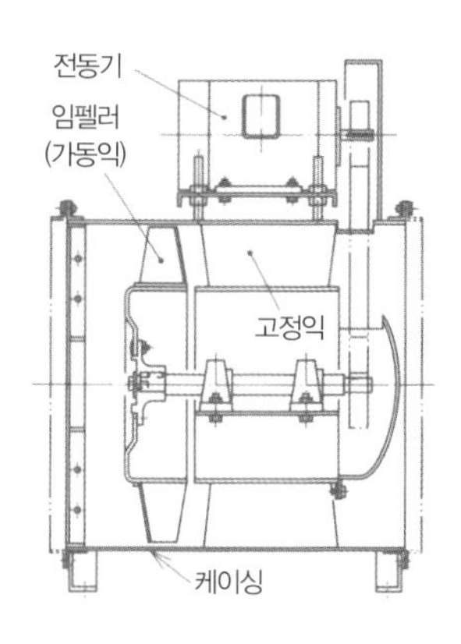

|그림 3-20| 축류 팬의 구조(덴교샤기계제작소)

가동익과 고정익이 하나의 단을 형성하며, 큰 압력 상승이 필요할 경우에는 2단으로 한다. 풍량은 원심형보다 훨씬 크다. 동력이 작은 팬은 고정익을 이용하여 전동기를 케이싱 내에 고정하고, 그 축단에 가동익을 설치한다. 축류 팬의 성능 예를 그림 3-21에 표시하였다.

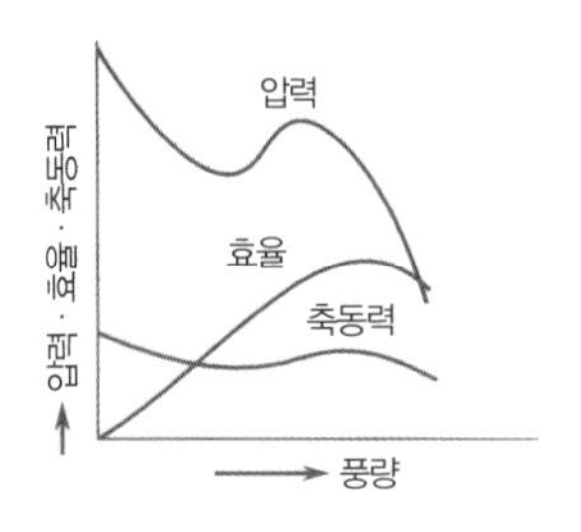

|그림 3-21| 축류 팬의 성능

2 축류 압축기

축류 압축기는 저압 · 대풍량일 경우에 적합하다. 가동익과 고정익을 다단으로 배열하면 고압의 축류 압축기(그림 3-22)가 된다. 축류 압축기는 효율이 좋고 대부분은 제트 엔진이나 가스 터빈의 압축기로서 사용된다. 그 외, 용광로 송풍용 압축기로도 사용되고 있다.

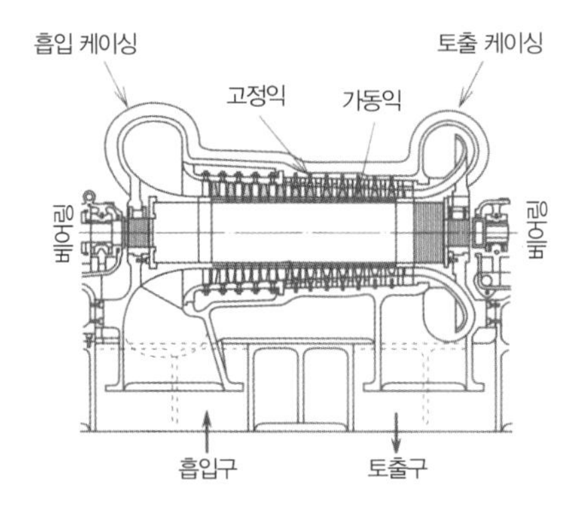

|그림 3-22| 축류 압축기의 구조(에바라제작소)

3 사류 팬

축류 팬과 마찬가지로 사류 팬도 축 방향 흡입에 대하여 사선 방향으로 토출한다. 따라서 흐름이 원활하기 때문에 원심형(그림 3-23) 80% 이상, 축류형 75% 이상의 고효율이다. 원심형 사류 팬의 성능을 그림 3-24에 나타내었다.

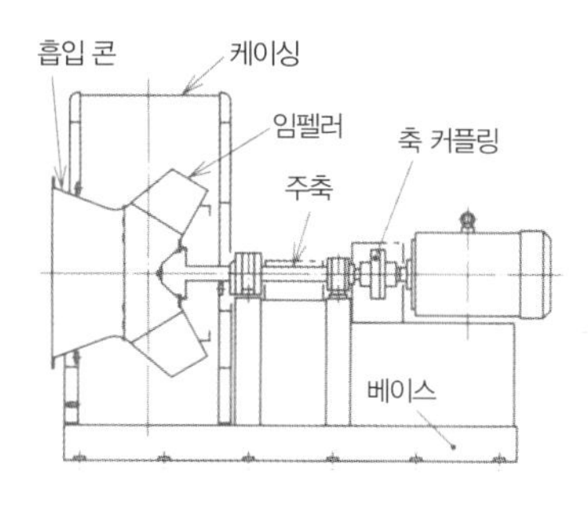

|그림 3-23| 원심형 사류 팬의 구조(덴교샤기계제작소)

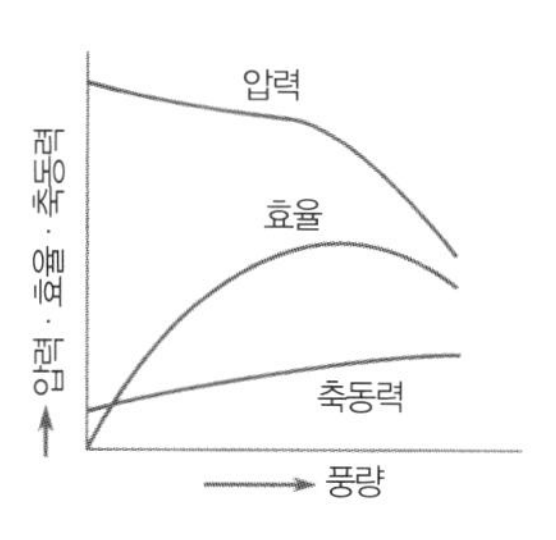

|그림 3-24| 원심형 사류 팬의 성능

3-4 용적형 송풍기·압축기

1 이엽 로터리 블로어

이엽 로터리 블로어(그림 3-25)는 케이싱 내부를 서로 반대 방향으로 회전하는 2개의 누에고치형 로터가 케이싱 내벽과 로터 상호 간 약간의 틈새를 유지(접촉하지 않은 상태)하면서 회전하는 것이다. 루츠 블로어(Roots blower)라고도 한다.

로터의 회전은 동축에 장착된 타이밍 기어에 의해 이루어진다. 케이싱과 로터 사이에 유입된 공기는 흡입 측에서 토출 측으로 보내지고 케이싱 외부로 공기를 밀어낸다. 이엽 로터리 블로어의 성능을 그림 3-26에 나타냈다.

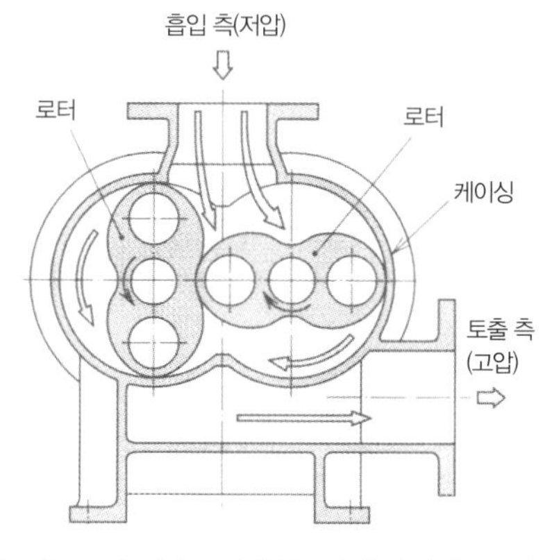

|그림 3-25| 이엽 로터리 블로어의 작동(덴교샤기계제작소)

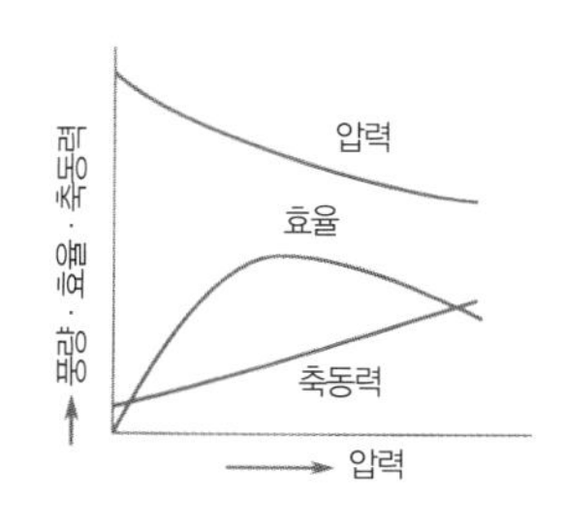

|그림 3-26| 이엽 로터리 블로어의 성능

2 스크류 압축기

스크류 압축기는 고압 · 대용량의 회전식 압축기로 사용된다. 그림 3-27에 나타낸 바와 같이 밀봉된 케이싱 내에 4조 나사의 수로터와 6조 나사의 암로터가 한 쌍으로 맞물려 있다.

|그림 3-27| 스크류 압축기의 작동(호쿠에쓰공업)

로터의 흡입 측 단면에서 암 · 수 로터의 홈 사이 공기의 체적은 감소하고 진행할수록 더욱 압축되어 압력이 상승한다. 이때, 케이싱 내부로 기름을 주입하여 압축열 냉각과 로터의 윤활 및 각 부의 실(밀봉)을 효과적으로 실시한다. 암 · 수 로터의 홈 사이 공기가 소정의 압력에 도달하면 케이싱 토출 측 단면에서 압축 공기를 토출한다. 로터 틈새는 기름으로 실링되어 있어 접동면이 없으므로 장시간 운전해도 효율 저하는 극히 적다. 또한, 베어링 이외에는 접동 부분이 적고 구조가 간단하기 때문에 운전의 유지 보수가 용이하다.

토크 변동 및 흐름의 맥동이 적기 때문에 소음이나 진동이 적다. 건설 공사장의 콘크리트 분사 작업, 볼링 머신, 에어 리프트의 공기 공급 장치 등으로 사용된다.

3 왕복 압축기

가장 오래된 역사를 가진 왕복 압축기는 크랭크 기구에 의해 실린더 안으로 흡입한 공기를 피스톤으로 밀어 올려 압축하는 방식이다. 이 형식은 구조가 간단하고 가격도 저렴하지만, 부피가 크기 때문에 무겁고 소리와 진동이 매우 크다. 실린더 안을 피스톤이 왕복하고 있어 마모나 사용 시간이 경과함에 따라 성능이 저하될 수밖에 없다.

KS에 규정된 소형 왕복 압축기(그림 3-28)의 적용 범위는 정격 출력 11kW 이하의 전동기 또는 이에 해당하는 엔진을 조합한 급유식 또는 무급유식으로 최고 압력 200~1000kPa의 단동 공랭 왕복 1단 압축기, 또는 최고 압력 700~1400kPa이 단동 공랭 왕복 2단 압축기로 하고 있다. 주로 도장, 공기 충전, 그 외 일반적인 용도로 이용되고 있다.

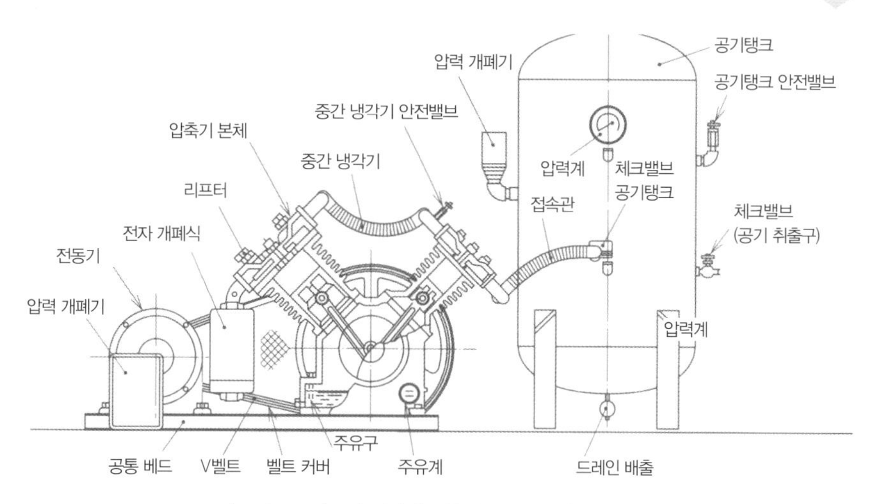

|그림 3-28| 2단 정치식 소형 왕복 공기 압축기의 예

(1) 구조와 작동

그림 3-29에 소형 왕복 공기 압축기의 작동 순서를 나타내었다.

① 흡입

그림 3-29 (a)에서는 크랭크축이 회전하면 커넥팅로드를 통해 피스톤이 하강하고, 실린더 내의 압력은 부압이 되어 흡입 밸브가 열리고, 공기가 실린더 안으로 흡입된다.

② 압축

다음으로 그림 3-29 (b)와 같이 피스톤이 상승을 시작하면 실린더 내의 공기를 압축(단열 압축)하고, 그 압력으로 흡입 밸브는 닫힌다.

③ 토출

다음으로 그림 3-29 (c)와 같이 실린더 내 압력이 토출 측의 압력 이상이 되면 토출 밸브를 열고 압축 공기를 토출한다.

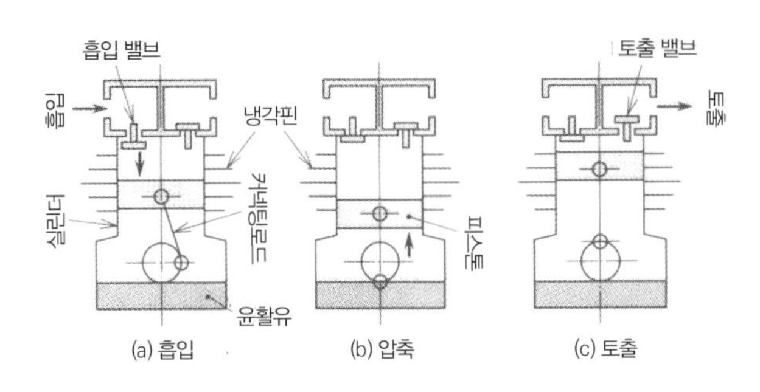

|그림 3-29| 소형 왕복 공기 압축기의 작동

(2) 용량에 따른 분류

다음 세 가지로 나눌 수 있다.

① 소형

공랭식, 출력 0.2~7.5kW.

② 중형

종형 · 횡형 및 공랭식 · 수냉식으로 나뉜다. 출력 7.5~75kW.

③ 대형

횡형, 수냉식, 출력 75kW 이상.

(3) 제어 방식에 따른 분류

공기를 압축하면 점점 압력은 높아진다. 이러한 고압을 제어하지 않으면 압축기 본체 또는 원동기에 무리한 힘이 가해져 고장의 원인이 된다. 이 압력을 제어하는 방법에는 다음 세 가지가 있다.

① 수동 언로더 방식

압축기의 흡입 밸브를 항상 열어 두면 공기를 압축하지 않고 공운전 상태로 둘 수 있다. 흡입 밸브를 상시 개방 상태로 하는 장치를 언로드 장치라고 한다. 또한, 이 상태를 언로드 상태라고 한다. 이 방식은 압축기 기동 시에 원동기를 무부하로 시동할 수 있으며 운전 도중에도 언로드 상태로 만들 수 있다.

② 자동 언로더 방식

정해진 압력에 이르면 자동으로 언로딩 상태로 하는 언로더 밸브를 설치함으로써 자동으로 공운전과 압축 운전을 반복한다.

③ 압력 스위치 방식

공기탱크에 압력 스위치를 부착하여 공기탱크 내의 압력이 일정값에 도달하면 자동으로 원동기의 전원을 차단한다. 반대로 압력이 떨어지면 자동적으로 전원이 공급되어 공기탱크 내의 압력을 항상 일정한 범위로 유지할 수 있다.

표 3-4에 원심식 송풍기 · 압축기와 왕복식 압축기를 비교하였다.

|표 3-4| 원심식 송풍기 · 압축기와 왕복식 압축기의 비교

요소	원심식 송풍기 · 압축기	왕복식 압축기
토출구 잔류 공기	맥동이 없기 때문에 불필요하다.	맥동이 있으므로 완화를 위해 필요하다.
윤활유의 혼입	배출 가스에 혼입될 염려가 없다.	배출 가스에 실린더의 윤활유가 혼입된다.
진동 · 소음 · 운전	진동이 작고 정숙한 운전이 가능하다.	진동이 비교적 크고 큰 소음이 발생한다.
형태 · 중량 설치 면적	대풍량의 경우, 작고, 가볍고, 기초도 작다.	대풍량의 경우, 크고, 무겁고, 기초가 커져서 설치비가 비싸다.
고장, 파손	기계적 접촉부는 베어링 메탈 뿐이며, 고장은 적고 마모에 따른 효율 저하가 적다.	기계적 접촉부가 많기 때문에 고장이 발생할 요소가 많고, 마모에 따른 효율 저하가 있다.
회전 속도	빠르다.	느리다.
구동	유도 전동기와 직결된다.	유도 전동기 또는 동기 전동기와 직결되거나 감속 장치를 통해 운전된다.
압력에 대한 보안 장치	마감 운전을 해도 압력 상승에는 한도가 있으며, 위험을 수반하지 않는다.	마감 운전을 할 수 없고 압력에 대한 보안 장치가 필요하다.
효율	왕복식보다 낮다.	원심식보다 우수하다.
풍량 · 풍압	비교적 저압, 대풍량에 적합하다.	고압, 소풍량에 적합하다.

3-5 서징

원심 압축기, 축류 압축기 등에서 일정한 회전 속도로 운전하면서 토출 밸브 또는 흡입 밸브를 조작하여 풍량을 줄여 나가면 풍량–풍압 곡선에서 우상향 특성 영역의 풍량이 되어 갑자기 일정 주기의 소음 · 압력 · 풍량의 변동이 생기고 송풍기, 압축기, 배관 등에 큰 진동이 발생한다. 이러한 현상을 서징(surging)이라고 한다(그림 3–30).

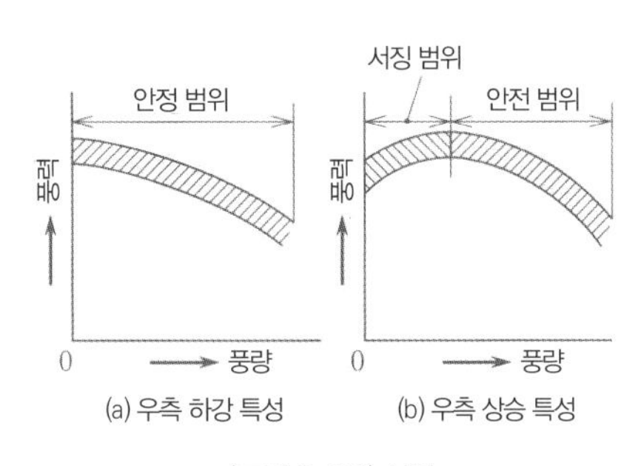

|그림 3–30| 서징

서징 상태에서는 일정 풍량 · 일정 풍압의 제어 운전이 불가능하며 송풍기, 압축기뿐만 아니라 장치 전체를 불안정한 상태로 만들어 장시간 운전을 하면 송풍기나 배관이 파손될 위험이 있다. 따라서, 서징 영역에서의 운전은 절대로 피해야 한다.

서징은 풍량 · 풍압의 고저, 배관로의 상태에도 영향을 받는데, 특히 우상향 특성 영역에서의 운전 시 발생하는 경우가 많다.

서징을 방지하기 위해서는 다음과 같은 방법이 이루어진다.

① 방풍 라인을 설치한다

토출 측의 공기 일부를 외부로 방출하여 송풍기 내의 풍량을 적당량으로 줄인다.

② 바이패스 배관을 설치한다

①에서 외부로 방출하는 공기를 송풍기의 흡입 측으로 되돌려 순환시킨다.

③ 가동익과 고정익의 각도를 바꾼다

각도를 바꾸면 풍량–풍압 곡선의 우상향 특성도 바뀌게 된다(서징 지점이 소풍량 측으로 이동한다).

④ 스로틀 밸브를 송풍기에 근접해서 설치한다.

공기의 맥동을 감쇠시키는 작용을 하여 서징 범위와 진동을 작게 한다.

3-6 진공 펌프

진공이란 압력이 대기압 이하인 상태를 말한다. 진공 펌프는 진공 상태를 만들기 위한 기계(또는 장치)로 분류상으로는 압축기에 속한다.

그림 3-31에 수봉식 진공 펌프(water-ring type vacuum pump)의 구조 예를 나타냈다. 원통의 케이싱 내에 적당량의 물(봉수)을 넣고 편심 로터를 회전시키면 물은 원심력에 의해 방사 형태로 되어 케이싱의 내벽을 따라 흐른다. 케이싱과 로터는 편심되어 있기 때문에 중앙부에 로터의 각 날개로 나누어진 초승달 모양의 공간을 만든다. 임펠러의 물은 회전과 함께 반경 방향(펌프 중심 방향)을 향해 이동한다. 이것은 로터의 날개와 날개 사이에 생긴 공간이 왕복형 펌프에서의 실린더와 같은 역할을 하고, 물은 피스톤과 같은 작용을 하게 된다. 따라서, 공간이 확대되는 위치에 흡입구를, 축소되는 위치에 토출구를 설치하면 기체는 흡입구에서 흡기되어 압축된 후에 토출구로 배기된다. 이러한 펌프는 내시 펌프(Nash pump)라고도 한다.

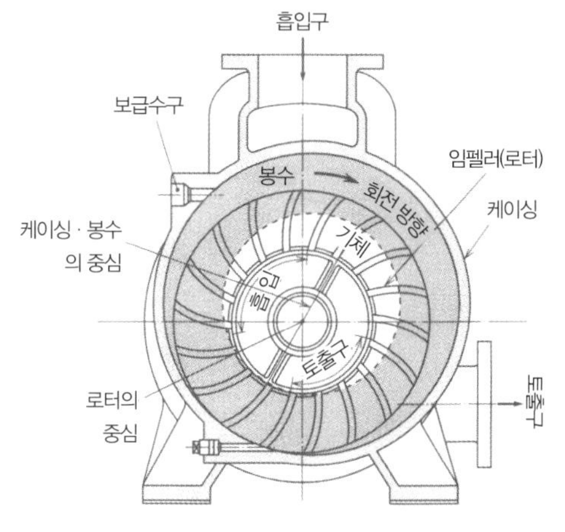

|그림 3-31| 진공 펌프의 구조(우노사와구미철공소)

3-7 압축 공기 기계

압축 공기의 에너지를 유효한 기계적 일로 바꾸는 기계를 압축 공기 기계라고 한다.

1 에어 해머

왕복 압축기로 압축 공기를 만들고 압축된 공기로 래머를 상하로 움직여서 발생한 타격력을 이용하는 것이 에어 해머(air hammer)이다. 에어 해머는 모터로 크랭크축을 회전시켜 커넥팅로드로 에어 피스톤을 왕복하고, 압축 공기(180kPa 전후)를 래머 헤드에 직접 작용시켜, 해머 작업을 하는 기계이다.

공기는 에어 피스톤이 하사점에 왔을 때 피스톤 하부의 흡기구에서 피스톤 윗면으로 흡입된다[그림 3-32 (a)]. 피스톤이 상승함에 따라 압축 공기는 회전 밸브 ①을 통해 래머 윗면에 작용하여 래머를 하강시키는 것으로 단조 소재에 타격을 준다.

피스톤이 상사점에 왔을 때 공기는 피스톤 하부 주위의 구멍에서 피스톤 밑면으로 흡입된다[그림 3-32 (b)]. 피스톤이 하강함에 따라 압축 공기는 회전 밸브 ②를 통해 래머 밑면에 작용하고 래머는 상승한다.

에어 해머는 C형(한쪽 프레임) 구조의 타입이 많고 자유 단조에 많이 사용되고 있다.

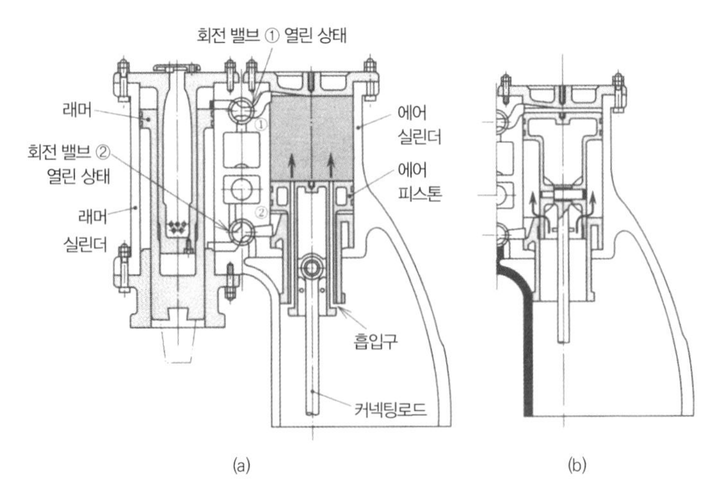

|그림 3-32| 에어 해머의 작동(오타니 기계제작소)

2 터보차저

엔진의 출력을 올리기 위해 대기압 이상으로 흡기를 승압하여, 고밀도의 공기를 실린더 내로 공급하고, 흡입 공기량을 대폭 늘리는 방법으로 과급기가 이용되고 있다. 이것에는 고온 · 고압의 배기가스가 보유한 에너지를 이용해 터빈을 돌려, 같은 축에 있는 컴프레서(원심 압축기)를 구동하는 배기 터보 과급기와 크랭크축으로부터 벨트나 기어 등으로 컴프레서를 구동하는 기계 구동 과급기 등 두 종류가 있다.

(1) 터보차저의 원리

그림 3-33과 같이 하나의 축에 터빈과 컴프레서를 설치하여 배기가스의 에너지로 터빈을 회전시키고 동일한 축에 있는 컴프레서를 구동하는 것이다. 가압한 공기를 실린더 내에 공급함으로써 엔진의 출력 및 연비 향상을 도모하고 있다.

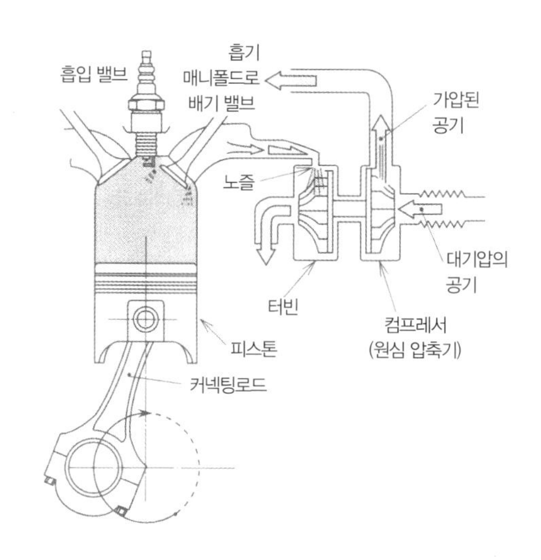

|그림 3-33| 터보차저의 원리(고용촉진사업단 편: 자동차 설비)

(2) 터보차저의 구조

터보차저는 그림 3-34에 나타낸 바와 같이 배기가스로 회전하는 터빈 휠이 있는 터빈 케이싱, 윤활유 통로나 베어링을 내장한 센터 케이싱, 공기를 압축하는 컴프레서 휠이 있는 컴프레서 케이싱 등 세 가지로 구성되어 있다. 각부에 대한 설명은 다음과 같다.

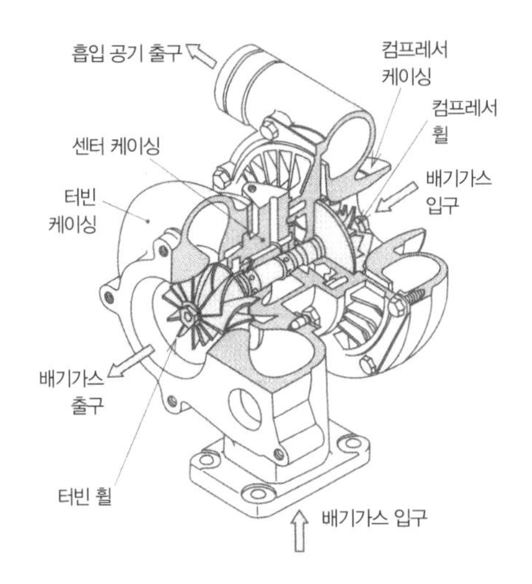

|그림 3-34| 터보차지의 구조(고용촉진사업단 편 : 자동차 설비)

① 컴프레서 휠

고속 회전을 하지만, 고온이 되지 않도록 알루미늄 합금이 사용된다.

② 터빈 휠

900°C에 가까운 고온에 노출되므로 초내열 합금을 사용한다.

③ 센터 케이싱

베어링의 윤활 경로와 베어링 · 축봉 장치가 내장된다.

④ 터빈 케이싱

배기가스의 압력에너지를 속도에너지로 바꾸기 때문에 단면적은 입구에서 출구로 가면서 점점 좁아지고 있다.

⑤ 컴프레서 케이싱

공기 통로는 컴프레서 휠 측에서 점점 커져서 공기 출구로 연결되어 있다.

(3) 터보차저의 제어

과급압(boost pressure)은 배기가스의 양이 많으면 높아지며, 엔진의 회전 속도와 부하에 비례하여 터빈 휠의 회전도 빨라져 과급압도 상승한다. 과급압이 대폭 상승하면 노킹이 발생하고, 최종적으로는 엔진이 파손될 수도 있으므로 과급압이 상승하지 않도록 제어해야 한다.

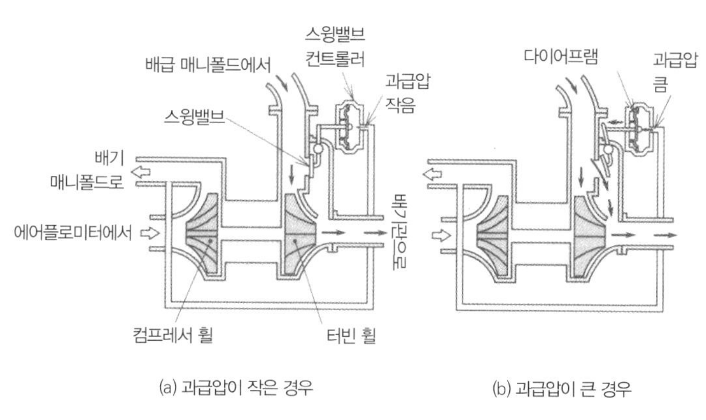

(a) 과급압이 작은 경우

(b) 과급압이 큰 경우

|그림 3-35| 터보차저의 제어 예(고용촉진사업단편: 자동차 정비)

그림 3-35의 스윙밸브 컨트롤러는 컴프레서 케이싱 출구에서 항상 과급압을 감지하고 있으며, 설정값(350±30mmHg) 이하인 경우 배기가스는 모두 터빈을 통과한다. 엔진의 회전 속도가 상승하고 과급압이 설정값에 도달하면 스윙밸브 컨트롤러의 다이어프램이 과급압에 의해 열리며 배기가스의 일부는 터빈에 흐르지 않고, 바이패스되어 배기관으로 직접 배출된다. 이것으로 터빈의 회전은 일정하게 되고 과급압을 일정한 값으로 유지하도록 되어 있다.

제 4 장 수차

물의 위치에너지를 기계에너지로 변환하는 회전 기계를 수차(hydraulic turbine)라고 한다. 수차에 의해 얻은 기계에너지를 바로 일(work)로 이용하는 경우도 있지만, 주로 발전기를 통해 전기에너지로 변환하는 경우가 많다. 최근의 대형 수차는 모두 후자의 형식에 해당한다. 본 장에서는 먼저 수력 발전의 방식과 구성을 언급하고 수차의 기능에 대해 설명한다.

4-1 수력 발전 방식

수력 발전 방식은 물을 이용하는 측면에서 다음 네 가지로 분류한다.

① 양수식

일반 수력 발전소와 달리 상류와 하류에 2개의 조정지(담수지)가 있다. 낮에 전기 수요가 많을 때는 상부 조정지에서 하부 조정지로 물을 낙하시켜 발전하고, 발전에 사용한 물은 하부 조정지에 모아둔다.

한편, 전기 수요가 적은 야간에는 잉여 전력을 사용하여 하부 조정지에서 상부 조정지로 물을 펌프로 퍼 올려 다시 주간 발전에 사용해서 일정량의 물을 반복적으로 사용한다.

② 유입식

강물을 그대로 이용하는 방법으로, 자류식이라고 한다. 물을 모을 수 없으므로, 홍수나 가뭄 등 수량 변화에 따라 발전량도 변동한다.

③ 조정지식

취수댐을 크게 하거나, 수로 도중에 조정지를 만들어 수량을 조절하여 발전하는 방식. 하루 또는 며칠 사이의 발전을 조절할 수 있다.

④ 저수지식

조정지보다 큰 저수지에 해빙수(눈이 녹은 물)나 장마 · 태풍의 빗물 등을 모아 가뭄에 이용한다.

구조 면에서 수력 발전을 분류하면 다음 세 가지가 있다.

① 수로식

하천의 상류에 작은 제방(취수구)을 만든 후 물을 받아 들여 긴 수로로 적당한 낙차를 얻을 수 있는 곳까지 물을 끌어 발전하는 방식.

② 댐식

강폭이 좁고, 강변 양쪽으로 바위가 높게 형성된 것 같은 지형에 댐을 쌓아 올려 물을 막는 인공호수를 만들고, 그 낙차를 이용해 발전하는 방식.

③ 댐수로식

댐식과 수로식을 조합한 방식. 댐으로 모은 물을 압력 수도에 의해 하류로 유도하여 댐에서 얻을 수 있는 낙차보다 수위를 높여 발전하는 방식.

4-2 수력 발전의 구성

수력 발전은 흐르는 물의 에너지를 수차를 통해 전기에너지로 변환하는 시스템으로 다음과 같이 구성된다.

① 취수구

댐식 발전소에서 발전에 쓰이는 물은 취수구라고 하는 물의 유입구에서 도수로나 수압 철관을 통해 수차까지 운반된다. 취수구는 저수지의 물밑보다 약간 높은 곳에 있으며 토사나 물고기 · 나뭇가지 등이 유입되는 것을 방지하기 위해서 튼튼한 스크린을 설치한다.

② 수차

수압 철관에 의해 이끌어진 고속 · 고압의 물살은 수차를 힘차게 회전시킨다. 이때 물의 양은 수차의 회전을 일정하게 유지하도록 조속기로 제어된다. 이 장치에 의해 안정된 주파수의 전기를 발전시킬 수 있다.

③ 발전기

발전기는 수차와 같은 회전축으로 연결되어 있어 수차의 회전력이 발전기로 전해지는 것으로 발전이 된다.

④ 변압기

발전기에서 만드는 전압은 3300~18000V이다. 이러한 전압의 범위에서는 전기를 멀리까지 보내는데 손실이 커지므로 변압기에서 154000~500000V까지 높여서 송전한다.

4-3 수차의 종류 및 성능

1 수차의 종류

수차는 유효 낙차를 모두 운동에너지(속도에너지)로 변환하여 임펠러(러너)에 작용시키는 충격 수차(impulse hydraulic turbine)와 운동에너지와 압력에 의한 에너지를 모두 변환하여 임펠러의 입구와 출구의 압력수두 차이로 임펠러에 동력을 주는 반동 수차(reaction hydraulic turbine)로 나뉜다.

충격 수차에는 펠톤 수차(pelton turbine)와 크로스 플로 수차(cross flow turbine)가 있으며, 반동 수차에는 프란시스 수차(Francis turbine), 프로펠러 수차(propeller turbine), 카플란 수차(Kaplan turbine) 등이 있다.

또한, 임펠러의 회전 방향을 반대로 하여 수차와 펌프의 기능을 동시에 가지고 있는 반동수차를 펌프 수차(pump turbine)라고 한다.

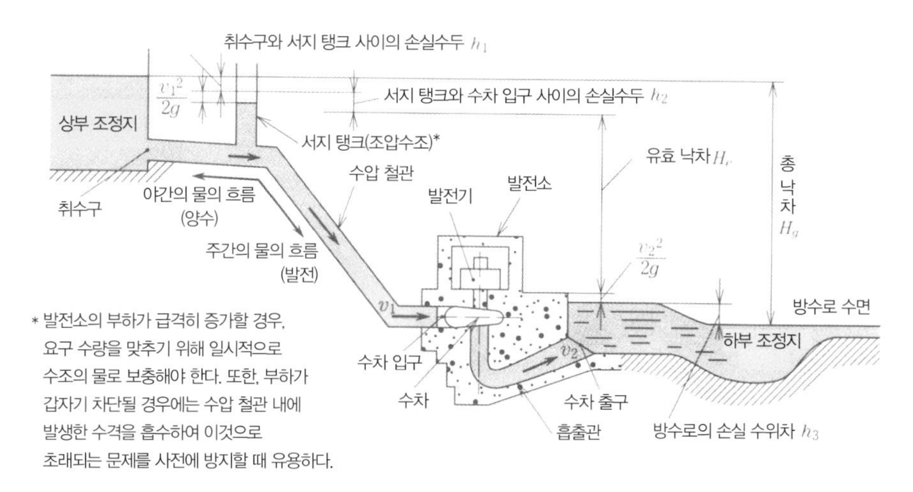

|그림 4-1| 수력 발전(양수식)과 낙차

2 수차의 출력과 효율

저수지의 수면과 방수로 수면의 고도차를 총 낙차라고 한다. 수력 발전소에서 실제로 이용할 수 있는 것은 총 낙차에서 관로의 마찰 손실, 수차 출구에서의 속도수두 등을 뺀 값으로, 이것을 유효 낙차라고 하며, 유효하게 이용할 수 있는 전체 에너지를 수두로 나타낸 것으로 다음 식과 같다.

$$H_e = H_g - (h_1 + h_2 + h_3) - \frac{v_2^2}{2g} \tag{4-1}$$

여기서, H_e : 유효 낙차 [m], H_g : 총 낙차 [m], h_1 : 취수구와 서지 탱크 사이의 손실수두 [m], h_2 : 서지 탱크와 수차 입구 사이의 손실수두 [m], h_3 : 방수로에 의한 손실수두 [m].

또한, 수차가 낼 수 있는 이론 출력 P_{th}[kW]은 유효 낙차 H_e[m], 수량 Q[m^3/s], 물의 밀도 ρ[kg/m^3]일 때, 다음 식으로 나타낸다.

$$P_{th} = \frac{\rho g Q H_e}{1000} \tag{4-2}$$

특히 ρ=1000[kg/m^3]의 경우는

$$P_{th} = gQH_e \tag{4-3}$$

그러나, 수차에는 베어링 마찰에 의한 기계 손실과 누수에 의한 체적 손실, 유체 마찰에 의한 에너지 손실 등이 있으므로 발전기에 전달하는 에너지는 이론값 보다 작아진다. 이것을 유효 출력 또는 정미 출력 P[kW]라고 하며, 수차의 실제 출력이 된다. 수차의 효율을 η_t, 물의 밀도 ρ=1000[kg/m³]라고 하면

$$P = P_{th} \cdot \eta_t = gQH_e \cdot \eta_t \tag{4-4}$$

η_t 는 수차의 형식 · 종류나 사용 상태, 설치 등에 따라 다르며, 약 70~95% 정도이다.

또한, 실제로 발전기에서 발생하는 출력 P_g는 수차의 유효 출력 P보다 작아서 발전기 효율을 η_g로 하면

$$P_g = P \cdot \eta_g \tag{4-5}$$

[예제 4–1]

수량 32m³/s, 유효 낙차 25m, 수차 효율 84%라고 하면 출력(정미 출력, 유효 출력)은 얼마인가?

[풀이]

식(4–4)에서

$$P=gQH_e \cdot \eta_t=9.8\times32\times25\times0.84=6585[\text{kW}]=6.85[\text{MW}]$$

[예제 4–2]

유효 낙차 80m, 유효 출력 48000kW의 수차의 수량을 구하여라. 수차 효율은 85%로 한다.

[풀이]

식(4–4)를 변형해서

$$Q = \frac{P}{gH_e \cdot \eta_t} = \frac{48000}{9.8\times80\times0.85} = 72[\text{m}^3/\text{s}]$$

3 수차의 선정

수차는 크기에 관계없이 임펠러의 형상이 닮은 꼴이고 운전 상태가 유사한 조건이면 성능도 대체로 비슷하다. 임펠러의 형상이나 운전 상태를 비슷하게 유지하고, 임펠러의 크기를 바꾸어 1m의 낙차로 1kW의 동력(출력)을 발생할 때, 그 수차의 분당 회전 속도(회전수)를 수차의 비속도라고 한다. 이 값이 동일한 수차 그룹에서는 임펠러의 형상이 같다면 비속도로 수차를 선정할 수 있다. 유효 낙차 H_e[m], 유효 출력 P[kW], 수차의 회전 속도 n[rpm]이라고 하면, 비속도 n_s[m, kW, rpm]는 다음 식으로 나타낼 수 있다.

$$n_s = \frac{n\sqrt{P}}{H_e^{\frac{5}{4}}} \tag{4-6}$$

또한, 펌프 수차의 펌프 특성 n_{sQ}는 다음 식으로 구할 수 있다.

$$n_{sQ} = \frac{n\sqrt{Q}}{H^{\frac{3}{4}}} \tag{4-7}$$

여기서, Q : 수량 [m^3/s], H : 양정 [m].

식(4−6), 식(4−7)의 P, Q는 펠톤 수차에서는 노즐 1개당 값이고, 다른 형식의 수차에서는 러너 1개당 값으로 한다. 표 4−1에 수차의 종류와 비속도, 표 4−2에 수차의 형식과 적용 낙차를 나타냈다.

|표 4−1| 수차의 종류와 비속도

종류	비속도 n_s[m, kW, rpm]
펠톤 수차	8~25
프란시스 수차	50~350
프로펠러 수차	200~900
사류 수차	100~350
프란시스형 펌프 수차	50~250
사류형 펌프 수차	100~300

|표 4-2| 수차의 형식과 적용 낙차

형식	적용 낙차 H_e[m]	n_s와 H_e (비속도 범위)
펠톤 수차	150~800	$n_s \leq \dfrac{4300}{H_e+195}+13$
프란시스 수차	40~500	$n_s \leq \dfrac{21000}{H_e+25}+35$
사류수차 데리아 수차	40~180	$n_s \leq \dfrac{20000}{H_e+20}+40$
프로펠러 수차 카플란 수차	5~80	$n_s \leq \dfrac{21000}{H_e+17}+35$
크로스 플로 수차*1	≤100	$B_g/D_1 \leq 30/H_e$
펌프 수차*2	표 4-3을 참조	$n_{sQ} \leq \dfrac{12500}{H_e+100}+10$

[예제 4-3]

유효 낙차 320m, 유효 출력 2300kW, 회전 속도 560rpm인 수차의 비속도를 구하여라. 또한, 어떤 수차를 선정해야 하는가?

[풀이]

H_e=320[m], P=2300[kW], n= 560[rpm]이므로

$$n_s = \frac{n\sqrt{P}}{H_e^{\frac{5}{4}}} = \frac{560\times\sqrt{2300}}{320^{\frac{5}{4}}} = 19.8[\text{m, kW, rpm}]$$

표 4-1에서 펠톤 수차로 하면 좋다. 또한, 표 4-2의 식을 만족하고 있다.

$$\frac{4300}{H_e+195}+13 = \frac{1300}{320+195}+13 = 21.3 > 19.8$$

*1 크로스 플로 수차의 Bg, D_1은 각각 가이드 베인 유로 폭과 러너 외경을 나타낸다.

*2 펌프 수차의 n_{sQ}는 펌프 최대 양수량의 값

4 수차의 특성

그림 4-2는 펠톤, 프란시스, 카플란 등의 각 수차에 대해 낙차가 일정하면서 회전 속도를 바꾼 경우의 출력, 토크, 기계 손실, 수차 효율 등의 변화를 나타낸 것이다.

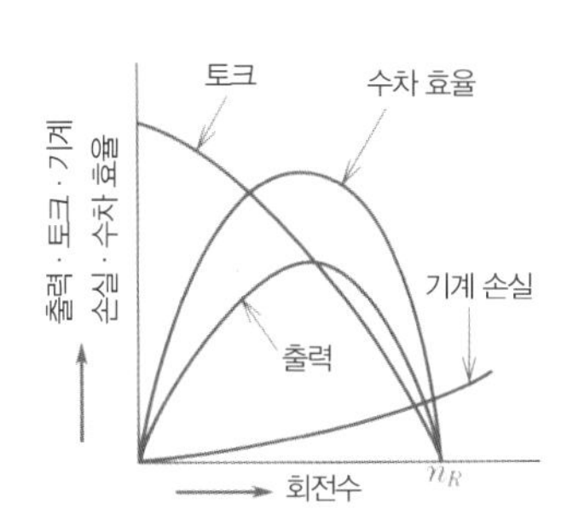

|그림 4-2| 수차의 성능 곡선 그림

수차 축에 가해지는 토크를 크게 하면 회전 속도는 저하되고 결국 제로가 된다. 반대로 토크를 작게 하면 회전 속도는 증가하여 n_R이 된다. 이러한 무부하 상태에서 수차의 회전 속도 n_R을 무구속 속도라고 한다. 이때의 저항은 마찰에 의한 기계 손실만 해당된다. 무구속 속도는 수차의 종류에 따라 다르지만, 정격 회전 속도의 1.6~2.5배나 되므로 수차나 발전기의 회전 부분 강도가 충분히 안전해야 한다.

문제 4-1 유효 낙차 110m, 수량 85m³/s, 유효 출력 80000kW인 수차 효율은 얼마인가?

문제 4-2 유효 낙차 90m, 수량 4.5m³/s, 회전 속도 800rpm, 수차 효율 80%로 할 때의 유효 출력, 비속도를 구하여라. 또한, 어떤 수차를 선정해야 하는가?

문제 4-3 유효 낙차 442m, 수차 출력 950kW, 회전 속도 1000rpm인 조건에서는 어떤 수차를 선정해야 하는가? 그리고 다음 질문에 답하시오. 수차 효율은 80%로 한다.

(1) 비속도

(2) 사용 수량

(3) 수차 형식

4-4 펠톤 수차

펠톤 수차는 충격 수차의 하나로, 보통 낙차 200m 이상의 중간 · 높은 낙차 지점에 적용된다. 높은 곳에 있는 물이 헤드탱크에서 수압 철관을 거쳐 노즐에 이르렀을 때, 물이 가진 위치에너지가 속도에너지로 바뀌어 고속의 수류(분류)가 된다. 이 분류를 원형 버킷에 충돌시켜 그 충격력으로 임펠러(러너)를 고속으로 회전시킨다. 물은 버킷에 충돌한 후에는 낙하하여 방수면에 떨어져 하천의 본류로 흘러간다.

펠톤 수차는 다음과 같이 크게 세 가지로 나뉜다.

① 축의 형식

횡축(소용량기), 입축(중 · 대용량기).

② 한 축에 부착되는 러너의 수

단륜, 이륜.

③ 하나의 러너에 부착된 노즐의 수

단사, 2사, 4사, 5사, 6사.

1 펠톤 수차의 구조

그림 4-3은 횡축 단륜 2사 펠톤 수차의 구조이다.

(1) 케이싱

강판으로 만들어지며 노즐과 러너가 내장되어 있다. 노즐로부터의 분류(jet)는 버킷이나 러너에 부딪혀 배출되는데 케이싱에 의해 물살이 흐트러지지 않고 방수로로 흐르게 한다.

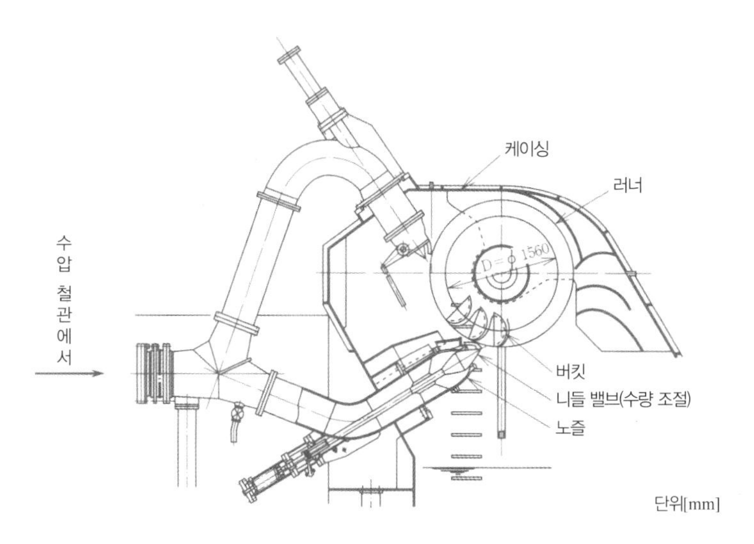

|그림 4-3| 횡축 단륜 2사 펠톤 수차의 구조(후지전기)

(2) 러너

원판의 주위에 30개 내외의 버킷을 장착한 회전체로, 노즐로부터의 분류를 받아 회전력을 주축에 전하는 수차의 심장부이다. 버킷은 볼트로 원판에 장착되지만, 주조 기술이 발달함에 따라 최근에는 상당히 작은 러너까지 일체형 구조로 만드는 것이 가능하다. 버킷(그림 4-4)의 중앙에는 예리한 물가름 칸막이가 있다. 이 물가름 칸막이는 분류를 좌우로 나누어 물이 진입 방향과 거의 반대 방향으로 되돌아 가도록 하는 역할을 한다.

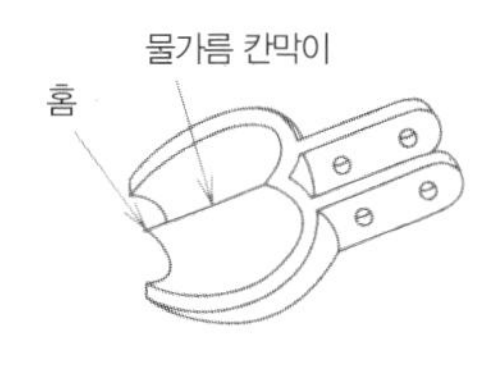

|그림 4-4| 버킷

(3) 니들 밸브와 노즐

노즐은 물의 압력에너지를 운동에너지로 바꾸는 것으로, 그림 4-5에 나타낸 것과 같이 니들 밸브 등을 갖추고 있다. 니들 밸브를 개폐시킴으로써 노즐의 개구면적을 바꿔서 유량을 조절한다. 니들 밸브의 개폐는 유압, 전동 또는 수동으로 이루어지며, 유압이 작용하지 않을 때도 수압력과 스프링 힘에 의해 자체적으로 폐쇄된다.

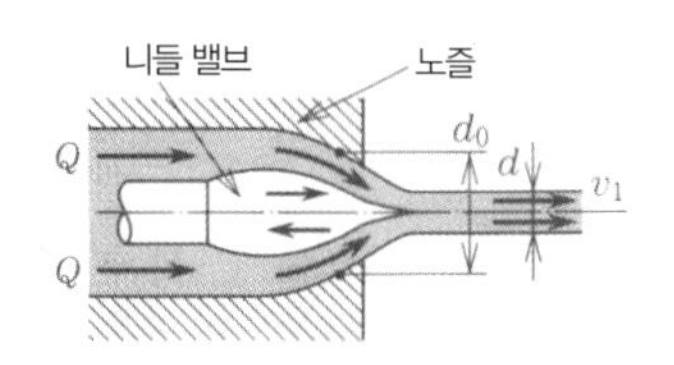

|그림 4-5| 니들 밸브와 노즐

(4) 디플렉터

디플렉터는 버킷과 노즐 사이에서 수차의 부하 차단 시 발생하는 수압 철관 내의 수격 작용을 방지하기 위한 판이다. 부하의 급감과 동시에, 일시적으로 분류의 방향을 휘게 하여 분류가 직접 버킷에 닿지 않도록 한다. 따라서 디플렉터는 각 노즐에 하나만 설치된다. 디플렉터를 움직이는 서보모터의 수량에 대해서는 각 디플렉터를 링크 기구로 연결해서 서보모터를 하나로 하는 방식과 각 디플렉터에 하나씩 서보모터를 설치하는 방식이 있다.

2 버킷에서 분류의 작용

분류의 유속 v_1[m/s], 버킷의 원주 속도 u[m/s], 분류의 유량 Q[m/s], u의 역방향과 분류의 상대 속도와의 각도 θ[°], 밀도 ρ[kg/m³]로 하면, 물이 다수의 버킷에 주는 충격력 F_b[N]은 식(1−62)에 나타낸 바와 같이 $F_n=\rho Q(v_1-u)(1-\cos\theta)$이다.

그림 4−6에서 $\theta=180°-\beta_2$이므로

$$1-\cos\theta=\{1-\cos(180°-\beta_2)=\{1-(-\cos\beta_2)\}=1+\cos\beta_2$$

가 되어 F_n을 F_b로, v_1을 v로, θ를 β로 바꿔 쓰면 다음 식이 성립한다.

$$F_b=\rho Q(v-u)(1+\cos\beta) \tag{4-8}$$

분류가 다수의 러너에게 주는 초당 일(이론 동력) P_b[N·m/s]= P_b[J/s]= P_b[W]는

$$P_b=F_b\cdot u=\rho Qu(v-u)(1+\cos\beta) \tag{4-9}$$

노즐의 치수, 유량, 버킷의 형상이 정해지면 Q, v, β도 정해지므로 식(4−9)를 그래프로 하면 그림 4−7과 같이 된다.

식(4-9)에서 β=0, $u=\dfrac{v}{2}$일 때 P_b의 최대 P_{max}를 얻을 수 있다.

$$P_{max}=\rho Q\frac{v}{2}\left(v-\frac{v}{2}\right)(1+\cos 0)=\rho Q\frac{v}{2}\cdot\frac{v}{2}\times 2=\frac{\rho Q v^2}{2} \qquad (4-10)$$

실제로는, 분류와 버킷의 마찰, 그 외의 손실이 있으므로, u=(0.44~0.48)·v일 때 P_{max}를 얻을 수 있다.

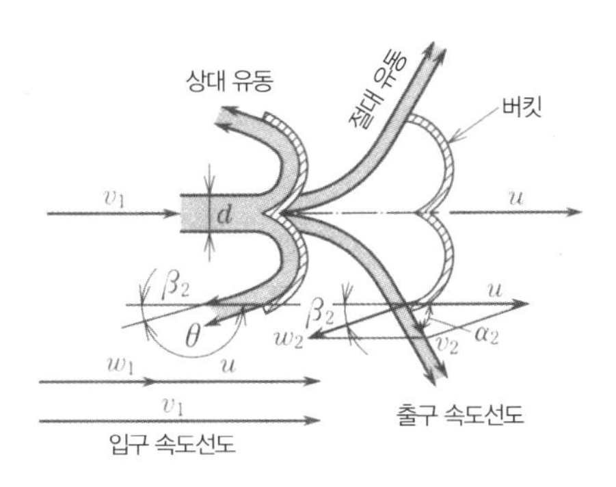

|그림 4-6| 버킷에서 분류의 작용

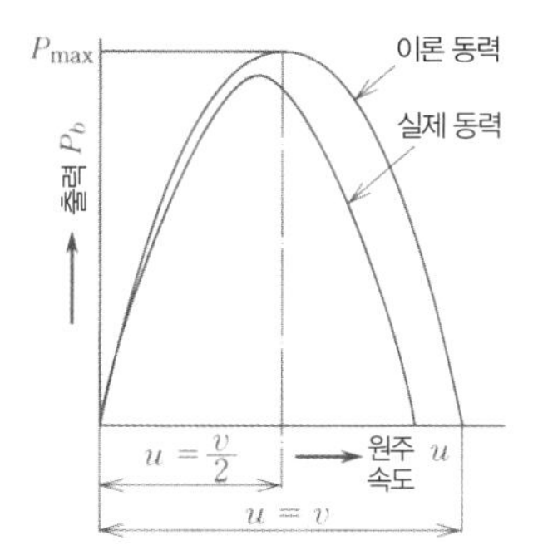

|그림 4-7| 펠톤 수차의 동력

[예제 4-4]

러너의 피치 원 지름이 1560mm인 펠톤 수차가 300rpm일 때 유효 출력이 2460kW였다. 분류가 버킷에 미치는 충격력은 얼마인가? 또한, 유효 낙차가 147.5m일 때의 유량은 얼마인가? 수차 효율은 85%로 한다.

[풀이]

$$u=\frac{\pi Dn}{1000\times 60}=\frac{\pi\times 1560\times 300}{1000\times 60}=24.5[\mathrm{m/s}]$$

식(4-9)에서 $F_b=\dfrac{P_b}{u}=\dfrac{2460}{24.5}=100.4[\mathrm{kN}]$

식(4-4)에서 P를 P_b로 바꿔서

$$Q=\frac{P_b}{gH_e\cdot\eta_t}=\frac{2460}{9.8\times 147.5\times 0.85}=2.00[\mathrm{m^3/s}]$$

[예제 4-5]

펠톤 수차에서 분류의 직경 80mm, 분류의 속도 25m/s일 때, 분류가 러너에 미치는 이론 동력은 얼마인가? 러너의 원주 속도를 4m/s, 버킷의 출구각을 25°로 한다.

[풀이]

그림 4-6에서 분류의 유량 $Q = \frac{\pi}{4}d^2 \cdot v = \frac{\pi}{4} \times 0.08^2 \times 25 = 0.1256[m^3/s]$

식(4-9)에서

$$P_b = \rho Qu(v-u)(1+\cos\beta) = 1000 \times 0.1256 \times 4 \times (25-4) \times (1+\cos 25°)$$
$$= 20112.3[N \cdot m/s] = 20112.3[W] = 20[kW]$$

[예제 4-6]

분류의 속도 25m/s, 유량 3m³/s인 펠톤 수차에서 버킷 출구의 분류 각도가 25°일 때 최대 이론 동력은 얼마인가?

[풀이]

식(4-9)에 $u = \frac{v}{2}$를 대입하면

$$P_b = \rho Q \frac{v}{2} \cdot \frac{v}{2} \times (1+\cos\beta) = \frac{\rho Q v^2}{4}(1+\cos\beta)$$

$$= \frac{1000 \times 3 \times 25^2}{4} \times (1+\cos 25^\circ) = 893582[W] = 893.6[kW]$$

4-5 프란시스 수차

프란시스 수차는 40~500m의 중간 낙차에서 높은 낙차까지 폭넓은 범위에서 사용하는 것이 가능하며 반동 수차의 대표적인 형식으로 가장 많이 사용된다. 그림 4-8은 입축 프란시스 수차의 구조를 나타낸 것이다.

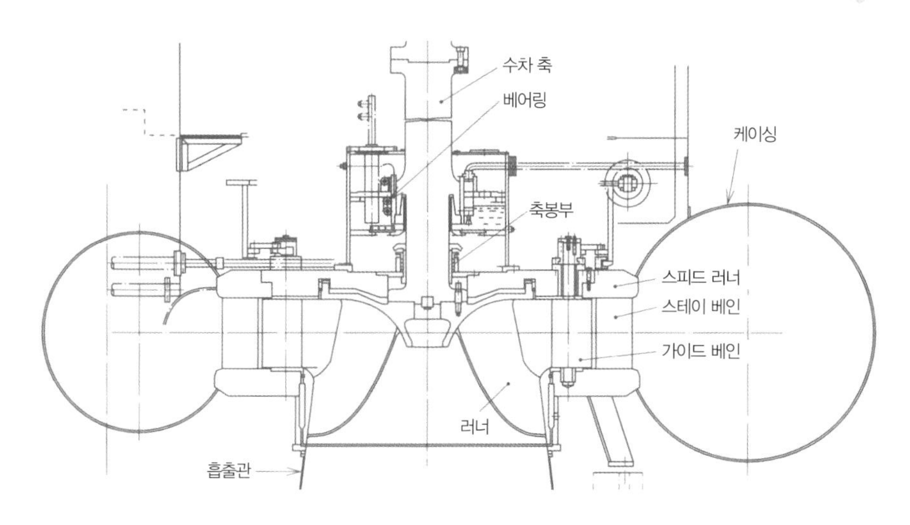

|그림 4-8| 입축 프란시스 수차의 구조(후지전기)

수압 철관을 통한 물은 케이싱에 들어가서 한 바퀴 도는 동안 스피드 링에서 유동 방향이 바뀌고 속도가 가속되어 가이드 베인을 통과해서 러너로 유입된다. 유입된 물은 바깥 부분에서 중심으로 흘러가면서 러너에 충격력과 반동력을 준 후, 축 방향을 향해 러너에서 나온 후 흡출관을 거쳐 방수로로 배출된다.

프란시스 수차의 형식에는 케이싱의 유무나 형상에 따라 다음 세 가지가 있다.

① 와권형

와류실이 있는 것으로, 가장 많이 사용된다.

② 원통형

와류실이 없는 것으로, 낮은 낙차이며 수량이 많은 경우에 사용한다.

③ 노출형

케이싱이 없는 것으로, 러너가 수중에 노출되어 있어 낮은 낙차, 소용량일 때 사용된다.

또한, 축의 방향에 따라 입축형(그림 4-8)과 횡축형(그림 4-9)이 있다.

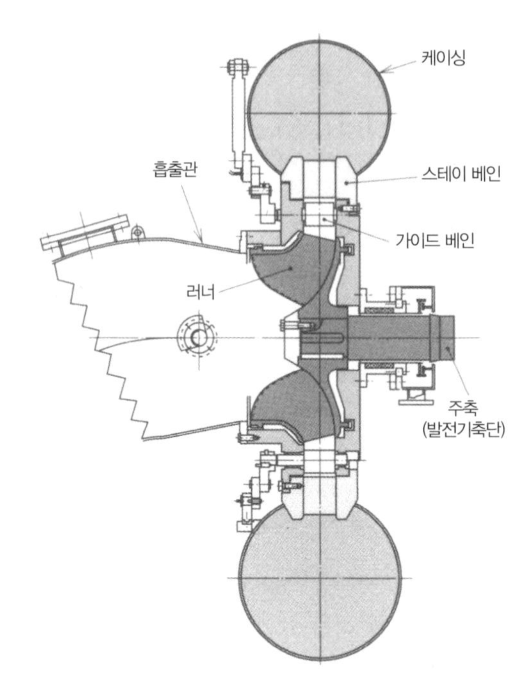

|그림 4-9| 횡축 프란시스 수차의 구조(후지전기)

1 프란시스 수차의 구조

그림 4-8을 통해 프란시스 수차의 구조를 설명한다.

(1) 와권형 케이싱

와권형 관으로 수압 철관에서 들어온 물을 스피드 링, 가이드 베인을 거쳐 러너에 유입시킨다. 그 출구는 원통 모양으로 개방하고 개구면적이 작아져 있으므로 수압 철관을 거쳐 와권형 케이싱까지 온 물의 압력수두는 속도수두로 바뀌어 러너에 힘차게 부딪힌다. 이 출구에 스테인(지지날개)를 설치하여, 가이드 베인으로 물을 유입시킨다. 와권형 케이싱의 단면은 유속이 거의 일정한 상태가 되도록 되어 있다.

(2) 스테이 베인 및 스피드 링

케이싱은 내부 수압에 의해 축 방향으로 작용하는 힘을 받는다. 이것을 지지하고 있는 것이 스테이 베인으로 가이드 베인에 물을 유입시키는 역할을 한다. 또한, 스피드 링은 케이싱과 가이드 베인을 연결하는 링으로, 가이드 베인을 물이 통과하는 동안 속도를 증가시킨다는 점에서 이러한 이름이 붙여졌다. 스테이 베인과 스피드 링 모두 케이싱의 강도를 유지하는 역할을 한다.

(3) 가이드 베인

스피드 링과 러너의 중간에 있으며, 스피드 링에서 가속된 물을 러너로 안내한다. 또한, 수차의 부하에 따라 러너에 들어가는 수량을 조절할 수 있도록 날개깃의 각도가 바뀌는 기구로 되어 있다.

(4) 러너

외주에 15~20장의 날개깃을 갖추고 가이드 베인에서 유입된 흐름에 의해 충격력과 반동력을 받아 회전하고, 이것을 주축에 전달한다(그림 4-10).

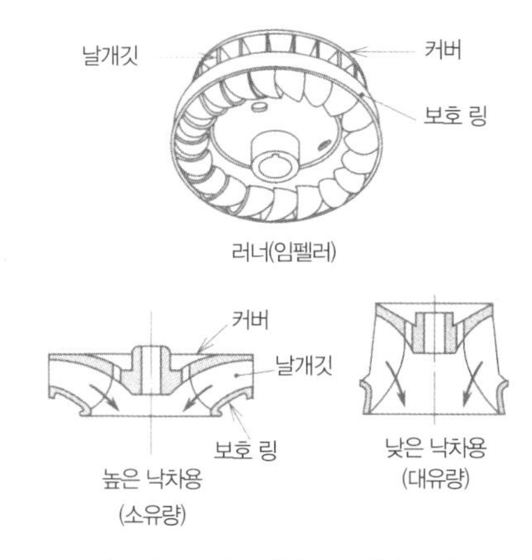

|그림 4-10| 프란시스 수차의 러너

(5) 흡출관

러너에서 나오는 물을 방수면까지 유도하는 확대관으로, 수차가 소형일 때는 원추관형, 대형일 때는 곡관형으로 한다. 물이 가지고 있는 속도에너지를 낭비하지 않기 위해, 흡출관의 단면적을 점차 확대시켜 속도를 떨어뜨려 물의 속도에너지를 효과적으로 위치에너지로 회복시키고 부분 부하 운전 시 발생할 수 있는 서징을 최소화하도록 설계되어 있다.

(6) 축봉 장치

그랜드 패킹, 미캐니컬 실 등이 사용된다.

(7) 주축 및 메인 베어링

일반적으로 수차 축은 단조에 의해 만들어지고, 발전기 축과는 플랜지 접합되어 있다. 메인 베어링은 유침형 자기 윤활 베어링이며, 베어링 면은 고성능 배빗 메탈(Babbitt metal, 화이트 메탈)을 사용하고 있다. 베어링의 냉각은 워터 재킷에 의해 베어링의 외주를 직접적으로 냉각하는 방법을 표준으로 한다.

2 러너에서 물의 작용

그림 4-11에서 러너 입구 ①과 출구 ②의 원주 속도 u_1, u_2[m/s], 물의 절대 유입 · 유출 속도 v_1, v_2[m/s], 물의 상대 유입 · 유출 속도 w_1, w_2[m/s], 물의 유입 · 유출 각도 α_1, α_2[°], 날개의 입구 · 출구 각도 β_1, β_2[°], 수량 Q[m^3/s]로 하면, 러너 입구 · 출구에서 물의 운동량은 $\rho Q v_1 \cos\alpha_1$, $\rho Q v_2 \cos\alpha_2$가 되며, 각각의 반경을 r_1, r_2[m]로 하면 축에 관한 토크는 $\rho Q r_1 v_1 \cos\alpha_1$, $\rho Q r_2 v_2 \cos\alpha_2$가 된다.

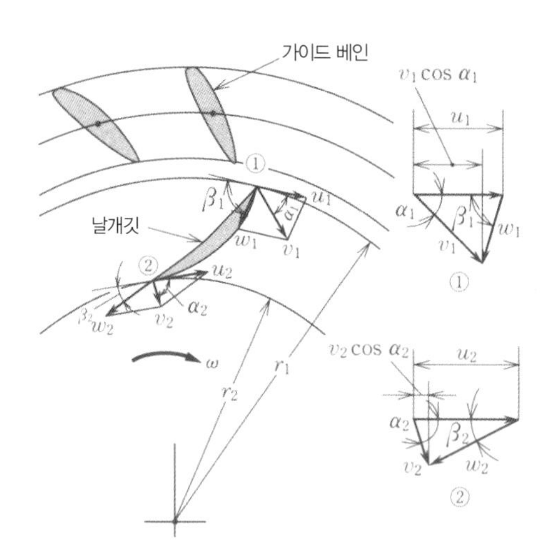

|그림 4-11| 프란시스 수차 러너의 속도선도

토크의 차이로 러너를 회전시키는 회전력이 T[N·m=J]이므로

$$T = \rho Q(r_1 v_1 \cos\alpha_1 - r_2 v_2 \cos\alpha_2) \tag{4-11}$$

러너의 각속도를 ω[rad/s]로 하면, $u_1 = r_1\omega$, $u_2 = r_2\omega$이다. 따라서 물이 임펠러에 주는 정미 동력(정미 출력) P_r[W]는 다음 식으로 나타낸다.

$$P_r = T\omega = \rho Q(u_1 v_1 \cos\alpha_1 - u_2 v_2 \cos\alpha_2) \tag{4-12}$$

다음으로 유효 낙차 H_e[m]으로 Q[m^3/s]의 물이 러너에게 줄 수 있는 동력(이론 동력)은 식 (4–2)에서 $P_{th}= \rho gQH_e$[W]이다. 따라서 실제로 물이 러너에게 주는 동력 P_r은 유로에서의 손실로 인해 P_{th}보다 작다.

따라서, 수차의 효율 η_r은

$$\eta_r = \frac{P_r}{P_{th}} = \frac{1}{gH_e}(u_1 v_1 \cos\alpha_1 - u_2 v_2 \cos\alpha_2) \tag{4-13}$$

이 식에서 α_2=90°라고 하면, $u_2 v_2 \cos\alpha_2=0$이 되어 식(4–12)와 식 (4–13)에서 최대 동력 및 최대 효율을 구할 수 있다. 즉,

$$P_{\max} = \rho Q u_1 v_1 \cos\alpha_1 \tag{4-14}$$

$$\eta_{\max} = \frac{1}{gH_e} u_1 v_1 \cos\alpha_1 \tag{4-15}$$

이 때문에 프란시스 수차의 날개깃 형상을 설계할 때에는 출구의 속도선도에서 α_2=90°가 될 수 있는 날개깃 설치각 β_2를 정한다.

[예제 4–7]

프란시스 수차의 러너에 유량 12m^3/s의 물이 바깥 원주와 각도 30°, 속도 33m/s로 유입되어, 안쪽 원주와 각도 90°로 유출되고 있다. 날개깃 입구에서의 원주 속도가 35m/s라고 하면 최대 정미 동력은 얼마인가?

[풀이]

ρ=1000kg/m^3, Q=12m^3/s, u_1=35m/s, v_1=33m/s, α_1=30°, α_2=90°이므로 식(4–14)에 의해

$$P_{\max}=\rho Q u_1 v_1 \cos\alpha_1=1000\times12\times35\times33\times\cos30^\circ=12003112[\mathrm{W}]$$

$$=12003[\mathrm{kW}]12[\mathrm{MW}]$$

4-6 프로펠러 수차

1 프로펠러 수차의 형식과 구조

프로펠러 수차는 3~90m의 낮은 낙차에서 대용량의 수류에 적합한 반동 수차이다. 구조나 작동 원리는 프란시스 수차와 비슷하지만, 반경 방향의 흐름이 없으며, 러너를 통과하는 물의 흐름이 축 방향이기 때문에 축류 수차(axial flow turbine)라고도 한다.

러너는 5~8장의 날개깃이 있으며, 날개깃의 수는 낙차가 클수록 많다. 케이싱으로부터 유입된 물이 러너의 날개깃에 작용하여 러너를 회전시킨다. 날개깃에는 설치각이 고정되어 있는 고정식과 가이드 베인으로 수량을 조정하여 날개깃을 효율적인 각도로 바꿀 수 있는 가변식이 있다. 전자를 프로펠러 수차, 후자를 카플란 수차라고 한다.

그림 4-12는 카플란 수차의 구조이다. 기존에 40m 이하의 낮은 낙차에 이용되었으나 최근에는 90m까지 적용할 수 있게 되었다.

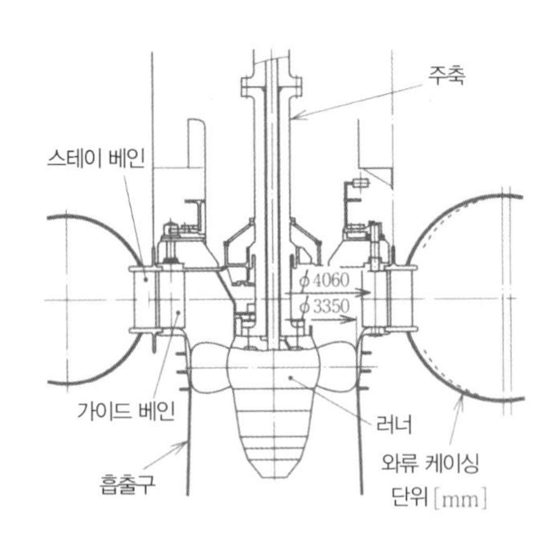

|그림 4-12| 카플란 수차의 구조(후지전기)

프로펠러 수차는 낙차가 20m 이하일 때는 횡축 구조 형식으로 벌브 수차라고 한다. 그림 4-13에 나타낸 것과 같이 전체 구조는 내외 이중 원통형으로 되어 있고, 벌브에 수차와 발전기가 장착되고 벌브는 상하 스테이 베인에 의해 케이싱(외측 원통)에 지지를 받고 있다. 케이싱은 수압 철관을 연장한 것이며, 상류 측은 수압 철관(또는 댐수로)에 플랜지를 설치해 고정되고, 하류 측은 흡출관 러너에 플랜지를 설치해 흐름의 방향을 조정할 수 있도록 연결되어 있다.

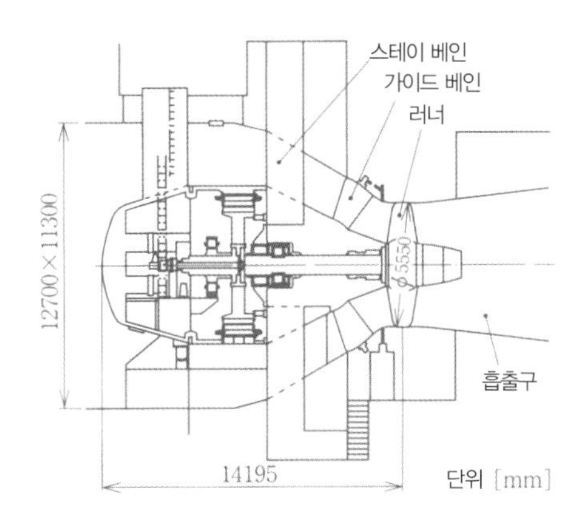

|그림 4–13| 벌브 수차의 구조(후지전기)

그림 4–14는 튜블러 수차라고 하는 프로펠러 수차의 일종이다. 낙차 3~18m, 유량 1.5~40m^3/s, 출력 약 50~5000kW, 회전 속도 120~750rpm(50Hz)의 낮은 낙차용 수차에 사용되고 있다. 흐름의 방향이 축 방향으로만 되어 있기 때문에 유로 손실이 적다.

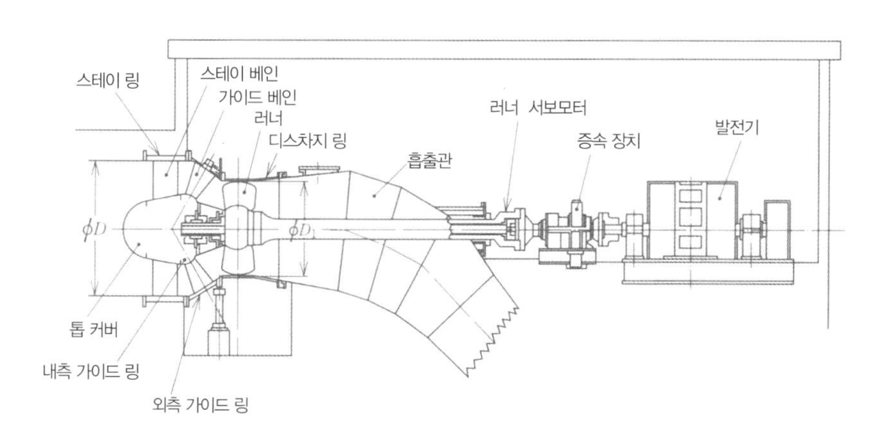

|그림 4–14| 튜블러 수차의 구조(후지전기)

2 프로펠러 수차에서 물의 작용

날개깃의 수가 적은 프로펠러 수차는 물의 흐름 속을 날개깃이 회전하고 있다고 생각하면 된다. 비행기 날개가 공기 흐름의 작용을 받는 것처럼 수차의 날개깃은 물 흐름의 작용으로 양력이 발생하여 회전력을 얻게 된다.

4-7 사류 수차

사류 수차는 40~180m의 중간 낙차에 적합하다. 적용 낙차나 구조(그림 4-15)로 볼 때 프란시스 수차와 프로펠러 수차의 중간 형식이다. 프란시스 수차의 물 흐름은 축 방향이지만 사류 수차는 경사진 방향으로 흐른다. 와류 케이싱, 스테이 베인, 가이드 베인의 구조는 프란시스 수차와 거의 비슷하며, 날개깃은 사류 펌프의 날개깃과 같은 형상이고 축 방향으로 45° 또는 60°에 8~12장이 장착되어 있다. 사류 수차의 날개깃은 일반적으로 넓은 부하 범위에서 높은 효율을 얻기 위해 날개의 설치각이 가이드 베인의 개도에 따라 바뀌는 구조로 되어 있다. 이 형식의 수차를 데리아 수차(Deriaz turbine)라고 한다.

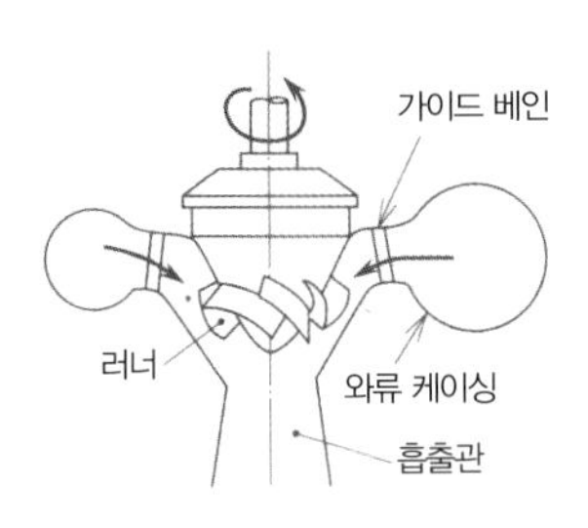

|그림 4-15| 사류 수차의 구조

4-8 중·소용량 수력용 수차

지금까지의 수차는 기계 효율 향상을 위해 대용량으로 제작하는 경향이 있었지만, 대용량 발전에 대한 기술이 완성되면서 최근에는 중 · 소용량 수력용 수차가 개발되고 있다. 그림 4-16에 나타낸 수차의 러너는 송풍기에서 시로코 팬(다익 송풍기)의 임펠러와 비슷한 형상으로, 유입관에서 들어간 물은 가이드 베인으로 제어되어 러너 밖에서 안쪽으로 들어가고, 다시 안에서 밖으로 유출되어 케이싱으로 방출된다. 이와 같이, 러너를 교차하여 물이 흐르므로 크로스 플로 수차라고 한다. 크로스 플로 수차의 적용 낙차 범위는 7~10m, 유량은 0.1~0.6m³/s, 출력은 1000kW 이하가 적당하다. 낙차가 100m 이상인 경우는 펠톤 수차 또는 프란시스 수차가 적당하다. 수차의 비속도 n_s의 범위는 40~50m, kW, rpm으로 펠톤 수차 보다 크고, 프란시스 수차 보다는 작은 중간 영역이다.

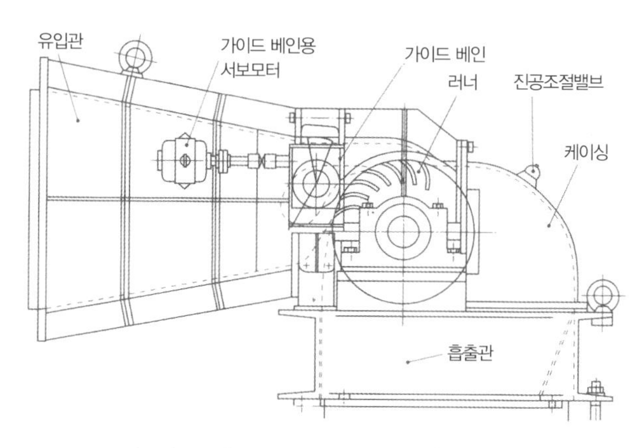

|그림 4-16| 크로스 플로 수차의 구조(후지전기)

4-9 펌프 수차

전기 사용량은 계절, 밤낮에 따라 크게 달라진다. 예를 들어 여름 어느 하루를 보면 심야 전력 수요는 주간의 약 40%까지 줄어든다고 한다(그림 4-17). 그러나, 전기는 저장할 수 없으므로 전기 공급 설비는 전력 수요의 피크에 맞추어 건설해야 한다. 또한 그림 4-18과 같이 전력 수요는 하루 중이라도 크게 변동하여 심야가 되면 주간의 절반 정도로 줄어든다. 그래서 전력이 남는 야간은 화력 · 원자력 발전소 등의 전력에 의해 펌프 수차를 운전하여 물을 하부 조정지에서 상부 조정지로 양수해두고 전력 수요가 많은 주간에는 이 물을 수차 원래의 목적인 발전용으로 사용하여 전력 부족을 보충한다(그림 4-1 참조).

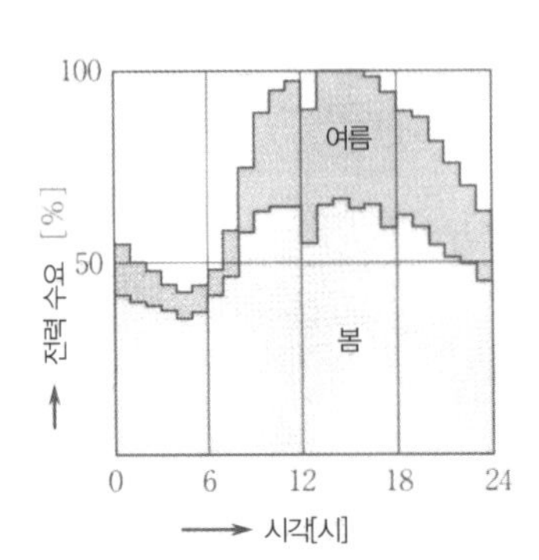

|그림 4-17| 하루 동안의 전기 사용량(여름의 최대 전력을 100으로 했을 때의 비교: 도쿄전력)

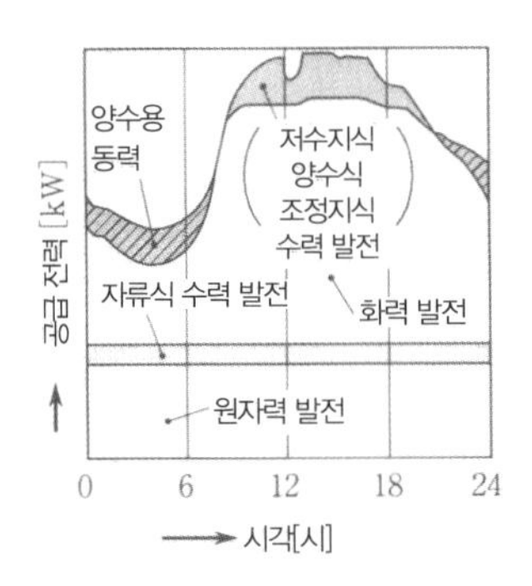

|그림 4-18| 발전 방식에 의한 하루 동안의 발전 상황(도쿄전력)

펌프 수차는 펌프의 기능과 수차의 기능을 1대의 기계에 동시에 갖게 한 것으로, 같은 형식의 수차 구조와 거의 같다. 적용 낙차에 따라 표 4-3과 같은 형식의 펌프 수차가 사용된다.

|표 4-3| 펌프 수차의 형식과 적용 낙차

형식	적용 낙차 H_e[m]
프란시스형 펌프 수차	40~800
데리아형 펌프 수차	25~200
카플란형 펌프 수차	5~25

수차 작용과 펌프 작용은 임펠러의 회전 방향을 바꾸어 이루어진다. 프란시스형 펌프 수차의 구조를 그림 4-19에 나타내었다.

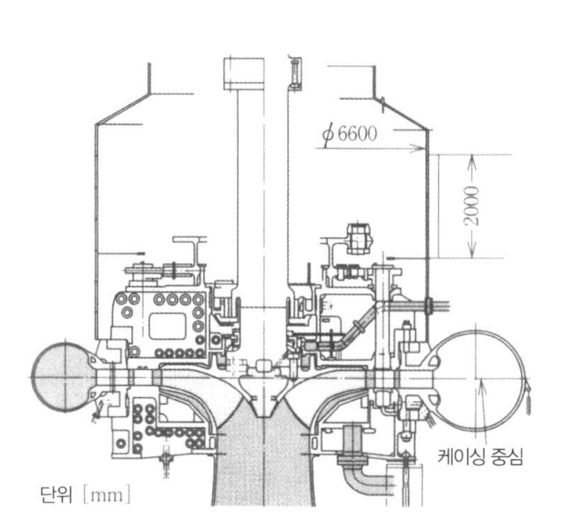

|그림 4-19| 프란시스형 펌프 수차의 구조(후지전기)

문제 4-4 펠톤 수차의 노즐에서 분류 속도가 30m/s, 유량 $2.5m^3/s$, 버킷의 원주 속도가 16m/s, 버킷의 출구각이 20°인 상태에서의 이론 동력과 유효 낙차를 구하여라.

문제 4-5 러너의 피치 원 지름이 850mm인 펠톤 수차의 회전 속도가 1000rpm일 때 출력은 950kW였다. 분류가 버킷에 미치는 힘은 얼마인가? 또한, 유효 낙차를 442m로 하면 수량은 얼마인가? 수차 효율은 80%로 한다.

문제 4-6 프란시스 수차의 러너에 유량 $0.085m^3/s$, 유입각 18°, 유출각 90°, 물의 절대 유입 속도 5m/s, 러너 입구의 원주 속도 5.5m/s일 때 물이 러너에 전달하는 동력은 얼마인가?

문제 4-7 유효 낙차 9m, 수량 $60m^3/s$, 회전 속도 300rpm 조건에서 출력을 발생시킨 경우, 수차 효율을 85%로 하고, 비속도가 645m, kW, rpm의 카플란 수차를 사용할 경우에 필요한 대수를 구하여라.

4-10 수차 조속기

수차에 걸리는 부하가 감소하면 회전 속도는 증가하고, 반대로 부하가 증가하면 회전 속도는 감소한다. 수차는 부하의 증감에 관계없이 거의 일정한 속도로 회전하는 것이 바람직하다. 이를 위해서는 부하가 줄어 회전 속도가 빨라질 때 수차로 유입되는 수량을 줄여 가속을 막고, 부하가 늘어나 회전 속도가 느려질 때는 수차로 유입되는 수량을 늘려 회전 속도를 상승시킨다.

이처럼 수차의 회전 속도를 항상 일정하게 유지하기 위해서 프란시스 수차나 카플란 수차에서는 가이드 베인의 개도를, 펠톤 수차에서는 니들 밸브의 개폐를 각각 자동적으로 신속히 제어하는 조속 장치가 필요하다. 조속 장치에는 조속기, 배압 밸브, 서보모터 등이 있다.

조속기는 속도 검출부와 증폭부의 형식에 따라 기계식 조속기와 전기식 조속기로 크게 나뉜다. 현재 수차의 가이드 베인 또는 니들 밸브를 조작하는 기계적 조작부(액추에이터)에는 전기-유압 서보 기구를 이용하는 것이 일반적이다.

1 제어 루프의 개요

(1) 회전 속도 검출

그림 4-20 제어 루프에서 수차와 같은 축에 설치된 톱니붙이 회전원판이 회전하면 톱니 바깥쪽에 설치된 픽업에 의해 톱니가 통과할 때마다 1펄스의 신호가 발신되며, 수차축의 회전은 디지털로 검출된다. 검출된 신호는 D/A 변환기에 의해 아날로그 신호가 되며 속도 조절기의 입력으로 이용된다.

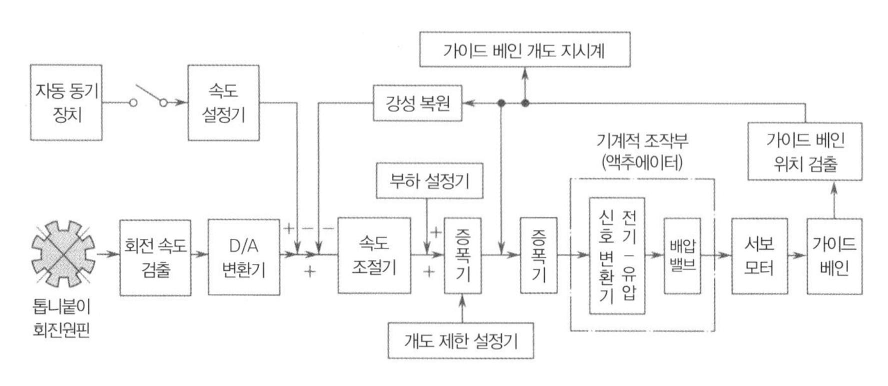

|그림 4-20| 제어 루프의 개요

(2) 속도 제어

속도 제어는 속도 설정기의 신호와 디지털 검출된 수차의 회전 속도 신호를 비교하고 그 차이를 PID(비례, 미분, 적분) 기능이 있는 속도 조절기에 입력해서 제어한다. 속도 조절기의 출력 신호는 전기-유압 신호 변환기(E-H 변환기), 배압 밸브를 경유하여 가이드 베인용 서보모터를 제어하고, 가이드 베인 개도를 속도 조절기 출력 신호에 따른 개도로 하여, 회전 속도를 속도 설정기에 설정된 값으로 유지한다. 가이드 베인 개도와 회전 속도의 관계는 강성 복원[*3]을 나타내고, 속도 설정기의 설정값에 따라 가변 조정을 할 수 있다.

(3) 가이드 베인 개도 제한

평상 시의 운전에서는 속도 조절기의 출력 신호와 가이드 베인 개도 제한기의 개도 설정값 중 낮은 값을 선택하여 가이드 베인 개도 설정값으로 출력한다. 이러한 전기적인 회로를 로 셀렉터 회로라고 한다.

(4) 가이드 베인 조작

PID 조절기를 나온 출력 신호는 로 셀렉터 회로를 거쳐 가이드 베인 개도와 비교된다. 그 차이 신호는 필요한 만큼 전력을 증폭하여 E-H 변환기에 전해진다. 기계적 조작량으로 변환된 신호는 배압 밸브에서 유압으로 변환 증폭되고, 가이드 베인용 서보모터를 조작한다. 일반적으로 가이드 베인 개도는 PID 조절기에서의 출력 신호와 비교하면서 일치되도록 조작된다.

2 기계적 조작부

가이드 베인 개도 조절기의 출력 신호는 기계적 조작부에 입력되어, 배압 밸브에 의해 유압유를 서보모터로 보내고, 가이드 베인을 필요한 개도로 조작한다. 이것은 전기-유압 신호 변환기(E-H 컨버터)와 가이드 베인 배압 밸브로 구성된다.

(1) 전기-유압 신호 변환기

그림 4-21에서 무빙 코일은 커넥터에서 들어온 제어 전류에 의해 상향(열림 방향) 또는 하향(닫힘 방향)으로 움직인다. 무빙 코일의 변위에 따라 파일럿 밸브도 같은 방향으로 움직인다.

---

*3 서보모터 개도에 비례한 신호를 증폭기로 복원하여 수차의 회전 속도와 서보모터의 개도에 대한 정밀한 위치 제어를 구현한다.

파일럿 밸브는 상부 플로트 밸브, 하부 플로트 밸브와 부시 내부에 내장되어 있으며, 플로트 밸브는 파일럿 밸브의 변위(스트로크)에 따른다.

즉, 열림 동작의 경우 파일럿 밸브가 무빙 코일 동작에 의해 상향 이동하면 플로트 밸브의 상부와 하부와의 유압에 접한 면적은 하부가 커지고 있기 때문에 하부에 유압이 공급되면 플로트 밸브는 위쪽 방향으로 파일럿 밸브의 이동량과 일치할 때까지 이동한다. 닫힘 동작의 경우는 열림 동작과 반대로 파일럿 밸브는 아래 방향으로 움직이고, 파일럿 밸브의 스트로크와 일치할 때까지 이동한다.

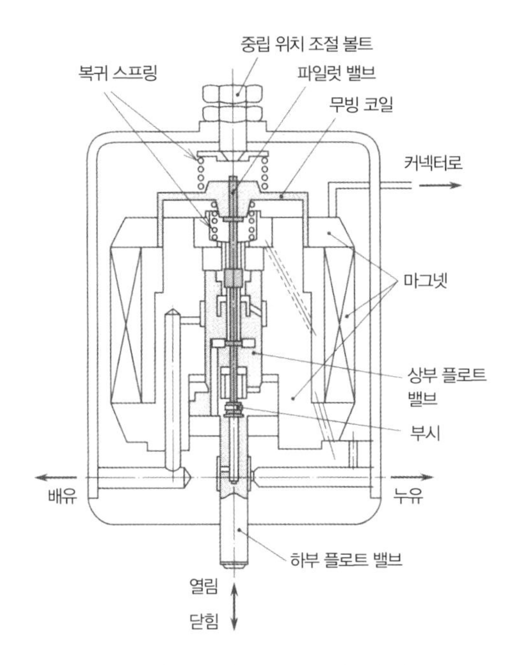

|그림 4-21| 전기-유압 신호 변환기

(2) 배압 밸브와 조작 기구

그림 4-22에 나타낸 것과 같이 E-H 컨버터는 배압 밸브의 상부에 급정지 밸브와 함께 장착된다. 컨버터의 플로트 밸브의 스트로크는 레버에 의해 확대되며, 배압 밸브의 파일럿 밸브 Ⓐ를 움직여 파일럿 밸브의 스트로크와 서보모터를 제어한다.

수차 운전 시에는 스톱 밸브를 열고, 급정지 밸브의 피스톤은 유압에 의해 위쪽으로 이동한다. Ⓒ의 피스톤에 연결된 레버 Ⓕ는 Ⓐ에서 분리되어 Ⓐ의 동작은 자유로워진다. Ⓐ가 Ⓕ의 잠김을 풀어 자유롭게 동작할 수 있는 상태에서 가이드 베인의 닫힘 제어 신호에 따라 E-H

컨버터의 플로트 밸브가 아래 방향으로 동작하면, Ⓐ는 아래쪽으로 눌려진다. 그러면, 플로트 밸브 Ⓑ의 위쪽 ①에 유압이 작용한다. 이 유압에 의해 Ⓑ는 Ⓐ과 Ⓑ의 상대 위치에 따라 도유구가 닫힐 때까지, 아래 방향으로 동작한다(Ⓑ는 Ⓐ의 스트로크와 동일한 스트로크 이동을 하면 도유구가 닫혀 멈추게 된다).

Ⓑ가 아래쪽 방향으로 동작하면 유압 유실 ②는 ③으로 연결되고 ④는 ⑥에 연결된다. 유압유는 ③을 경유하고 서보모터의 가이드 베인 닫힌 쪽 공간 ⑦로 보내진다. 공간 ⑧의 기름은 ④ → ⑥을 경유해 저장 탱크로 보내진다. 이로 인해 가이드 베인은 닫힘 방향으로 동작한다.

가이드 베인 열림 동작은 닫힘 동작의 경우와 완전히 반대되는 동작을 한다. E-H 컨버터의 플로트 밸브가 위쪽으로 움직이면, Ⓐ는 스프링에 의해 위쪽으로 이동하여 E-H 컨버터의 플로트 밸브의 스트로크만큼 위쪽으로 밀려 작동한다. Ⓐ가 위쪽으로 작용하면, 공간 ①의 기름은 배출구 쪽에 연결되어, Ⓑ는 공간 ⑨의 유압에 의해 위쪽으로 이동한다. Ⓑ가 위쪽으로 동작하면, 공간 ②는 공간 ④로, 공간 ③은 공간 ⑤에 연결되므로, 닫힘 동작의 경우와 완전히 반대되는 순서로 가이드 베인은 열림 방향으로 조작된다.

가이드 베인 개폐 속도는 배유 회로의 스로틀 G_1 및 G_2에 의해 개폐 방향으로 각각 조정할 수 있다.

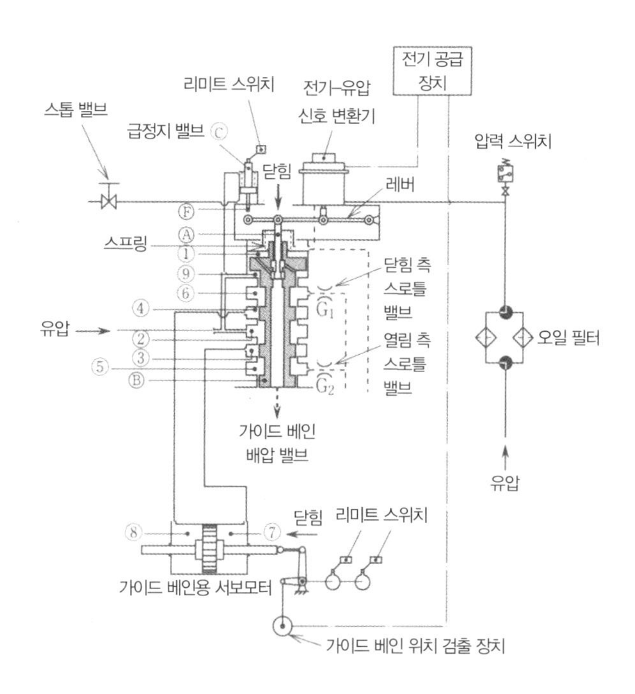

|그림 4-22| 배압 밸브와 조작 기구의 예

부록

문제 해설

색인

문제 해설

1장 유체 에너지

1-1 $\rho=1.025\times1000=\underline{1025[\text{kg/m}^3]}$

1-2 $pv=RT$에서 $v=\dfrac{RT}{p}=\dfrac{287.03\times(273+15)}{100\times10^3}=\underline{0.826[\text{m}^3/\text{kg}]}$

$$또\ \rho=\frac{1}{v}=\frac{1}{0.826}=\underline{1.21[\text{kg/m}^3]}$$

1-3 $\nu=1[\text{m}^2/\text{s}]=1\times10^4[\text{St}]$이므로

$$12[\text{St}]=\frac{12}{10^4}=\underline{12\times10^{-4}[\text{m}^2/\text{s}]}=\underline{1200[\text{mm}^2/\text{s}]}$$

또한, 기름의 밀도 $\rho=0.94\times1000=940[\text{kg/m}^3]$에서

$$\mu=\rho\nu=940\times12\times10^{-4}=\underline{1.128\ [\text{Pa}\cdot\text{s}]}$$

1-4 $-\dfrac{\Delta V}{V}=\dfrac{1}{100}=0.01\quad \beta=-\dfrac{1}{V}\cdot\dfrac{\Delta V}{\Delta p}$ 이므로

$$\Delta p=-\frac{\Delta V}{V}\cdot\frac{1}{\beta}=\frac{0.01}{4.56\times10^{-10}}=\underline{21.93[\text{MPa}]}$$

1-5 $p=\rho gh$에서 $h=\dfrac{p}{\rho g}=\dfrac{2.45\times10^6}{1000\times9.8}=\underline{250[\text{m}]}$

1-6 $h=15[\text{cmHg}]=15\times13.6=204[\text{cmH}_2\text{O}]=2.04[\text{mH}_2\text{O}]$

$$p=\rho gh=1000\times9.8\times2.04=19992[\text{Pa}]=\underline{20[\text{kPa}]}$$

1-7 $p=\dfrac{P}{A}=\dfrac{980\times10^3}{2}=490\times10^3[\text{Pa}]=\underline{490[\text{kPa}]}$

1-8 $p=\rho gh=\dfrac{1.025\times1000\times9.8\times9950}{10^6}=\underline{99.95[\text{MPa}]}$

1-9 (1) h=760[mmHg]=13.6×760=10336[mmH_2O]=<u>10.336[mH_2O]</u>

(2) $p=\rho gh$=1000×9.8×10.336= 101292.8[Pa]=<u>0.1013[MPa]</u>

1-10 지름 d_1의 피스톤 밑에는 지름 d_2의 램이 있으므로, 피스톤 아래 측의 유효 면적은 피스톤의 면적 A_1과 램의 면적 A_2의 차(A_1-A_2)가 된다.

따라서, 피스톤 상 · 하면의 압력 평형에서 실린더 안에서 발생하는 압력 p_2는 면적에 반비례해서 강해지게 된다.

$$p_1A_1= p_2(A_1-A_2)$$

$$p_2=\frac{A_1p_1}{A_1-A_2}=\frac{d_1^2p_1}{d_1^2-d_2^2}=\frac{20^2}{20^2-15^2}\times 0.6=1.37[\text{MPa}]=1.37\times 10^6[\text{Pa}]$$

또한, 물체 W가 받는 힘 F는 p_2와 메인 램의 면적에서 구한다.

$$F=\frac{\pi}{4}d_3^2p_2=\frac{\pi}{4}\times(40\times 10^{-2})^2\times 1.37\times 10^6=172072[\text{N}]=\underline{172[\text{kN}]}$$

1-11 $p_1-p_2=\rho gh'\left(\frac{\rho'}{\rho}-1\right)=1000\times 9.8\times 1\times\left(\frac{13.6}{1}-1\right)$

=123480[Pa]=<u>0.123[MPa]</u>

1-12 $p_A-p_O=\rho'gh'+\rho g(h-h')$

$=13.6\times 1000\times 9.8\times 180\times 10^{-3}+0.7\times 1000\times 9.8\times(740-180)\times 10^{-3}$

=27832[Pa]=<u>27.8[kPa]</u>

1-13 식(1−23)에서 l/h=5, $\frac{a}{A}=\left(\frac{6}{70}\right)^2=0.007347$

따라서 $5=\frac{1}{\sin\theta+0.007347}$

$5\sin\theta=0.963265$ <u>$\therefore \theta=11.10^\circ=11^\circ 06'$</u>

1-14 $h=3+\frac{2}{2}=4[\text{m}]$, $A=2\times 1=2[\text{m}^2]$

$p=\rho ghA$=1000×9.8×4×2 =78400[N]=78.4[kN]

그림 1−22 (a) 식에서 $\eta=c+\frac{b^2}{12c}=4+\frac{2^2}{12\times 4}=\underline{4.08[\text{m}]}$

1-15 $Q = Av = \frac{\pi}{4} d^2 \cdot v$

$$\therefore\ d = \sqrt{\frac{4Q}{\pi v}} = \sqrt{\frac{4 \times 54 \times 10^{-3}}{\pi \times 3}} = 0.151[\mathrm{m}] = \underline{151[\mathrm{mm}]}$$

1-16 $Q = Av = \frac{\pi}{4} d^2 \cdot v = \frac{\pi}{4} \times (180 \times 10^{-3})^2 \times 1.5 \times 60 = \underline{2.29[\mathrm{m}^3/\mathrm{min}]}$

1-17 $\frac{v^2}{2g} = \frac{14^2}{2 \times 9.8} = 10[\mathrm{m}] = \underline{10[\mathrm{J/N}]}$

1-18 $H = \frac{v^2}{2g} + \frac{p}{\rho g} + z = \frac{8^2}{2 \times 9.8} + \frac{0.7 \times 10^6}{1000 \times 9.8} + 45 = \underline{119.7[\mathrm{m}]} = 119.7[\mathrm{J/N}]$

1-19 베르누이 방정식 $\frac{v_1^2}{2g} + \frac{p_1}{\rho g} = \frac{v_2^2}{2g} + \frac{p_2}{\rho g}$ 에서 $v_1=0$일 때 $p_1=0.55\times10^6$[Pa]이였다.

$p_2=0.49\times10^6$[Pa]가 되었을 때의 v_2를 구하면 된다.

따라서, 이 조건일 때 v_2는

$$v_2 = \sqrt{\frac{2(p_1 - p_2)}{\rho}} = \sqrt{\frac{2 \times (0.55 - 0.49) \times 10^6}{1000}} = \underline{10.9[\mathrm{m/s}]}$$

1-20 기준면을 단면 ②의 중심으로 잡고, 베르누이 방정식을 생각하면

$$\frac{v_1^2}{2g} + \frac{p_1}{\rho g} + z_1 = \frac{v_2^2}{2g} + \frac{p_2}{\rho g}$$

단면 ②의 평균 유속 $v_2 = \frac{A_1}{A_2} \cdot v_1 = \left(\frac{d_1}{d_2}\right)^2 \cdot v_1 = \left(\frac{14}{36}\right)^2 \times 4.2 = 0.635[\mathrm{m/s}]$

$$p_2 - p_1 = \frac{\rho(v_1^2 - v_2^2)}{2} + \rho g z_1 = \frac{1000 \times (4.2^2 - 0.635^2)}{2} + 1000 \times 9.8 \times 2.7$$

$$= 35078.4[\mathrm{Pa}] = \underline{35.08[\mathrm{kPa}]} = 0.03508[\mathrm{MPa}]$$

이것을 물기둥(수주)의 높이로 고치면

$$h - \frac{p_2 - p_1}{\rho g} - \frac{35078.4}{1000 \times 9.8} - \underline{3.58[\mathrm{mH_2O}]}$$

1-21 $v_A = \dfrac{Q}{\dfrac{\pi}{4}d_A^2} = \dfrac{80\times10^{-3}}{\dfrac{\pi}{4}\times(240\times10^{-3})^2} = 1.77[\mathrm{m/s}]$

$v_B = \dfrac{Q}{\dfrac{\pi}{4}d_B^2} = \dfrac{80\times10^{-3}}{\dfrac{\pi}{4}\times(150\times10^{-3})^2} = 4.53[\mathrm{m/s}]$

$p_B - p_A = \dfrac{\rho(v_A^2 - v_B^2)}{2} + \rho g z_A = \dfrac{1000\times(1.77^2 - 4.53^2)}{2} + 1000\times9.8\times5$

$=40306[\mathrm{Pa}]=\underline{40.3[\mathrm{kPa}]}$

1-22 $Q_a=1000[l/\mathrm{min}]\ \dfrac{1000}{1000\times60} = 0.0166[\mathrm{m^3/s}]$

식(1−36)에서 $A = \dfrac{Q_a}{\alpha\sqrt{2gh}} = \dfrac{0.0166}{0.6\times\sqrt{2\times9.8\times2}} = 0.00442[\mathrm{m^2}]$

$A = \dfrac{\pi}{4}d^2$ 이므로 $d = \sqrt{\dfrac{4A}{\pi}} = \sqrt{\dfrac{4\times0.00442}{\pi}} = 0.075[\mathrm{m}] = \underline{75[\mathrm{mm}]}$

1-23 $A = \dfrac{\pi}{4}d^2 = \dfrac{\pi}{4}\times(50\times10^{-3})^2 = 0.00196[\mathrm{m}]$

$H = \dfrac{p_1 - p_2}{\rho g} = \dfrac{50\times10^3}{1000\times9.8} = 5.1[\mathrm{mH_2O}]$

따라서 $Q_a = \alpha A\sqrt{2gH} = 0.624\times0.00196\times\sqrt{2\times9.8\times5.1} = \underline{0.0122[\mathrm{m^3/s}]}$

1-24 단면 ①, ②에서의 면적

$A_1 = \dfrac{\pi}{4}d_1^2 = \dfrac{\pi}{4}\times(100\times10^{-3})^2 = 7.85\times10^{-3}[\mathrm{m^2}]$

$A_2 = \dfrac{\pi}{4}d_2^2 = \dfrac{\pi}{4}\times(300\times10^{-3})^2 = 70.56\times10^{-3}[\mathrm{m^2}]$

$Q=35[l/\mathrm{s}]=35\times10^{-3}[\mathrm{m^3/s}]$

따라서, ①의 유속 $v_1 = \dfrac{Q}{A_1} = \dfrac{35\times10^{-3}}{7.85\times10^{-3}} = 4.45[\mathrm{m/s}]$

②의 유속 $v_2 = \frac{Q}{A_2} = \frac{35\times10^{-3}}{70.56\times10^{-3}} = 0.49[m/s]$

①, ②에 베르누이 방정식을 적용($z_1=z_2$)하면 $\frac{p_2-p_1}{\rho g} = \frac{v_1^2-v_2^2}{2g}$ 으로, $p_2= p_a$(대기압)이다. 따라서, 용기의 액면에 작용하는 대기압과 면적 ①에서의 압력 p_1과의 차이에 의해, 밀어 올려지는 물기둥의 높이 H_S는 2개의 단면 ①, ②에서 압력수두의 차이와 같아야 한다. 즉,

$$H_s = \frac{p_2-p_1}{\rho g} = \frac{v_1^2-v_2^2}{2g} = \frac{4.45^2-0.49^2}{2\times9.8} = \underline{0.998[m]}$$

1-25 $m^2 = \left(\frac{d_2}{d_1}\right)^4 = \left(\frac{100}{150}\right)^4 = 0.1975$

$$A_2 = \frac{\pi}{4}d_2^2 = \frac{\pi}{4}\times(100\times10^{-3})^2 = 7.85\times10^{-3}[m^2]$$

$$Q_a = C\frac{A_2}{\sqrt{1-m^2}}\sqrt{2gH} = 0.98\times\frac{7.85\times10^{-3}}{\sqrt{1-0.1975}}\times\sqrt{2\times9.8\times300\times10^{-3}}$$

$$=0.0208[m^3/s]=\underline{20.8[l/s]}$$

1-26 $K = 81.2+\frac{0.24}{h}+\left(8.4+\frac{12}{\sqrt{D}}\right)\left(\frac{h}{B}-0.09\right)^2$

$$=81.2+\frac{0.24}{0.25}+\left(8.4+\frac{12}{\sqrt{0.2}}\right)\times\left(\frac{0.25}{0.75}-0.09\right)^2 = 84.2$$

$$\therefore\ Q_a = Kh^{\frac{5}{2}} = 84.2\times0.25^{\frac{5}{2}} = \underline{2.63[m^3/min]}$$

$$Q = 141.67h^{\frac{5}{2}} = 141.67\times0.25^{\frac{5}{2}} = \underline{4.43[m^3/min]} \qquad C = \frac{Q_a}{Q} = \frac{2.63}{4.43} = \underline{0.593}$$

1-27 $v = C\sqrt{2gH} = 0.985\times\sqrt{2\times9.8\times100\times10^{-3}} = \underline{1.38[m/s]}$

1-28 물 ρ'=1000[kg/m³], 공기 ρ=1.2[kg/m³]라고 하면, 공기 기둥의 높이

$$H = \frac{\rho'}{\rho}H' = \frac{1000}{1.2}H' = 833.3H' \quad v = C\sqrt{2gH} \quad v^2 = C^2\times2gH = C^2\times2g\times833.3H'$$

$$\therefore\ H' = \frac{v^2}{C^2\times2g\times833.3} = \frac{18^2}{1^2\times2\times9.8\times833.3} = 0.0198[m] = \underline{19.8[mm]}$$

또한, 그림 1−14의 h_1을 H'로 바꿔서 $l\sin\theta=H'$

$$\therefore\ l=\frac{H'}{\sin\theta}=\frac{19.8}{\sin 17.5}=65.8[\text{mm}] \qquad \text{배율 } l/H'=\frac{65.8}{19.8}=\underline{3.32}$$

1-29 $F=\rho Qv=1000\times0.02\times20=\underline{400[\text{N}]}$

1-30 $v=\left(\frac{Q}{A}\right)=\frac{Q}{\frac{\pi}{4}d^2}=\frac{50\times10^{-3}}{\frac{\pi}{4}\times(6\times10^{-2})^2}=17.7[\text{m/s}]$

$F=\rho Qv\sin\theta=1000\times50\times10^{-3}\times17.7\times\sin60^\circ=\underline{766.4[\text{N}]}$

$F_x=F\sin\theta=766.4\times\sin60^\circ=\underline{663.7[\text{N}]}$

1-31 $Q=Av=\frac{\pi}{4}d^2v=\frac{\pi}{4}\times(5.5\times10^{-2})^2\times32=0.076[\text{m}^3/\text{s}]$

$F_x=\rho Qv(1-\cos\theta)=1000\times0.076\times32\times(1-\cos150^\circ)=\underline{4538.2[\text{N}]}$

1-32 $A=\frac{\pi}{4}d^2=\frac{\pi}{4}\times(38\times10^{-3})^2=0.001133[\text{m}^2]$

$F_n=\rho Av_1(v_1-u)=1000\times0.001133\times15\times(15-6)=\underline{153[\text{N}]}$

$P=F_nu=153\times6=918[\text{W}]=\underline{0.918[\text{kW}]}$

1-33 $1-\cos\theta=1-\cos160^\circ=1.9397$

$A=\frac{\pi}{4}d^2=\frac{\pi}{4}\times(38\times10^{-3})^2=0.001133[\text{m}^2]$

$F_x=\rho A(v_1-u)^2(1-\cos\theta)=1000\times0.001133\times(15-6)^2\times1.9397=\underline{178[\text{N}]}$

$P=F_x\cdot u=178\times6=1068[\text{W}]=\underline{1.068[\text{kW}]}$

1-34 $A=\frac{\pi}{4}d^2=\frac{\pi}{4}\times(5\times10^{-2})^2=0.0019625[\text{m}^2]$

$F_x=\rho A(v_1-u)^2(1-\cos\theta)=1000\times1.96\times10^{-3}\times(40-15)^2\times(1-\cos180^\circ)$

$=2450[\text{N}]=\underline{2.45[\text{kN}]}$

$P=F_x\cdot u=2450\times15=36750[\text{W}]=\underline{36.75[\text{kW}]}$

1-35 $F=\rho Qv=1000\times 90\times 10^{-3}\times 7=\underline{630[\text{N}]}$

$F=\rho Q(v-u)=1000\times 90\times 10^{-3}\times(7-2.5)=\underline{405[\text{N}]}$

$$H=\frac{v^2}{2g}=\frac{7^2}{2\times 9.8}=\underline{2.5[\text{m}]}$$

$$d=\sqrt{\frac{4Q}{\pi v}}=\sqrt{\frac{4\times 90\times 10^{-3}}{\pi\times 7}}=\underline{0.128[\text{m}]}=\underline{128[\text{mm}]}$$

1-36 $v_2=\frac{r_1}{r_2}v_1=\frac{30}{0.5}\times 8=480[\text{cm/s}]=\underline{4.8[\text{m/s}]}$

$$H=\frac{v_2^2}{2g}\left\{1-\left(\frac{r_2}{r_1}\right)^2\right\}=\frac{4.8^2}{2\times 9.8}\times\left\{1-\left(\frac{0.5}{30}\right)^2\right\}=\underline{1.17[\text{m}]}$$

1-37 $v_c=\frac{\nu Re_c}{d}=\frac{1.3072\times 10^{-6}\times 2320}{1\times 10^{-2}}=\underline{0.303[\text{m/s}]}$

1-38 $v_c=\frac{\nu Re_c}{d}=\frac{1.41\times 10^{-5}\times 2300}{290\times 10^{-3}}=\underline{0.11[\text{m/s}]}$

1-39 $h_l=\lambda\frac{l}{d}\cdot\frac{v^2}{2g}=0.03\times\frac{650}{540\times 10^{-3}}\times\frac{2\cdot 3^2}{2\times 9.8}=\underline{9.74[\text{m}]}$

$$Q=Av=\frac{\pi}{4}d^2\cdot v=\frac{\pi}{4}(540\times 10^{-3})^2\times 2.3=\underline{0.526[\text{m}^3/\text{s}]}$$

1-40 $Re=\frac{dv}{\nu}=\frac{32\times 10^{-3}\times 1.0}{100\times 10^{-6}}=\underline{320}<2320$ 따라서 층류이다.

층류 영역이 되기 위한 관마찰계수 $\lambda=\frac{64}{Re}=\frac{64}{320}=\underline{0.2}$

1-41 $h_l=\lambda\frac{l}{d}\cdot\frac{v^2}{2g}$ 에서

$$v=\sqrt{\frac{2gdh_l}{\lambda l}}=\sqrt{\frac{2\times 9.8\times 18\times 10^{-2}\times 1.2}{0.035\times 600}}=\underline{0.45[\text{m/s}]}$$

$$Q=Av=\frac{\pi}{4}d^2\cdot v=\frac{\pi}{4}\times(18\times 10^{-2})^2\times 0.45=\underline{0.0114[\text{m}^3/\text{s}]}$$

1-42 $d=\sqrt[5]{\dfrac{8\lambda lQ^2}{\pi^2 gh_l}}=\sqrt[5]{\dfrac{8\times0.02\times1200\times(500\times10^{-3})^2}{\pi^2\times9.8\times18}}=0.488[\mathrm{m}]=\underline{488[\mathrm{mm}]}$

$$v=\frac{Q}{A}=\frac{Q}{\frac{\pi}{4}d^2}\equiv\frac{500\times10^{-3}}{\frac{\pi}{4}\times(488\times10^{-3})^2}=\underline{2.67[\mathrm{m/s}]}$$

1-43 표 1-9에서

$$\zeta=\left\{1-\frac{A_1}{A_2}\right\}^2=\left\{1-\left(\frac{d_1}{d_2}\right)^2\right\}^2=\left\{1-\left(\frac{15}{30}\right)^2\right\}^2=0.56$$

$$v_1=\frac{Q}{A_1}=\frac{Q}{\frac{\pi}{4}d_1^2}=\frac{50\times10^{-3}}{\frac{\pi}{4}\times0.15^2}=2.83[\mathrm{m/s}]$$

$$v_2=\frac{A_1}{A_2}v_1=\left(\frac{d_1}{d_2}\right)^2\cdot v_1=\left(\frac{15}{30}\right)^2\times2.83=0.707[\mathrm{m/s}]$$

$$h_f=\zeta\frac{v_1^2}{2g}=0.56\times\frac{2.83^2}{2\times9.8}=0.23[\mathrm{m}]$$

$$p_2=p_1+\frac{\rho}{2}(v_1^2-v_2^2)=150\times10^3+\frac{1000}{2}\times(2.83^2-0.707^2)=153754.5[\mathrm{Pa}]$$

$=153.7[\mathrm{kN}]$

1-44 20°C의 $\nu=1.0038\times10^{-6}[\mathrm{m^2/s}]$라고 하면

$$Re=\frac{dv}{\nu}=\frac{80\times10^{-3}\times2}{1.0038\times10^{-6}}=159394.3=1.6\times10^5\quad(\text{난류})$$

또한, 상대 조도는 $\dfrac{\varepsilon}{d}=\dfrac{0.05}{80}=0.000625$

따라서, 무디 선도(그림 1-60)에서 $\lambda=0.02$라고 하면

$$h_l=\lambda\frac{l}{d}\cdot\frac{v^2}{2g}=0.02\times\frac{130}{80\times10^{-3}}\times\frac{2^2}{2\times9.8}=\underline{6.63[\mathrm{m}]}$$

$$Q=Av=\frac{\pi}{4}d^2\cdot v=\frac{\pi}{4}\times(80\times10^{-3})^2\times2=\underline{0.01[\mathrm{m^3/s}]}$$

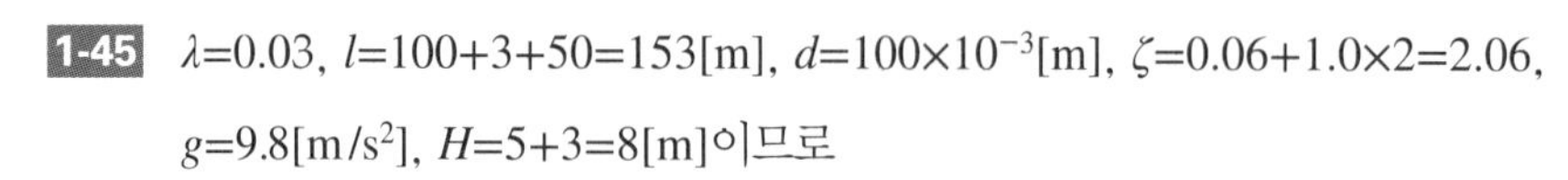

1-45 λ=0.03, l=100+3+50=153[m], d=100×10^{-3}[m], ζ=0.06+1.0×2=2.06, g=9.8[m/s^2], H=5+3=8[m]이므로

$$v=\sqrt{\frac{2gH}{\left(\lambda\frac{l}{d}+\Sigma\zeta+1\right)}}=\sqrt{\frac{2\times9.8\times8}{\left(0.03\times\frac{153}{100\times10^{-3}}+2.06+1\right)}}=\underline{1.79[\mathrm{m/s}]}$$

$$Q=Av=\frac{\pi}{4}d^2\cdot v=\frac{\pi}{4}\times(100\times10^{-3})^2\times1.79=\underline{0.014[\mathrm{m^3/s}]}$$

$$P=\rho gQH=1000\times9.8\times0.014\times8=1097.6[\mathrm{W}]=\underline{1.1[\mathrm{kW}]}$$

1-46 (1) $V=\sqrt{\frac{K}{\rho}}=\sqrt{\frac{20.3\times10^8}{1000}}=\underline{1425[\mathrm{m/s}]}$

(2) K/E≒0.02, D=0.8[m] , t=10×10^{-3}[m]라고 하면

$$a=\frac{1425}{\sqrt{1+\frac{K}{E}\cdot\frac{D}{t}}}=\frac{1425}{\sqrt{1+0.02\times\frac{0.8}{10\times10^{-3}}}}=\underline{883.7[\mathrm{m/s}]}$$

(3) $\Delta h=\frac{av}{g}=\frac{883.7\times2.5}{9.8}=\underline{225.4[\mathrm{m}]}$

1-47 $A=\frac{\pi}{4}D^2\times\left(\frac{1}{2}\right)=\frac{\pi}{4}\times2^2\times\frac{1}{2}=1.57[\mathrm{m^2}]$

$s=\frac{\pi D}{2}=\frac{\pi\times2}{2}=3.14[\mathrm{m}]$, $\quad m=\frac{A}{s}=\frac{1.57}{3.14}=0.5[\mathrm{m}]$

p=0.06라고 하면 $C=\frac{87}{1+\left(\frac{p}{\sqrt{m}}\right)}=\frac{87}{1+\left(\frac{0.06}{\sqrt{0.5}}\right)}=80.2$

$$v=C\sqrt{mi}=80.2\times\sqrt{0.5\times\frac{1}{1200}}=1.64[\mathrm{m/s}]$$

$Q=Av=1.57\times1.64=\underline{2.57[\mathrm{m^3/s}]}$

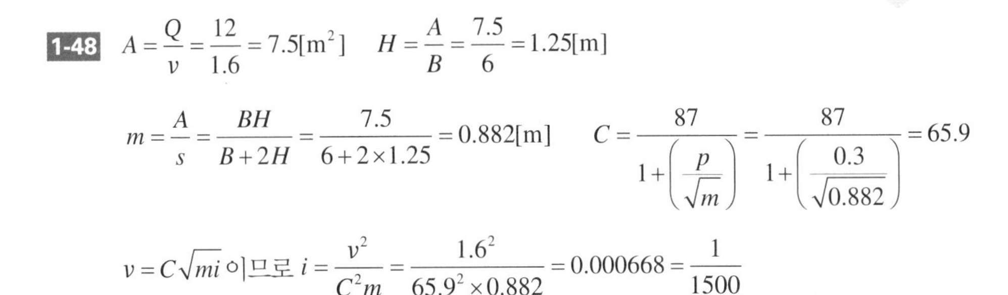

1-48 $A=\dfrac{Q}{v}=\dfrac{12}{1.6}=7.5[\mathrm{m}^2]\quad H=\dfrac{A}{B}=\dfrac{7.5}{6}=1.25[\mathrm{m}]$

$$m=\frac{A}{s}=\frac{BH}{B+2H}=\frac{7.5}{6+2\times1.25}=0.882[\mathrm{m}]\qquad C=\frac{87}{1+\left(\dfrac{p}{\sqrt{m}}\right)}=\frac{87}{1+\left(\dfrac{0.3}{\sqrt{0.882}}\right)}=65.9$$

$v=C\sqrt{mi}$ 이므로 $i=\dfrac{v^2}{C^2m}=\dfrac{1.6^2}{65.9^2\times0.882}=0.000668=\underline{\dfrac{1}{1500}}$

1-49 그림 1-74에서 C_L=0.5, 또한 그림 1-75에서 C_D=0.025로 한다.

$$L=C_L\frac{\rho v^2}{2}S=0.5\times\frac{1.25}{2}\times\left(\frac{450}{3.6}\right)^2\times11.76\times4.187=240425[\mathrm{N}]=\underline{240.4[\mathrm{kN}]}$$

$$D=C_D\frac{\rho v^2}{2}A=0.025\times\frac{1.25}{2}\times\left(\frac{450}{3.6}\right)^2\times11.76\times4.187=12021.2[\mathrm{N}]=\underline{12.02[\mathrm{kN}]}$$

$$R=\sqrt{L^2+D^2}=\sqrt{240.4^2+12.02^2}=\underline{240.7[\mathrm{kN}]}$$

$$P=Dv=12.02\times\left(\frac{450}{3.6}\right)=\underline{1502.5[\mathrm{kW}]}$$

1-50 $D=C_D\dfrac{\rho}{2}v^2A=0.35\times\dfrac{1.225}{2}\times\left(\dfrac{75}{3.6}\right)^2\times2=\underline{186.1[\mathrm{N}]}$

2-1 $\eta = \frac{0.163QH}{P_s} = \frac{0.163\times2.2\times12}{5.5} = \underline{78.2[\%]}$

2-2 속도 $v_d = \frac{Q}{\frac{\pi}{4}d^2} = \frac{1/60}{\frac{\pi}{4}\times0.1^2} = 2.12[m/s]$

송출관 출구에서의 손실 속도수두 $\frac{v_d^2}{2g} = \frac{2.12^2}{2\times9.8} = 0.23[m]$

관로계의 전체 손실수두 $h = h_l + h_f = \zeta\frac{v_d^2}{2g} = 25\times\frac{2.12^2}{2\times9.8} = 5.73[m]$

전양정 $H = H_a + h + \frac{v_d^2}{2g} = 5 + 5.73 + 0.23 = 11[m]$

$P_s = \frac{0.163QH}{\eta} = \frac{0.163\times1\times11}{0.8} = \underline{2.24[kW]}$

2-3 그림 2−3에서 $H=H_{as} + H_{ad} + h_{ls} + h_{ld} + h_f=7+35+8=50[m]$. 따라서,

$P_s = \frac{0.163QH}{\eta} = \frac{0.163\times2.4\times50}{0.7} = \underline{28[kW]}$

$P = \frac{P_s(1+\alpha)}{\eta_g} = \frac{28\times(1+0.2)}{1.0} = \underline{33.6[kW]}$

2-4 $n = \frac{120f}{P} = \frac{120\times50}{4} = 1500[rpm]$

$n'=n(1-s)=1500\times(1-0.05)=1425[rpm]$

$u_2 = \frac{\pi D_2 n'}{60\times1000} \frac{\pi\times470\times1425}{60\times1000} = 35[m/s]$

$H_{max} = \frac{u_2(u_2 - w_2\cos\beta_2)}{g} = \frac{35\times(35-14.2\times\cos27^\circ)}{9.8} = \underline{79.8[m]}$

2-5 $n_s = \dfrac{n\sqrt{Q}}{H^{\frac{3}{4}}} = \dfrac{1500\times\sqrt{1.2}}{\left(\dfrac{100}{5}\right)^{\frac{3}{4}}} = \underline{173.74[\text{rpm, m}^3/\text{min, m}]}$

$K=2.44\times10^{-3}n_s=2.44\times10^{-3}\times173.74\underline{=0.424}$

2-6 $h_{sv}= h_o-h_v-H_{as}-h_{ls}=10.33-0.32-3-0.1=6.91[\text{m}]$

n_s=1520[rpm, m^3/min, m]에 대한 S=1200[rpm, m^3/min, m]으로서, 그림 2–31에서 σ=1.35로 한다. H=3[m]이므로, $H_{sv}=\sigma H=1.35\times3=4.05[\text{m}]$

$$H_{sv}+\frac{D}{2}+\alpha=4.05+\frac{1.5}{2}+0.5=5.3[\text{m}]$$

따라서, $h_{sv}>H_{sv}+\dfrac{D}{2}+\alpha$가 되어, 캐비테이션은 일어나지 않는다.

2-7 $P_s=\dfrac{pQ_a}{60\eta_t}=\dfrac{10\times30}{60\times0.8}=\underline{6.25[\text{kW}]}$

2-8 $Q_{th}=\dfrac{\pi}{4}(2D^2-d^2)Lnz=\dfrac{\pi}{4}\times(2\times0.15^2-0.012^2)\times0.12\times2\times120\times1$

$=\underline{1.01[\text{m}^3/\text{min}]}$

$Q= Q_{th}\eta_v=1.01\times0.95=0.96[\text{m}^3/\text{min}]$

$P_s=\dfrac{0.163Q_{th}\cdot H}{\eta_t}=\dfrac{0.163\times1.01\times5}{0.75}=\underline{1.1[\text{kW}]}$

3장 송풍기 · 압축기

3-1 풍속 $v = \dfrac{Q}{60A} = \dfrac{50}{60 \times \dfrac{\pi}{4}(300 \times 10^{-3})^2} = 11.8[\mathrm{m/s}]$

동압 $p_d = \dfrac{\rho}{2}v^2 = \dfrac{1.2}{2} \times 11.8^2 = 83.5[\mathrm{Pa}]\,(8.52\mathrm{mmH_2O})$

저항계수 $\zeta = 0.02\dfrac{L}{D} = 0.02 \times \dfrac{50}{300 \times 10^{-3}} = 3.33$

압력 손실 $p_r = \zeta\dfrac{\rho v^2}{2} = 3.33 \times \dfrac{1.2 \times 11.8^2}{2} = 278.2[\mathrm{Pa}] \rightarrow \underline{280\mathrm{Pa}\,(28.6\mathrm{mmH_2O})}$

소요 전압력 $p_t = p_d + p_r = 83.5 + 278.2 = \underline{361.7[\mathrm{Pa}]\,(36.9\mathrm{mmH_2O})}$

송풍기 사양은 풍량 50m³/min, 정압 280Pa(28.6mmH₂O), 온도 20°C로 한다.

또한, 이론 공기 동력 $L_{ad} = \dfrac{Qp_t}{6 \times 10^4} = \dfrac{50 \times 361.7}{6 \times 10^4} = 0.3[\mathrm{kW}]$, 효율 η_{tad}=60%로 했을 때의 축동력 $L = \dfrac{L_{ad}}{\eta_{\mathrm{tad}}} = \dfrac{0.3}{0.6} = 0.5[\mathrm{kW}]$, 사용 모터의 여유율을 20%로 하고

$L_m = \alpha L = 1.2 \times 0.5 = 0.6[\mathrm{kW}]$

따라서, 모터는 0.75kW인 것을 사용하면 된다.

3-2 1분간 석탄의 연소량은 40/60=0.66[kg]→0.7[kg]

따라서, $\dfrac{0.7}{0.45} \times 6.5 = \underline{10.1[\mathrm{m^3/min}]}$

3-3 $D_e = 1.3\left\{\dfrac{(ab)^5}{(a+b)^2}\right\}^{0.125} = 1.3\left\{\dfrac{(0.6 \times 0.6)^5}{(0.6+0.6)^2}\right\}^{0.125} = 0.65[\mathrm{m}]$

$R/D_e = 0.6/0.65 = 0.923$에 대한 $\zeta = 0.297$로 한다.

$\zeta_1 = 0.02\dfrac{L}{D_e} = 0.02 \times \dfrac{20}{0.65} = 0.615$, $\zeta_2 = 0.297 \times 3 = 0.891$, $\zeta_3 = 1.0$

$\zeta = \zeta_1 + \zeta_2 + \zeta_3 = 0.615 + 0.891 + 1.0 = 2.506$

$$v = \frac{Q}{60A} = \frac{500}{60 \times \frac{\pi}{4} \times 0.65^2} = 25.1[\mathrm{m/s}]$$

$$p_r = \zeta \frac{\rho v^2}{2} = 2.506 \times \frac{1.2 \times 25.1^2}{2} = 947.3[\mathrm{Pa}] \rightarrow \underline{950[\mathrm{Pa}]\,(97\mathrm{mmH_2O})}$$

필요한 송풍기는 풍량 $500\mathrm{m^3/min}$, 정압 950Pa(97mmH$_2$O), 온도 20°C이다.

3-4 $\zeta_1 = 0.02\frac{L}{D} = 0.02 \times \frac{4.65}{0.305} = 0.305$

$$v = \frac{Q}{60A} = \frac{50}{60 \times \frac{\pi}{4} \times 0.305^2} = 11.4[\mathrm{m/s}]$$

ζ_2=1.0 ζ=ζ_1+ζ_2=0.305+1.0= 1.305

$$p_r = \zeta \frac{\rho v^2}{2} = 1.305 \times \frac{1.2 \times 11.4^2}{2} = 101.8[\mathrm{Pa}] \rightarrow \underline{110[\mathrm{Pa}]\,(11.2\mathrm{mmH_2O})}$$

필요한 송풍기는 풍량 $50\mathrm{m^3/min}$, 정압 110Pa(11.2mmH$_2$O), 온도 20°C이다.

3-5 동압 $p_d = \frac{\rho v^2}{2} = \frac{1.2 \times 20^2}{2} = 240[\mathrm{Pa}]$

전압 $p_t = p_d + p_r = 240 + 1470 = 1710[\mathrm{Pa}]$

공기 동력 $L_{ad} = \frac{Qp_t}{6 \times 10^4} = \frac{50 \times 1710}{6 \times 10^4} = 1.425[\mathrm{kW}]$

축동력 $L = \frac{L}{\eta_{tad}} = \frac{1.425}{0.6} = 2.4[\mathrm{kW}]$

원동기(모터)의 출력은 여유계수 α=1.2로 해서

$$L_m = \alpha L = 1.2 \times 2.4 = 2.88[\mathrm{kW}]$$

따라서, 모터의 출력은 3.7kW를 사용하면 충분하다.

3-6 $Q_2 = \left(\frac{n_2}{n_1}\right) \cdot Q_1 = \left(\frac{550}{500}\right) \times 500 = \underline{550[\text{m}^3/\text{min}]}$

$$p_2 = \left(\frac{n_2}{n_1}\right)^2 \cdot p_1 = \left(\frac{550}{500}\right)^2 \times 75 = \underline{90.75[\text{mmH}_2\text{O}]}$$

$$L_2 = \left(\frac{n_2}{n_1}\right)^3 \cdot L_1 = \left(\frac{550}{500}\right)^3 \times 12 = \underline{15.972[\text{kW}]}$$

4장 수차

4-1 $\eta_t = \frac{P}{gQH_e} = \frac{80000}{9.8 \times 85 \times 110} = 0.873 = \underline{87.3[\%]}$

4-2 $P = gQH_e \cdot \eta_t = 9.8 \times 4.5 \times 90 \times 0.8 = \underline{3175.2[\text{kW}]}$

$$n_s = \frac{n\sqrt{P}}{H_e^{\frac{5}{4}}} = \frac{800 \times \sqrt{3175.2}}{90^{\frac{5}{4}}} = \underline{162.6[\text{m, kW, rpm}]}$$

표 4−1에서 프란시스 수차가 된다.

또한, 표 4−2의 $\frac{21000}{H_e + 25} + 35 = \frac{21000}{90 + 25} + 35 = 217.6 > 162.6$을 만족한다.

4-3 (1) $n_s = \frac{n\sqrt{P}}{H_e^{\frac{5}{4}}} = \frac{1000\sqrt{950}}{442^{\frac{5}{4}}} = \underline{15.2[\text{m, kW, rpm}]}$

(2) $Q = \frac{P}{gH_e\eta_t} = \frac{950}{9.8 \times 442 \times 0.8} = \underline{0.27[\text{m}^3/\text{s}]}$

(3) 표 4−1에서 펠턴 수차가 된다.

또한, 표 4−2의 $\frac{4300}{H_e + 195} + 13 = \frac{4300}{442 + 195} + 13 = 19.7 > 15.2$를 만족한다.

4-4 (1) $P_b=\rho Qu(v-u)(1+\cos\beta)=1000\times2.5\times16\times(30-16)\times(1+\cos20°)$

$=1086227.87[N \cdot m/s]=\underline{1086.2[kW]}$

$$H_e=\frac{P_b}{gQ}=\frac{1086.2}{9.8\times2.5}=\underline{44.3[m]}$$

4-5 $$u=\frac{\pi Dn}{1000\times60}=\frac{\pi\times850\times1000}{1000\times60}=44.5[m/s]$$

$$F_b=\frac{P_b}{u}=\frac{950\times1000}{44.5}=21348.3[N]=\underline{21.3[kN]}$$

$$Q=\frac{P_b}{gH_e\eta_t}=\frac{950}{9.8\times442\times0.8}=\underline{0.27[m^3/s]}$$

4-6 $P_r=\rho Qu_1v_1\cos\alpha_1=1000\times0.085\times5.5\times5\times\cos18°$

$=2223.1[W]=\underline{2.22[kW]}$

4-7 $P=gQH_e\eta_t=9.8\times60\times9\times0.85=4500[kW]$

$$n_s=\frac{n\sqrt{P}}{H_e^{\frac{5}{4}}}=\frac{300\sqrt{4500}}{9^{\frac{5}{4}}}=1291[m, kW, rpm]$$

사용하려는 수차의 비속도를 n_s', 대수 또는 노즐 수를 z라고 하면

$$n_s'=\frac{n_s}{\sqrt{2}}\quad z=\left(\frac{n_s}{n_s'}\right)^2=\left(\frac{1291}{645}\right)^2=\underline{4}$$

또한, $\frac{21000}{H_e+17}+35=\frac{21000}{9+17}+35=842.7>645$를 만족한다.

색인

[ㅍ]

[ㅎ]

유체기계 국내 참고문헌

[1] 실무 유체기계 김영득, 김성도 지음 2017, 청문각

[2] 유체기계 강성삼, 김성도, 최상호 공저 2005, (주) 북스힐

[3] 유체기계 이승배 지음, 2011, 야스미디어

[4] 최신 유체기계 이원섭, 허중식 공저, 2011, 학진북스